互联网+创新创业实践系列教材
国家级社会实践一流本科课程——"互联网+创新创业方法"配套实践教材

Android 编程

（第2版）

钟元生　高成珍◎主编
朱文强　徐军　涂云钊◎参编

清华大学出版社
北京

内 容 简 介

本书在教学实践基础上反复提炼而成，包括Android起步、Android界面设计基础、Android事件处理、Android活动与意图、Android服务、Android广播接收器、Android文件与本地数据库、Android内容提供者、Android图形图像处理、Android界面设计进阶、Android GPS位置服务与地图编程、Android编程综合案例等。

全书内容全面，材料新颖，案例丰富，条理清晰，既可作为高等学校教材，又可作为自学Android编程的快速入门参考书。

本书封面贴有清华大学出版社防伪标签，无标签者不得销售。
版权所有，侵权必究。举报：010-62782989，beiqinquan@tup.tsinghua.edu.cn。

图书在版编目(CIP)数据

Android编程/钟元生，高成珍主编．—2版．—北京：清华大学出版社，2020.11(2023.1重印)
互联网＋创新创业实践系列教材
ISBN 978-7-302-56678-6

Ⅰ．①A… Ⅱ．①钟… ②高… Ⅲ．①移动终端－应用程序－程序设计 Ⅳ．①TN929.53

中国版本图书馆CIP数据核字(2020)第203615号

责任编辑：袁勤勇
封面设计：刘　键
责任校对：焦丽丽
责任印制：朱雨萌

出版发行：清华大学出版社
　　　网　　址：http://www.tup.com.cn，http://www.wqbook.com
　　　地　　址：北京清华大学学研大厦A座　　　　　邮　编：100084
　　　社 总 机：010-83470000　　　　　　　　　　　邮　购：010-62786544
　　　投稿与读者服务：010-62776969，c-service@tup.tsinghua.edu.cn
　　　质量反馈：010-62772015，zhiliang@tup.tsinghua.edu.cn
　　　课件下载：http://www.tup.com.cn，010-83470236
印 装 者：三河市铭诚印务有限公司
经　　销：全国新华书店
开　　本：185mm×260mm　　　印　张：21.25　　　字　数：487千字
版　　次：2015年11月第1版　2020年12月第2版　印　次：2023年1月第4次印刷
定　　价：59.80元

产品编号：088585-01

阅 读 指 南

本书假定读者懂一些基本的 Java 语法知识,具有一定的 Java 编程经验。没有 Java 基础的读者也可阅读本书,但在涉及 Java 知识时,建议补充学习一些相关内容。

书中示例较多,源代码较长。本书注重示例的程序分析,为了方便介绍知识重点、压缩篇幅,仅列出一些关键代码,读者可从本书配套网站下载完整源码。

建议读者基于书上的说明和关键代码自己补充完成程序,而不主张一开始就下载程序、粗看、调通并对比运行结果。仅在反复尝试失败时,才看下载的源码。

为便于教学,我们在书中源码分别添加了行号,为一些关键语句添加了注释,例如:

```
1   public class MainActivity extends Activity {
2       public void onCreate(Bundle savedInstanceState) {
3           super.onCreate(savedInstanceState);          →调用父类的该方法
4           setContentView(R.layout.activity_main);      →设置 Activity 对应的
                                                           界面布局文件
5       }
6       public boolean onCreateOptionsMenu(Menu menu) {  →创建选项菜单
7           getMenuInflater().inflate(R.menu.activity_main, menu);
                                                         →指定菜单资源
8           return true;
9       }
10  }
```

其中,左边的 1、2、3、…、10 表示行号,中间的"super.onCreate(savedInstanceState);"才是真实的程序代码内容。"→"及后面的内容"调用父类的该方法"表示对中间代码的注释,非真实编程时所需,请读者注意。

为了方便读者学习,本书配套了源码、课件、试题、课程大纲等教学资源。所有配套资源均可在清华大学出版社官方网站下载。

前言

近年来，移动互联网的影响力越来越大，Android终端越来越普及，各种新的App层出不穷。如今，越来越多高校开设Android编程课，大家都希望有一本好的教材。

本书在保留第1版风格和知识结构的基础上，基于Java JDK1.8＋Android Studio 4.1＋Android SDK 10.0的开发及运行环境，对全书内容进行了重新修订，包括介绍新的开发环境以及提供新的程序代码。

本书意在做到：

(1) 既介绍Android基本语法、基本知识和基本应用，又介绍可直接运行的应用教学案例。使教师容易教学，学生能寓学于练、寓学于用。

(2) 不仅注重讲解语法细节，而且循序渐进地引导和启发学生建构自己的知识体系，包括用图解法详细分析Android应用程序的结构、运行过程以及各部分间的调用关系，演示Android应用的开发流程，给出一些关键代码由学生自己去重组和实现相应功能。

(3) 重点关注手机应用中的常见案例，将有关知识串联起来。结合使用Android手机的体验，逐步引导学生深入思考其内部实现。每章都有一些练习题，以帮助学生自测。

本书由钟元生担任主编，负责全书的组织设计、质量控制和统稿定稿。各章分工如下：钟元生负责第1、2和第10章，同时指导和参与了其余各章的编写、修改；高成珍负责第3、4、7、8、11和12章；徐军负责第5章；朱文强负责第6章；涂云钊负责第9章。研究生刘平、何英、章雯、陈海俊、吴微微、高必梵、杨旭、邵婷婷等参与了本书第1版初稿讨论、编辑加工以及配套教学课件的制作工作。陈海俊做了大量的初稿排版工作。

许多领导与朋友为本书第1版的编写、大学生手机软件设计赛提供了无私支援。特别是江西财经大学党委书记、博士生导师王乔教授，在百忙之中过问竞赛并特批经费支持；江西财经大学校长、博士生导师卢福财教授对竞赛给予了大力支持；江西省教育厅高等院校科技开发办公室主任陈东林编审、省教育工委党校校长杜侦研究员参与策划竞赛。江西财经大学软件与物联网工程学院院长白耀辉博士、前任院长关爱浩博士、前任党委书记李新海先生、副院长黄茂军博士，江西财经大学财政大数据研究中心主任、博士生导师夏家莉教授，万本庭博士，邓庆山博士，清华大学出版社副社长卢先和先生、计算机分社袁勤勇主任等以不同的形式对我们的工作提供了许多帮助。对上述领导与朋友们的帮助，我们深表感谢。

希望本书能帮助Android任课教师更好地教授Android编程课，也能帮助使用本书的学生更快更扎实地掌握Android应用开发技能。

编 者

于南昌江西财经大学麦庐园

2020年6月

配套教学资源

第 1 章 Android 起步 <<< 1

1.1 初识 Android …………………………………………………………………… 2
   1.1.1 Android 概述 ……………………………………………………………… 2
   1.1.2 Android 的体系结构 ……………………………………………………… 2
1.2 搭建 Android 开发环境 ………………………………………………………… 4
   1.2.1 安装 JDK 和配置 Java 开发环境 ………………………………………… 4
   1.2.2 Android Studio 安装与配置 ……………………………………………… 8
   1.2.3 模拟器的创建与启动 …………………………………………………… 17
1.3 Android 项目运行过程分析 …………………………………………………… 22
   1.3.1 Android 应用程序结构分析 ……………………………………………… 22
   1.3.2 Android 应用程序编译过程 ……………………………………………… 24
   1.3.3 Android 应用程序的运行过程 …………………………………………… 26
1.4 Android 应用下载与安装 ……………………………………………………… 30
1.5 Android 开发的 MVC 模式 …………………………………………………… 30
1.6 本章小结 ………………………………………………………………………… 32
课后练习 ……………………………………………………………………………… 32

第 2 章 Android 界面设计基础 <<< 33

2.1 Android 界面设计概述 ………………………………………………………… 35
2.2 Android 基础界面控件 ………………………………………………………… 36
   2.2.1 文本显示框 TextView …………………………………………………… 36
   2.2.2 文本编辑框 EditText …………………………………………………… 38
   2.2.3 按钮 Button ……………………………………………………………… 38
   2.2.4 应用举例 ………………………………………………………………… 39
2.3 布局管理器 ……………………………………………………………………… 42
   2.3.1 线性布局 ………………………………………………………………… 42
   2.3.2 表格布局 ………………………………………………………………… 44
   2.3.3 相对布局 ………………………………………………………………… 46
   2.3.4 层布局 …………………………………………………………………… 48
   2.3.5 网格布局 ………………………………………………………………… 50
2.4 开发自定义 View ……………………………………………………………… 54
2.5 本章小结 ………………………………………………………………………… 56

课后练习 ·· 57

第 3 章　Android 事件处理　<<< 59

3.1　Android 的事件处理机制 ·· 61
　　3.1.1　基于监听的事件处理 ··· 61
　　3.1.2　基于回调的事件处理 ··· 70
　　3.1.3　直接绑定到标签 ··· 74
3.2　Handler 消息传递机制 ··· 76
3.3　异步任务处理 ··· 78
3.4　本章小结 ·· 84
　　课后练习 ·· 84

第 4 章　Android 活动（Activity）与意图（Intent）　<<< 85

4.1　Activity 详解 ·· 87
　　4.1.1　Activity 概述 ·· 87
　　4.1.2　创建和配置 Activity ··· 88
　　4.1.3　启动和关闭 Activity ··· 89
　　4.1.4　Activity 的生命周期 ··· 90
　　4.1.5　Activity 间的数据传递 ·· 96
4.2　Fragment 概述 ·· 105
4.3　Intent 详解 ··· 109
　　4.3.1　Intent 概述 ··· 109
　　4.3.2　Intent 构成 ··· 110
　　4.3.3　Intent 解析 ··· 113
4.4　本章小结 ·· 116
　　课后练习 ·· 117

第 5 章　Android 服务（Service）　<<< 119

5.1　Service 概述 ··· 120
　　5.1.1　Service 介绍 ··· 120
　　5.1.2　启动 Service 的两种方式 ····································· 120
　　5.1.3　Service 中常用方法 ··· 121
　　5.1.4　绑定 Service 过程 ··· 124
　　5.1.5　Service 生命周期 ·· 129
5.2　跨进程调用 Service ·· 130
　　5.2.1　什么是 AIDL 服务 ·· 130
　　5.2.2　建立 AIDL 文件 ··· 131
　　5.2.3　建立 AIDL 服务端 ·· 132

		5.2.4 建立 AIDL 客户端	133
	5.3	调用系统服务	135
	5.4	本章小结	138
	课后练习		139

第 6 章 Android 广播接收器（BroadcastReceiver）　<<< 140

6.1	BroadcastReceiver 介绍	141
6.2	发送广播的两种方式	142
6.3	音乐播放器	145
6.4	本章小结	152
课后练习		152

第 7 章 Android 文件与本地数据库（SQLite）　<<< 154

7.1	文件存储		155
	7.1.1	手机内部存储空间文件的存取	155
	7.1.2	读写 SD 卡上的文件	160
7.2	SharedPreferences		165
7.3	SQLite 数据库		171
	7.3.1	SQLite 数据库简介	171
	7.3.2	SQLite 数据库相关类	172
	7.3.3	SQLite 数据库应用举例	175
7.4	本章小结		182
课后练习			183

第 8 章 Android 内容提供者（ContentProvider）应用　<<< 188

8.1	ContentProvider 简介		189
8.2	ContentProvider 操作常用类		190
	8.2.1	URI 基础	190
	8.2.2	URI 操作类 UriMatcher 和 ContentUris	191
	8.2.3	ContentResolver 类	192
8.3	ContentProvider 应用实例		192
	8.3.1	用 ContentResolver 操纵 ContentProvider 提供的数据	192
	8.3.2	开发自己的 ContentProvider	196
8.4	获取网络资源		201
8.5	本章小结		205
课后练习			205

第9章 Android 图形图像处理 <<< 206

- 9.1 Android 图片资源概述 …… 207
- 9.2 Drawable 对象 …… 208
  - 9.2.1 BitmapDrawable 位图 …… 208
  - 9.2.2 ShapeDrawable 自定义形状 …… 210
  - 9.2.3 StateListDrawable 随状态变化的图片 …… 211
  - 9.2.4 AnimationDrawable 逐帧动画 …… 211
- 9.3 自定义绘图 …… 216
  - 9.3.1 Canvas 和 Paint …… 216
  - 9.3.2 Shader …… 217
  - 9.3.3 Path 和 PathEffect …… 218
- 9.4 本章小结 …… 223
- 课后练习 …… 223

第10章 Android 界面设计进阶 <<< 226

- 10.1 图片控件 …… 227
  - 10.1.1 图片显示控件 ImageView …… 227
  - 10.1.2 图片按钮 ImageButton …… 228
  - 10.1.3 图片切换器 ImageSwitcher …… 231
- 10.2 列表控件 …… 235
  - 10.2.1 下拉列表 Spinner …… 236
  - 10.2.2 普通列表 ListView …… 239
  - 10.2.3 网格列表 GridView …… 244
  - 10.2.4 增强列表 RecyclerView …… 247
  - 10.2.5 扩展下拉列表 ExpandableListView …… 251
- 10.3 对话框 …… 256
  - 10.3.1 对话框简介 …… 256
  - 10.3.2 警示框 AlertDialog …… 256
- 10.4 菜单 …… 262
  - 10.4.1 选项菜单 …… 262
  - 10.4.2 上下文菜单 …… 267
- 10.5 本章小结 …… 272
- 课后练习 …… 273

第11章 Android GPS 位置服务与地图编程 <<< 276

- 11.1 GPS 位置服务编程 …… 277
  - 11.1.1 支持位置服务的核心 API …… 277
  - 11.1.2 简单位置服务应用 …… 279

11.2 百度地图编程 ·· 283
    11.2.1 使用百度地图的准备工作 ·················· 284
    11.2.2 根据位置信息在地图上显示标记 ········ 287
11.3 本章小结 ··· 294
课后练习 ·· 294

第 12 章 Android 编程综合案例   <<< 295

12.1 "校园通"概述 ·· 296
12.2 "校园通"应用程序结构 ···································· 297
12.3 "财大通"应用程序功能模块 ····························· 298
    12.3.1 "学校生活"模块 ······························ 300
    12.3.2 "出行指南"模块 ······························ 307
    12.3.3 "游玩南昌"模块 ······························ 316
    12.3.4 "号码百事通"模块 ··························· 317
12.4 注意事项 ··· 323
12.5 本章小结 ··· 323
课后练习 ·· 323

参考文献   <<< 325

Android 起步

本章要点

- 初识 Android
- 搭建 Android 开发环境
- Android 项目运行过程分析
- Android 应用下载与安装
- Android 开发的 MVC 模式

本章知识结构图

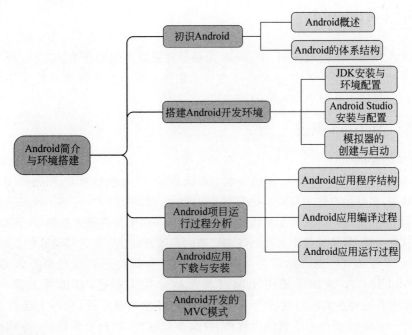

本章示例

本章是 Android 应用开发的准备章节，主要介绍什么是 Android，如何搭建 Android 开发环境，然后通过一个简单的 Hello World 程序讲解 Android 项目的创建、运行过程以及 Android 应用程序目录结构中各文件的作用等。本章是学好 Android 的基础，是学习其他章节所必须掌握的内容。

1.1 初识 Android

近年来在开放的手持设备中，Android 无疑是发展最快的操作系统之一，覆盖高、中、低端手机系统。在众多系统中，Android 为什么能脱颖而出？它究竟有什么特点？下面我们从不同的角度来认识 Android。

1.1.1 Android 概述

1. 什么是 Android

Android(英文翻译为机器人，前期版本主要标志是一个绿色机器人，Android 3.0 之后的标志改为蜂巢)最早由安迪·罗宾(Andy Rubin)创办，随后在 2005 年被 Google 公司收购。Android 是基于 Linux 平台的开源手机操作系统，Android 平台由操作系统、中间件、用户界面和应用软件组成，号称是首个为移动终端打造的真正开放和完整的移动软件。

2008 年 9 月 22 日，美国运营商 T-Mobile USA 在纽约正式发布第一款 Google 手机——T-Mobile G1。该款手机由中国台湾宏达电代工制造，是世界上第一部使用 Android 操作系统的手机。目前智能手机的应用已经越来越广泛，市场上已经出现数百万种运行于 Android 平台的手机应用软件，涉及办公软件、影视娱乐软件、游戏软件等应用领域，可以说已深入到移动应用的方方面面。

2. Android 的特点

Android 的特点包括开放性、平等性、无界性、方便性、硬件的丰富性等。

1.1.2 Android 的体系结构

Android 系统的底层建立在 Linux 系统之上。该平台由操作系统、中间件、用户界面和应用软件四层组成,采用一种被称为软件叠层(Software Stack)的方式进行构建。这种软件叠层结构使得层与层之间相互分离,以明确各层的分工。这种分工保证了层与层之间的低耦合,当下层的层内或层下发生改变时,上层应用程序无须做任何改变。

  Android 体系结构主要由三部分组成。底层以 Linux 内核工作为基础,主要由 C 语言开发,提供基本功能。中间层包括函数库 Library 和 Dalvik 虚拟机,由 C++ 语言开发。最上层是各种应用框架和应用软件,包括通话程序、短信程序等。应用软件则由各公司自行开发,主要是以 Java 语言编写。可以把 Android 看作是一个类似于 Windows 的操作系统。Android 的体系结构如图 1-1 所示。

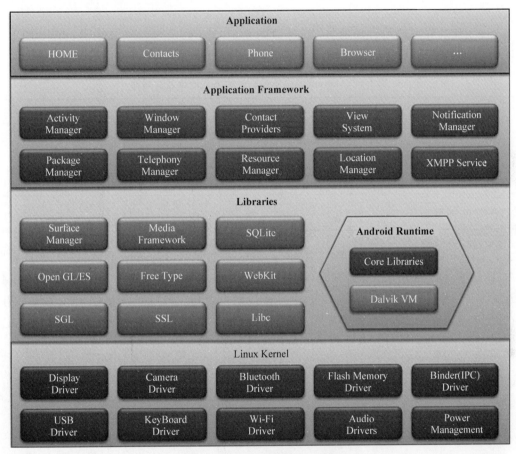

图 1-1　Android 系统的体系结构

1. 应用程序(Applications)

  Android 内有一系列的核心应用,如短信程序、日历工具、地图浏览器、网页浏览器等工具,以及基于 Android 平台的应用程序框架,所有的应用都是用 Java 语言编写的。

2. 应用程序框架(Application Framework)

  开发者可以完全使用与内核应用程序相同的框架,这些框架用于简化和重用应用程序的组件。若某程序能够"暴露"其内容,则其他程序就可以使用这些内容。例如 Android 的四大组件:Activity、Service、ContentProvider、BroadcastReceiver。

3. 系统运行库层（Libraries）

Android 定义了一套 C/C++ 开发库供 Android 平台的其他组件使用。这些功能通过 Android 应用程序框架提供给开发者，开发者是不能直接使用这些库的。

4. Linux 内核层（Linux Kernel）

Android 的核心系统服务依赖于 Linux 2.6 内核，如安全性、内存管理、进程管理、网络协议栈和驱动模型。Linux 内核也同时作为硬件和软件栈之间的抽象层。

1.2 搭建 Android 开发环境

本书中所有示例运行环境为：Java JDK 1.8 + Android Studio 4.1 + Android SDK 10.0。下面讲述这些工具的下载地址及在 Android 开发中扮演的功能角色，如表 1-1 所示。

表 1-1 Android 开发所需软件的下载地址及其功能

软件名称	下载地址	功能
Java JDK	http://java.sun.com	Android 应用开发是基于 Java 的，需要安装 Java 运行环境
Android Studio	http://www.androiddevtools.cn/（非官方网站）	官方推荐的集成开发工具，方便、快捷开发
Android SDK	http://www.androiddevtools.cn/（非官方网站）	Android 应用开发工具包，包含 Android 程序运行所需要的各种资源、类库

上述开发工具中，Java JDK 和 Android SDK 是必需的，而 Android Studio 是可选的。Android Studio 是官方推荐的开发 Android 应用程序的集成开发工具，使用它做 Android 开发十分快捷、方便、高效。在 Android Studio 面世之前，早期的 Android 开发主要采用在 Eclipse 中安装 ADT 插件的方式。实际上，不借助于任何集成开发工具，直接通过记事本和命令行也可以开发和运行 Android 应用程序。

Android 开发环境的搭建包括 Java JDK 的安装与环境变量的配置、Android Studio 的安装与 Android SDK 的关联与下载、Android 模拟器的创建。这些工具的安装流程和配置启动步骤如图 1-2 所示。

1.2.1 安装 JDK 和配置 Java 开发环境

Android 程序是基于 Java 语言的，若要开发和运行 Android 程序，必须首先安装 Java JDK，并对其进行简单配置。

1. JDK1.8 程序的安装

单击下载好的 Java JDK 安装包，然后弹出提示框，单击"下一步"按钮，直到选择安装目录如图 1-3 所示，此处将 Java JDK 安装在 D:\Java\jdk1.8.0_111 目录下，然后单击"确定"按钮（安装目录可任意设置，建议选择的安装目录不要包含中文和空格）。

JDK（Java 开发工具）安装过程中，系统会自动安装 JRE（Java 运行环境），更改 JRE 的安装目录，将其与 JDK 放在同一目录下，如图 1-4 所示。

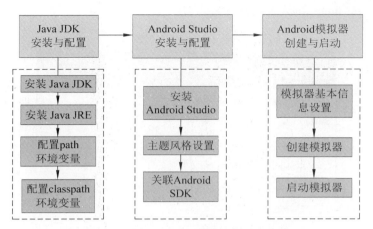

图 1-2　Android 开发环境搭建的主要流程

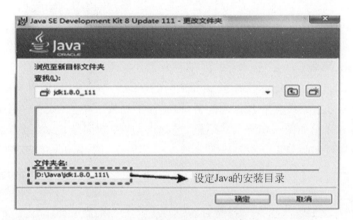

图 1-3　设定 JDK 安装目录

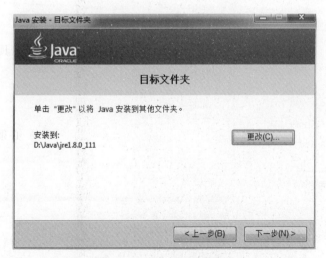

图 1-4　设定 JRE 安装目录

安装完成后,出现如图 1-5 所示界面。

图 1-5　Java JDK 安装结束界面

2. 配置 Java 环境

在 Java JDK1.5 之前,Java JDK 安装完成后,并不能立即使用,还需要配置相关环境变量。Java JDK1.5 之后系统会有默认的配置,但建议手动进行配置。右击"计算机"(或"我的电脑")→"属性",弹出如图 1-6 所示对话框,选择左边"控制面板主页"下方的"高级系统设置",弹出"系统属性"对话框。继续选择"高级"→"环境变量",弹出如图 1-7 所示对话框。

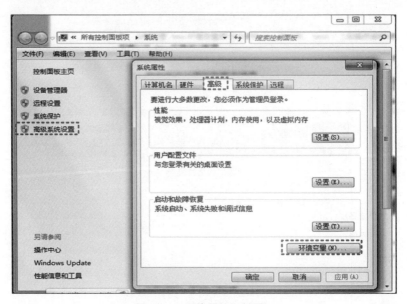

图 1-6　"系统属性"对话框

首先,在"系统变量"中新建一个 JAVA_HOME 变量,该变量的值为 JDK 的安装目录。在此为 D:\Java\jdk1.8.0_111(与前面安装时指定的目录一致),如图 1-8 所示。

图 1-7 "环境变量"对话框

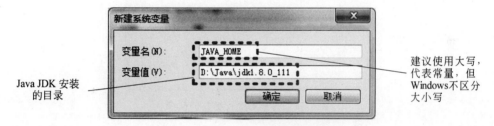

图 1-8 JAVA_HOME 环境变量设置

建议 JAVA_HOME 变量名为大写,表示常量。Windows 系统不区分大小写,即大写、小写、大小写混合表示同一个变量名,将此变量写作小写虽不会出错,但不符合规范。

注意:变量值后不需要加任何符号。

然后在系统变量中查找 Path 变量,如果存在,则将 JDK 安装目录下的 bin 文件夹添加其后,多个目录以分号(;)隔开,如图 1-9 所示。如果不存在则新建一个,然后将 bin 目录放进去。%JAVA_HOME%\bin 代表的路径就是 D:\Java\jdk1.8.0_111\bin。

图 1-9 在 Path 变量中添加 Java bin 目录

新建 CLASSPATH 环境变量,该变量的值为 JDK 安装目录下 lib 文件夹,在此为 ".;%JAVA_HOME%\lib",其中点(.)表示当前目录,分号表示多个路径之间的分隔符,如图 1-10 所示。

图 1-10 设定 CLASSPATH 环境变量

配置完成后,单击"开始"→"运行",输入"cmd",如图 1-11 所示,单击"确定"按钮,打开命令行窗口。在命令行窗口中输入"java -version"命令,若能显示安装的 Java 版本信息,如图 1-12 所示,则表明 Java 开发环境搭建成功。

图 1-11 打开命令行窗口的命令

图 1-12 Java 环境测试结果

1.2.2 Android Studio 安装与配置

单击下载好的 Android Studio 安装包(在此为包含 SDK 的安装包),将会进行解压并做安装前的准备工作,如图 1-13 所示。

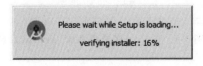

图 1-13 加载安装信息

加载完毕后将会进入安装向导欢迎界面,如图 1-14 所示,根据向导提示一步步执行,直到选择 Android Studio 安装路径界面，如图 1-15 所示。要求 Android Studio 安装路径所在磁盘至少需要有 500MB 空间，在此指定为 D:\Android\Android Studio（**注意：路径中尽量不要包含中文和空格**）。

图 1-14　安装向导欢迎界面

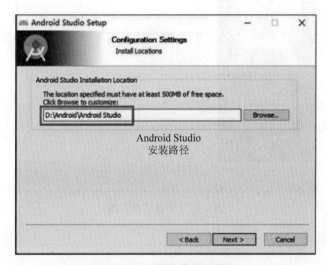

图 1-15　设置安装路径界面

接着按照默认的选择，根据向导一步步执行即可安装 Android Studio 并解压软件中自带的 Android SDK，如图 1-16 所示，安装需要一定的时间，耐心等待即可。安装完成将会出现如图 1-17 所示界面。

安装结束后，Android Studio 将会启动，第一次启动的时候将会提示用户做一些基本的设置。首先弹出如图 1-18 所示对话框，提示用户可以导入以往 Android Studio 版本的设置，如用户未使用过 Android Studio 则选择下方选项，单击 OK 按钮，将会启动 Android Studio，如图 1-19 所示。

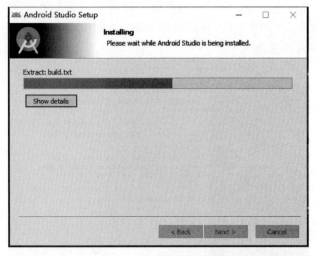

图 1-16　安装进度对话框

图 1-17　安装完成界面

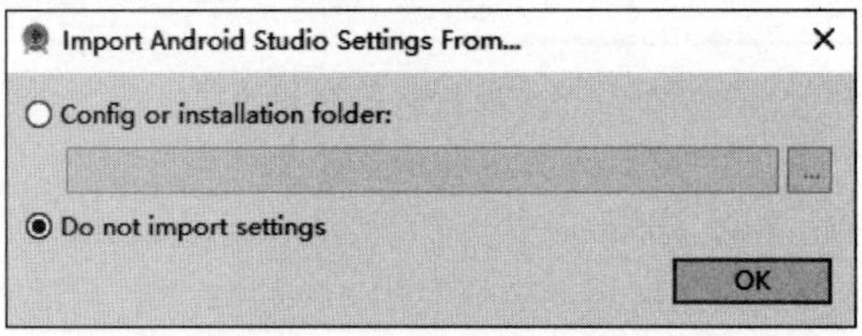

图 1-18　提示导入已有 Android Studio 的设置

　　Android Studio 启动后,将会弹出设置向导欢迎界面,如图 1-20 所示,直接单击 Next 按钮,进入模式选择界面,如图 1-21 所示,有经典模式和自定义模式,经典模式里所有的设置都是系统默认的,自定义模式将由用户自己选择整体风格。

图 1-19　Android Studio 启动界面

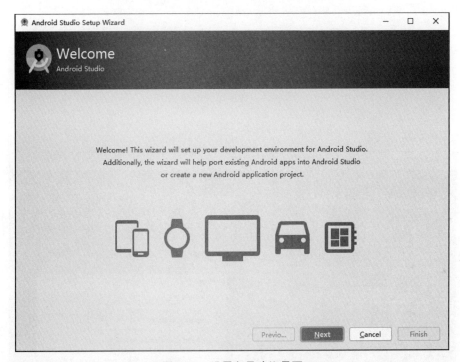

图 1-20　设置向导欢迎界面

在此选择自定义模式,然后单击 Next 按钮,弹出用户界面主题风格选择对话框,如图 1-22 所示,在此选择 Darcula 风格。单击 Next 按钮将弹出 Android SDK 设置对话框,检查需要安装或更新的 Android SDK,设置 Android SDK 的存放路径,如图 1-23 所示。

单击 Next 按钮,弹出模拟器设置对话框,可设置模拟器最大运行内存,如图 1-24 所示。单击 Next 按钮,弹出对话框验证设置信息,如图 1-25 所示。

单击 Next 开始下载和安装相关设置,如图 1-26 所示,这个过程所需时间较长。所有组件安装完成后,将会弹出相关信息,如图 1-27 所示。

安装完成后,查看 Android SDK 的安装目录,包含许多文件夹,主要文件夹的作用如表 1-2 所示。

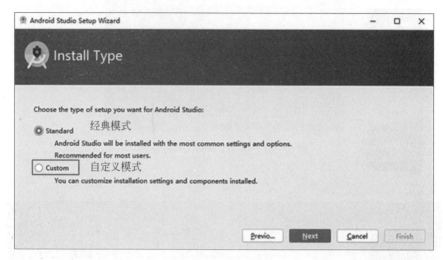

图 1-21　选择设置的模式

图 1-22　用户界面主题风格选择对话框

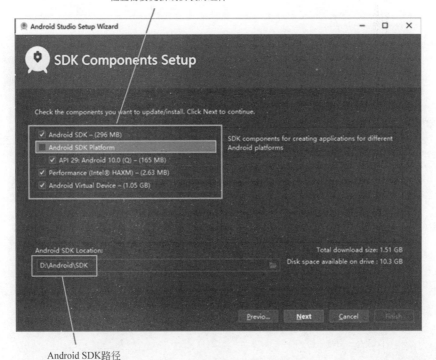

图 1-23 关联 Android SDK 路径

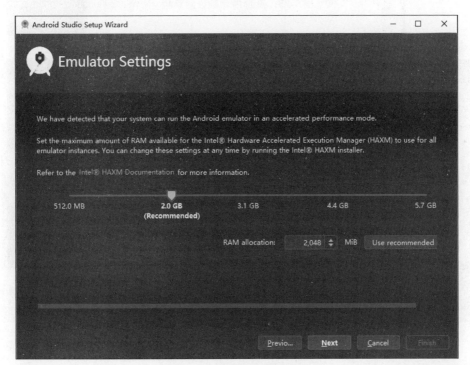

图 1-24 模拟器设置对话框

图 1-25 设置信息验证对话框

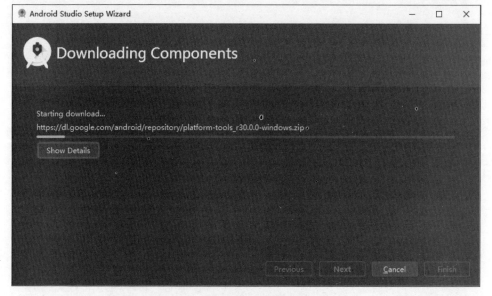

图 1-26 相关组件下载和安装过程

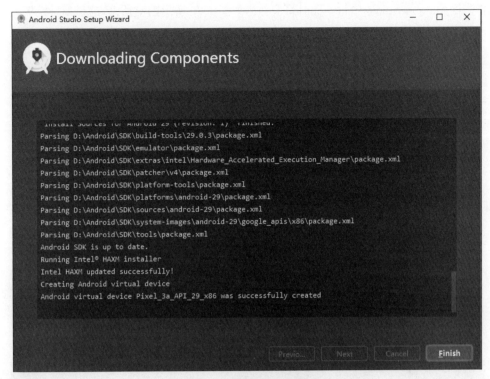

图 1-27　组件安装信息显示

表 1-2　Android SDK 安装目录下主要文件夹的作用

文件夹名称	文件夹的作用
build-tools	存放一些 Android 应用编译相关的工具
emulator	存放一些和模拟器相关的工具
extras	存放一些额外的插件
platforms	存放不同版本的 Android 系统
platform-tools	存放 Android 平台相关工具
sources	存放 Android 的源代码文件
system-images	存放 Android 系统使用的镜像文件
.temp	存放一些临时文件
tools	存放一些 Android 开发、调试的工具

注意：为了能在命令行窗口使用 Android SDK 的各种工具，建议将 Android SDK 目录下的 tools、platform-tools 子文件夹添加到系统的 Path 环境变量中。

单击 Finish 按钮完成安装，接着会弹出 Android Studio 使用欢迎界面，如图 1-28 所示。根据提示可以创建一个新的 Android Studio 项目、打开一个已有的 Android Studio 项目、从版本控制平台上下载项目、导入 Eclipse 项目、导入 Android 示例代码等。在此选中第一项，创建一个 Android Studio 项目。此时将会弹出如图 1-29 所示的对话框,选择项目模板。

图 1-28　Android Studio 使用欢迎界面

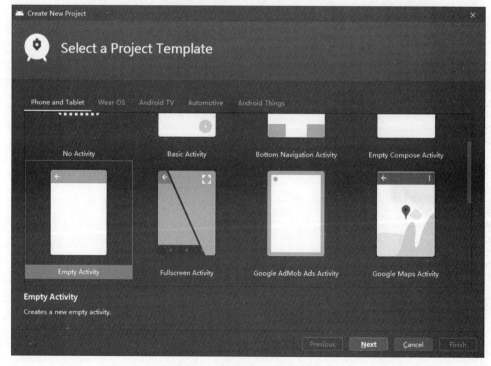

图 1-29　项目模板选择对话框

这里选择一个空的页面,单击 Next 按钮将会弹出图 1-30 所示的项目配置信息对话框。可以指定项目的名称、包名、存储路径、运行时 Android SDK 最低的版本要求等。此处创建的项目名称为 HelloWorld。

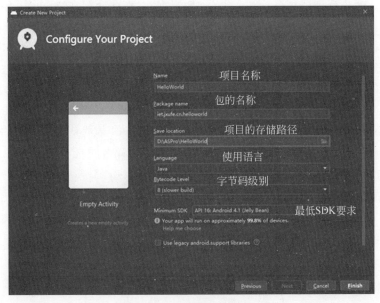

图 1-30　项目基本信息设置

单击 Finish 按钮即可完成项目的创建,进入如图 1-31 所示界面。在实际开发过程中,最常接触的就是左边的项目文档结构和右边的代码编辑区。

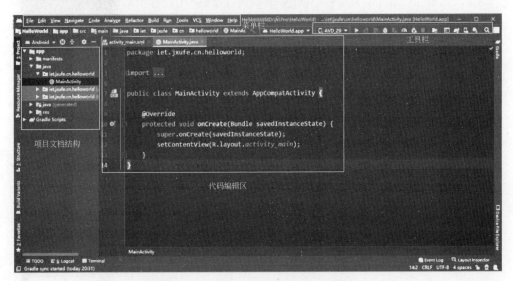

图 1-31　Android Studio 项目开发主界面

1.2.3　模拟器的创建与启动

Android 程序的运行需要相应设备的支持,既可以是真实的 Android 手机,也可以是 Android 提供的模拟器,在此介绍模拟器的使用。

管理模拟器有两种方式：在命令行中输入相应命令，或用 Android Studio 中的图形化界面管理。命令行创建稍微麻烦一些，一般不推荐，在此介绍在 Android Studio 中如何创建模拟器。

在创建、删除和浏览 AVD 之前，通常会先添加一个环境变量 ANDROID_SDK_HOME，用于设置模拟器的存放路径，该环境变量的值为磁盘上一个已有的路径（**可为任意路径，但路径中尽量不要包含空格或中文**），如图 1-32 所示，设置存储路径为 D:\AVD，此时创建的模拟器将会保存在％ANDROID_SDK_HOME％\.android 路径下，即 D:\AVD\.android。如果不设置该环境变量，创建的模拟器默认保存在 C:\Documents and Setting\<user_name>\.android 目录下，不同系统路径可能有所差异。

图 1-32　添加环境变量设置模拟器存放路径

注意：ANDROID_SDK_HOME 与 JAVA_HOME 环境变量值的区别在于，JAVA_HOME 环境变量的值是具体的 Java 安装目录，而 ANDROID_SDK_HOME 的值可以为任意路径。

单击 Android Studio 工具栏中的 图标，弹出如图 1-33 所示对话框。

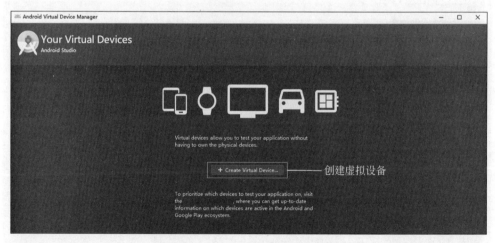

图 1-33　Android 模拟器管理器界面

单击中间的 Create Virtual Device 按钮，将会弹出如图 1-34 所示对话框，引导用户创建模拟器。

在选择模拟器硬件信息的对话框中，通过左边的列表可选择模拟器的设备类型，中间的列表可以选择系统中已有的一些设备型号，选择型号后，将会在右边图解显示该型号的具体参数信息。除了默认的设备型号外，还可以导入已有的设备型号或创建一个新的设备型号。

第 1 章 Android 起步

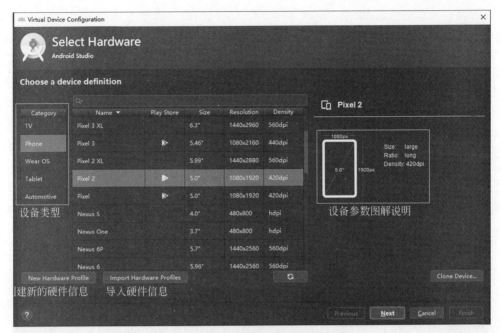

图 1-34 选择模拟器硬件信息对话框

单击 New Hardware Profile 按钮，将会弹出对话框，引导用户创建一个新的硬件型号。根据向导可设置模拟器的名称、类型、屏幕尺寸和分辨率、内存大小以及是否包含按键和键盘等信息，具体如图 1-35 所示。

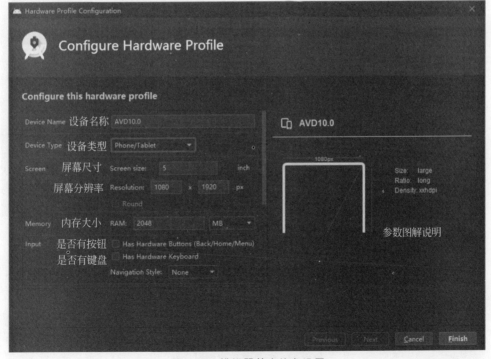

图 1-35 模拟器基本信息设置

设置好基本信息后，单击 Finish 按钮，将会返回到模拟器型号选择页面，型号列表中将会新增一个硬件信息，如图 1-36 所示。

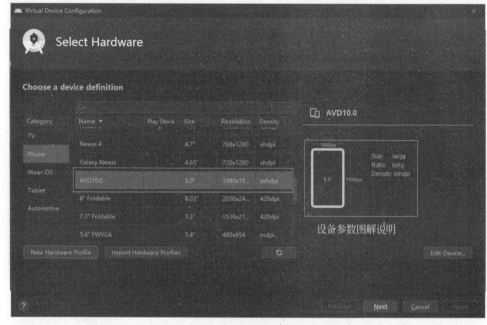

图 1-36　选择模拟器硬件信息对话框

单击对话框中的 Next 按钮，将弹出系统镜像选择对话框，一般使用推荐的镜像。如果本地未下载相关的镜像，将会在旁边显示 Download，提示下载，如图 1-37 所示。

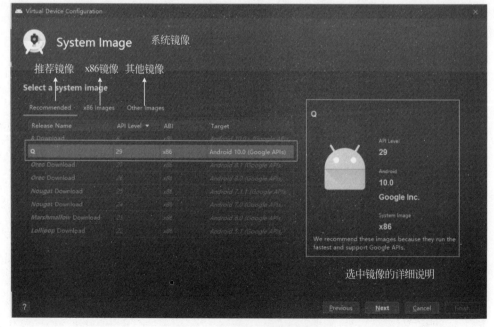

图 1-37　选择系统镜像对话框

在此选择 Q，单击 Next 按钮，将会进入 Android 模拟器信息确认页面，包括模拟器的名称、型号、版本，以及第一次启动时模拟器的方向等。信息确认界面如图 1-38 所示。

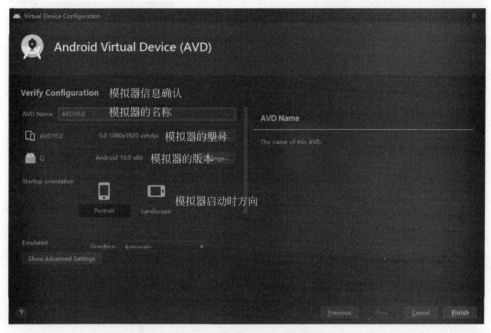

图 1-38　模拟器信息确认界面

单击 Finish 按钮，完成模拟器的创建，将会跳转到模拟器列表界面，列表中包含了上一步骤中创建的模拟器，并显示模拟器的分辨率、版本信息、CPU、所占空间大小等。可以在该界面中启动、编辑和删除模拟器，如图 1-39 所示。

图 1-39　本机模拟器列表界面

选中某个模拟器，单击右边的三角图标即可启动。第一次启动模拟器时需要一定的时间，需耐心等待，模拟器启动完成后，效果如图 1-40 所示，不同版本的模拟器界面效果可能有所不同。

模拟器启动后，单击项目界面中的 ▶ 按钮，即可运行本节中已创建的 Hello World 项目（见图 1-30），运行效果如图 1-41 所示。至此，Android 开发环境搭建完毕。

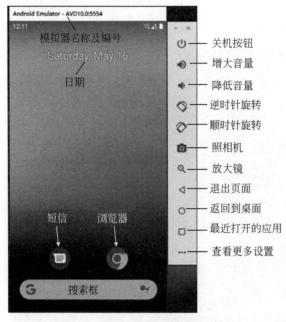

图 1-40　模拟器启动后首界面效果　　　　图 1-41　项目运行效果图

1.3　Android 项目运行过程分析

前面我们只是根据向导创建了一个 Android 项目，并未编写任何代码，运行后却能显示"Hello World!"字符串，并且有标题和默认的图标。Android Studio 究竟为我们做了些什么？Android 程序又是如何运行的？为什么会得到这样的结果？本节将详细介绍 Android 程序的执行过程。

1.3.1　Android 应用程序结构分析

细心的读者可能会发现，创建一个 Android 项目后，会在 Android Studio 的左边生成该项目的程序文件。在 Android Studio 中支持多种视图查看该程序结构，默认为 Android 视图，除此之外还有项目视图、包视图等，如图 1-42 所示，不同视图下显示内容不同，开发人员可通过下拉列表在多个视图间快速切换。其中较为常用的是项目视图和 Android 视图。

Android 视图将项目中的所有文件进行分类，并存放在对应的文件夹下，主要分为 app 和 Gradle Scripts 两个文件夹，只显示开发人员经常编辑的一些文件，而将系统自动生成且用户无法改变的一些文件夹和文件都隐藏了，非常简洁明了。Android 视图下主要文件夹的含义如下。

（1）app\manifests 用于存放应用程序的配置信息，包括应用包名、用到的系统组件、所需权限声明等。

（2）app\java 用于存放应用程序的源代码，包括业务逻辑代码和测试代码。

第 1 章　Android 起步

图 1-42　Android 项目视图列表

（3）app\res 用于存放应用程序需要的各种资源，如布局资源、图片资源、常量资源等。

（4）Gradle Scripts 用于存放 gradle 编译相关的脚本。

具体各部分含义如图 1-43 所示。

图 1-43　Android 视图中项目文档结构含义

　　res 文件夹用于存放各种资源文件，res 文件夹下的所有资源都会在 R.java 中生成对应的资源标记，并实时更新。一旦添加了新的资源，R.java 会同步更新，通过 R.java 系统可以很方便地找到对应资源，编译器会根据 R.java 文件，检查资源是否被使用，没有使用的资源将不会打包到安装文件中，以此来减少应用所占空间大小。res 文件夹下的各目录的含义以及对应于 R.java 中的类型关系如表 1-3 所示。

23

表 1-3　res 文件夹下各目录的作用

目录结构	资源类型	R.java 中对应的类	备注
res\anim\	XML 动画文件	R.anim	默认不存在，需手动添加
res\drawable\	一些图形、图像文件	R.drawable	
res\layout\	XML 布局文件	R.layout	
res\values\	colors.xml：颜色文件	R.color	存放各种常量资源，可手动添加这些文件，文件名可任意，没有特殊要求。但根元素必须为 Resources
res\values\	dimen.xml：尺寸文件	R.dimen	
res\values\	styles.xml：样式文件	R.style	
res\values\	strings.xml 字符串常量文件	R.string	
res\raw\	直接复制到 apk 的原生文件	R.raw	默认不存在，需手动添加
res\menu\	XML 菜单资源文件	R.menu	默认不存在，需手动添加

Project 视图以模块为单位来组织项目文件，每个模块都是一个完整的可独立运行的部分，因此各个模块都包含编译、配置等相关文件。除此之外，整个项目中也有总的编译和配置文件。HelloWorld 项目中仅包含一个 app 模块，该项目 Project 视图下主要文件夹的含义如下。

(1) HelloWorld\.gradle：项目所使用的编译系统。
(2) HelloWorld\app：项目中的 app 模块。
(3) HelloWorld\app\build：存放 app 模块编译生成的内容，例如各种资源、日志文件以及 apk 文件等。
(4) HelloWorld\app\src：存放 app 模块业务逻辑源代码。
(5) HelloWorld\app\build.gradle：app 模块的 gradle 编译文件。
(6) HelloWorld\build：存放整个项目在编译过程中生成的内容。
(7) HelloWorld\gradle：存放 gradle 包。
(8) HelloWorld\build.gradle：存放项目的 gradle 编译文件。

具体各部分详细说明如图 1-44 所示。

1.3.2　Android 应用程序编译过程

Android 应用程序编译是一个较为复杂的过程，在编译过程中会用到很多系统工具，同时会生成很多中间文件。值得庆幸的是，大部分工作都由集成开发环境做好了，只需要单击按钮即可运行。实际上，在使用 Android Studio 进行开发的过程中，开发环境随时都在为我们做着一些事情，例如在应用中添加了一张图片资源或布局资源时，开发环境会自动在 R.java 文件中生成资源标记；新建一个 aidl 文件时，会自动生成对应的 Java 接口等等。Android 应用程序整体的编译过程如图 1-45 所示。关键环节说明如下。

(1) aapt(Android Asset Package Tool)主要用来编译应用程序中使用到的各种资源，例如页面布局文件、清单资源文件、图片资源文件等。编译同时将产生一个 R.java 文件，该文件中主要存放应用资源的标记，方便开发人员在 Java 代码中访问这些资源。R.

图 1-44　Project 视图中项目文档结构含义

java 文件对资源进行分类，每一类资源对应 R.java 中的一个内部类。例如 R.layout 中存放布局文件的引用，R.drawable 用于存放图片资源的引用等。

（2）aidl（Android Interface Definition Language）可将 aidl 文件转换成 Java 接口。

（3）所有的 Java 文件，包括应用中的源代码以及生成的 R.java 文件和 Java 接口，都将通过 Java 编译器编译后生成.class 字节码文件，.class 字节码文件是 Java 虚拟机可执行的文件。

（4）所有的.class 文件，包括系统编译生成.class 文件以及引用的第三方库中的.class 文件，都将通过 dex 工具编译生成.dex 文件，.dex 文件是 Android 虚拟机 Dalvik 可执行的文件。

（5）apk 构建工具将会把已经编译好的资源和应用中用到的一些不需要编译的原生资源例如音频、字体等以及编译生成的.dex 文件一起打包，最终生成可运行的.apk 文件。

（6）apk 程序要想在设备上运行还必须进行签名，需要相关的 keystore，通常分为调试和发布两种模式，系统默认使用调试模式。如果使用发布模式，还需要使用压缩工具对 apk 进行优化。

当一个 Android 应用程序编译成功后，会生成对应的 apk 文件。该文件存放于项目名\app\build\outputs\apk 文件夹下，不同项目通过项目名区分。

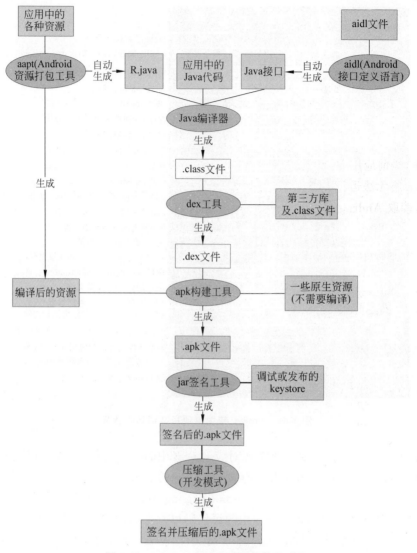

图 1-45　Android 应用程序整体编译过程

1.3.3　Android 应用程序的运行过程

1.3.1 节中介绍了 Hello World 项目各个文件的作用。这些文件又是如何协同工作，最后得到运行效果的呢？下面介绍 Android 应用程序的运行过程。

程序运行时，系统首先读取 build.gradle 文件，获取应用编译的基本信息，关键内容如下。

```
1    android {
2        compileSdkVersion 29                    →编译的 SDK 版本
3        buildToolsVersion "29.0.3"              →编译工具的版本
4        defaultConfig {                         →默认设置
```

```
5          applicationId "iet.jxufe.cn.helloworld"        →应用 ID
6          minSdkVersion 16                               →最低版本要求 16
7          targetSdkVersion 29                            →目标版本号 29
8          versionCode 1                                  →应用版本号
9          versionName "1.0"                              →应用版本名
10      }
11   }
```

系统的编译信息主要包括 App 运行对设备的最低版本要求，App 编译所使用的 SDK 版本，当前应用的版本号和版本名等。例如对于当前 App 而言，如果设备版本低于 16，该 App 将无法运行。

然后读取 AndroidManifest.xml 清单文件，关键内容如下：

```
1   <?xml version="1.0" encoding="utf-8"?>
2   <manifest xmlns:android="http://schemas.android.com/apk/res/android"
                                                              →命名空间
3       package="iet.jxufe.cn.helloworld">                    →应用程序包名
4       <application                                          →应用信息
5           android:allowBackup="true"                        →是否允许备份
6           android:icon="@mipmap/ic_launcher"                →应用程序的图标
7           android:label="@string/app_name"                  →应用程序的标签
8           android:supportsRtl="true"                        →是否支持 Rtl
9           android:roundIcon="@mipmap/ic_launcher_round"     →圆角矩形图标
10          android:theme="@style/Theme.App">                 →应用程序的主题
11          <activity android:name=".MainActivity">           →Activity 名称
12              <intent-filter>                               →启动的过滤条件
13                  <action android:name="android.intent.action.MAIN" />
                                                              →启动的入口
14                  <category android:name="android.intent.category.LAUNCHER" />
15              </intent-filter>
16          </activity>
17      </application>
18  </manifest>
```

其中命名空间所对应的文件中，定义了该 XML 文件中各种标签及属性，必不可少，否则系统无法解析这些标签资源。

package 属性用于设置应用程序的包名，包名可用于唯一区分应用程序，如果两个应用程序包名一致，将会被看作是同一个应用，此时后安装的将会替换之前安装的应用。

android：icon 属性用于设置应用程序的图标，它的值为@mipmap/ic_launcher，其中@表示引用资源，mipmap 表示图片资源，ic_launcher 表示具体的资源名称（忽略后缀名），它所对应的资源即为 res\mipmap\ic_launcher.png。通过更改该值，可以更改应用程序的图标。类似地，android：label 用于设置应用程序的名称，它的值为@string\app_name，表示引用字符串资源下 app_name 资源的值。具体是指 res\values\strings.xml 文件中，name 属性值为 app_name 的标签所对应的内容，查看 strings.xml 文件的内容如下，其值为 HelloWorld。

```
1    <resources>
2        <string name="app_name">HelloWorld</string>
3    </resources>
```

几乎每一个 App 的都有应用图标和标签，那么如何查看呢？当一个 App 安装后，将会在应用列表中显示该应用的图标和标签。具体查看方法是打开 Settings(设置)→查看 Apps & notification(应用和通知)→ See all apps(查看所有应用)，将会显示所有的应用列表，即可找到安装的 App，如图 1-46 所示。

注意：当在设备中安装了 App 以后，将会在功能清单中显示启动该 App 的图标和标签，单击即可启动 App，这里的图标和标签实际上是入口 Activity 的图标和标签。当没有设置入口 Activity 的图片和标签时，默认为应用的图标和标签，如图 1-47 所示。

图 1-46 查看应用名称和图标

图 1-47 功能清单中启动 App 的图标和标签

<activity>元素是应用程序的关键部分，用于注册 Android 中四大组件之一的 Activity。Activity 为用户提供了一个执行操作的可视化用户界面，可以简单理解为应用中的一个页面。注册 Activity 时，需要指定 Activity 对应的类名，一般为完整的包名＋类名，如果在当前应用程序包中，可以用"."代替包名。除此之外，还可以通过<intent-filter>标签指定 Activity 启动的条件。每个应用程序默认会有一个主 Activity，即启动条件为如下代码所示的 Activity。详细的指定办法将在第 4 章中介绍。

```
1    <intent-filter>
2        <action android:name="android.intent.action.MAIN" />
```

```
3        <category android:name="android.intent.category.LAUNCHER" />
4    </intent-filter>
```

系统找到主 Activity 后,通过**反射机制**,自动创建该 Activity 所对应的类的**实例**,在此为 MainActivity。查看 MainActivity 的代码如下。

```
1  public class MainActivity extends AppCompatActivity {
2      @Override
3      protected void onCreate(Bundle savedInstanceState) {
4          super.onCreate(savedInstanceState);        →调用父类的该方法
5          setContentView(R.layout.activity_main);    →设置 Activity 的界面
                                                        布局文件
6      }
7  }
```

创建 MainActivity 对象后,将**回调**该类的 onCreate()方法,在 onCreate()方法中,设置了界面布局资源为 R.layout.activity_main 所对应的文件,即 res\layout\activity_main.xml。该文件内容如下。

```
1   <?xml version="1.0" encoding="utf-8"?>
2   <androidx.constraintlayout.widget.ConstraintLayout
3       xmlns:android="http://schemas.android.com/apk/res/android"
4       xmlns:app="http://schemas.android.com/apk/res-auto"
5       xmlns:tools="http://schemas.android.com/tools"
6       android:layout_width="match_parent"
7       android:layout_height="match_parent"
8       tools:context=".MainActivity">
9       <TextView
10          android:layout_width="wrap_content"
11          android:layout_height="wrap_content"
12          android:text="Hello World!"
13          app:layout_constraintBottom_toBottomOf="parent"
14          app:layout_constraintLeft_toLeftOf="parent"
15          app:layout_constraintRight_toRightOf="parent"
16          app:layout_constraintTop_toTopOf="parent" />
17  </androidx.constraintlayout.widget.ConstraintLayout>
```

整个界面中只有一个文本显示框,该文本显示框默认显示在屏幕正中间,该文本框的内容为"Hello World!"。因此,界面中显示"Hello World!"。至此,我们终于得到了运行结果。

综上所述,**Android** 应用程序的运行过程大致如下:首先读取 AndroidManifest.xml 清单文件,根据配置找到默认启动的类 MainActivity 并创建该类对象,系统自动调用 MainActivity 的 onCreate()方法,该方法中设置用户界面为 activity_main.xml 布局文件,此文件中有一个文本显示控件 TextView,控件显示在布局的正中间,其显示的信息为"Hello World!"。

1.4　Android 应用下载与安装

可运行的 Android 程序的文件后缀名为.apk。Android 应用程序可以是自己开发的，也可以是从网络下载的。在图 1-44 的 app\build\outputs\apk\debug 文件夹下，只要编译成功就会生成对应的可运行程序。

Android 模拟器与 Android 手机功能类似，可以从网上下载一些 Android 应用，然后安装到模拟器上，主要通过 Android 提供的 adb 命令来完成。例如在 D:\android 目录下存放一个 Android 应用 abc.apk，打开命令行，进入到该目录，然后输入"adb install abc.apk"，如图 1-48 所示。

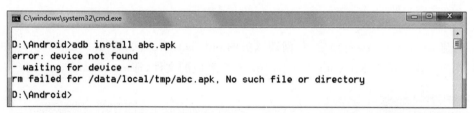

（a）若没有启动模拟器也没有连接手机，则会提示device not found错误，否则开始安装应用

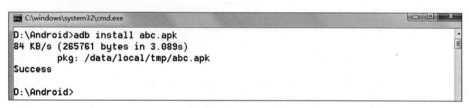

（b）若模拟器上已有该应用，则会提示INSTALL_FAILED_ALREADY_EXISTS失败信息，可先卸载再安装

（c）命令行中出现Success时，表示该应用安装成功，可以在功能菜单中找到相应的应用图标，并启动它

图 1-48　在模拟器上安装 Android 应用

如果想在真实手机上运行自己开发的程序，只需要将 **APK 文件复制到自己手机后直接安装即可**。

1.5　Android 开发的 MVC 模式

Android 程序开发采用了流行的 MVC 模式，即 Model-View-Controller：M 指模型层，V 指视图层，C 指控制层。

MVC 模式实现了应用程序的模型层与视图层代码分离，使得同一程序可以有不同的表现形式,而控制层则用于确定模型层与视图层之间的关系,使得数据一致。MVC 把应用程序的模型层与视图层完全分开,最大的优点就是分工明确,界面设计人员可以直接参与到界面开发中,程序员则可以把精力放在业务逻辑上。而不用像以前那样,设计人员把所有的材料交给开发人员,开发人员除业务逻辑外还要设计实现界面。在 Android 中 MVC 各部分对应的关系如下。

(1) 视图层(View):在 Android 中,所有的界面控件都继承于 View 类,每个界面都由很多个 View 对象组合而成。Android 为每个 View 类定义了相应的 XML 标签,并为 XML 标签定义了各种属性,这些 XML 标签通常在 XML 布局文件中定义。因此,可以用 XML 文件简单而快速地设计界面,即使是不懂代码的美工也可以采用一些界面设计工具快速设计界面,而不用理会复杂的 Java 代码,较好地实现了分工。例如,在 Android Studio 中布局文件的定义,提供了代码、拆分、设计等三种视图(如图 1-49 所示)。右边是图形化界面设计窗口,提供了各种图形化界面,设计者只需将自己需要的控件拖到视图窗口中即可,左边是对应的 XML 源代码文件,二者是一一对应的关系,任何一方的改变都会影响另一方。

图 1-49　同一个界面的两种不同表现形式

注意:视图之间的转换只需单击界面右上方的 Code、Split、Design,就可以从一种模式转换到另一种。

(2) 控制层(Controller):Android 中控制层的重任通常是由 Acitvity 和 Intent 来实现的,一个 Activity 可以有多种界面,通过 setContentView()方法指定以哪个视图模型显示数据。这也提醒我们不要在 Acitivity 中写过多的业务处理代码,要通过 Activity 交给 Model 业务逻辑层处理,这样做的另外一个原因是 Android 中的 Acitivity 的响应时间是 5s,如果耗时的操作放在这里,程序很容易被回收。

(3) 模型层(Model):主要处理数据库、网络以及业务计算等操作,模型层主要采用

Java 程序来实现。

1.6 本章小结

本章介绍了 Android 应用开发的基础知识,包括什么是 Android、Android 的体系结构、Android 环境搭建的过程及注意事项、Android 程序结构分析、编译的主要流程、运行过程分析,最后介绍了 Android 应用开发的 MVC 模式。通过本章的学习,读者应重点掌握 Android 的环境搭建,包括 Java 环境变量的配置、Android SDK 的配置等,并熟悉 Android 应用的创建、运行方式;了解 Android 应用程序中各文件夹的作用,掌握 Android 编译的主要流程以及掌握 Android 程序的运行过程。学习本章的内容后,读者应能够独立地搭建 Android 开发环境并描述 Android 程序的运行过程。

课后练习

1. 搭建 Android 开发环境必需的工具是_____和_____。
2. Android 体系结构大致分为_____、_____、_____和_____四层。
3. Android 系统的底层建立在( )操作系统之上。
   A. Java   B. UNIX   C. Windows   D. Linux
4. Android 系统中安装的应用软件是( )格式的。
   A. exe   B. java   C. apk   D. jar
5. 当我们创建一个 Android 项目时,该项目的图标是在( )文件中设置的。
   A. AndroidManifest.xml   B. strings.xml
   C. activity_main.xml   D. styles.xml
6. Android 中界面布局文件存放在 res 下的( )文件夹中。
   A. drawable   B. mipmap   C. layout   D. values
7. 下面应用中,不属于 Android 体系结构中的应用程序层的是( )。
   A. 电话簿   B. 日历   C. SQLite   D. SMS 程序
8. res 目录下各文件夹与 R.java 中的类与成员变量之间有什么关系?
9. 在第一个 Android 项目的 AndroidManifest.xml 文件中,<Application>标签内的 android:label 对应的属性值是什么?该值会显示在模拟器的哪个位置?
10. 请简要描述 Android 应用程序的整体编译过程。
11. 请简要描述 HelloWorld 程序的执行过程。
12. 尝试为清单文件(AndroidManifest.xml)中的<activity>标签添加 android:icon 属性和 android:lable 属性,并设置其值,使其与<application>标签中的属性值不同,然后观察图 1-46 和图 1-47 的变化。

Android 界面设计基础

本章要点

- View 与 ViewGroup 的理解
- 文本显示框的功能和用法
- 文本编辑框的常用属性
- 按钮的简单用法
- 线性布局的特点和用法
- 表格布局的特点和用法
- 相对布局的特点和用法
- 层布局的特点和用法
- 网格布局的特点和用法
- 开发自定义 View 的方法和步骤

本章知识结构图

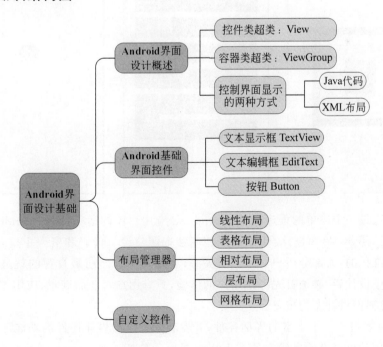

本章示例

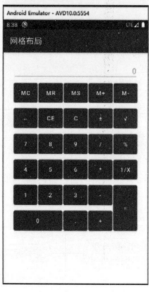

第 1 章通过一个简单的程序介绍了 Android 应用程序的运行过程。Android 程序开发主要分为三部分：界面设计、代码流程控制和资源建设。代码和资源主要是由开发者进行编写和维护的，大部分用户并不需要关心，展现在用户面前最直观的就是界面设计。作为一个程序设计者，必须首先考虑用户的体验，只有用户对产品满意，应用才能推广，才有价值，因此界面设计尤为重要。

Android 系统提供了丰富的界面控件，开发者熟悉这些界面控件的功能和用法后，只需要直接调用就可以设计出优秀的图形用户界面。除此之外，Android 系统还允许用户开发自定义的界面控件,在系统提供的界面控件基础之上设计出符合自己要求的个性化界面控件。本章将详细讲解 Android 中的一些最基本的界面控件以及简单的布局管理。通过本章的学习,读者应该能开发出简单的图形用户界面。

本书中有时会提到控件、界面控件或界面组件,不特指时均指界面控件。

2.1 Android 界面设计概述

Android 中所有的界面控件都继承于 View 类。View 类代表的就是屏幕上一块空白的矩形区域,该空白区域可用于绘画和事件处理。不同的界面控件相当于是对这个矩形区域做了一些处理,例如文本显示框、按钮等。

View 类有一个重要的子类:ViewGroup。ViewGroup 类是所有布局类和容器控件的基类,它是一个不可见的容器,里面还可以添加 View 控件或 ViewGroup 控件,主要用于定义它所包含的控件的排列方式,例如网格排列或线性排列等。通过 View 和 ViewGroup 的组合使用,整个界面可以呈现一种层次结构,如图 2-1 所示。

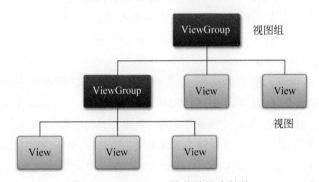

图 2-1 ViewGroup 控件的层次结构

ViewGroup 是一个抽象类,并没有指定容器中控件的摆放规则,而是提供了一个抽象方法 onLayout(),由其子类实现该方法,控制摆放规则。

Android 中控制控件的显示有两种方式:一种是通过 XML 布局文件来设置控件的属性进行控制;另一种是通过 Java 代码调用相应的方法进行控制。这两种方式控制 Android 界面显示的效果是完全一样的。实际上,XML 文件的属性与 Java 代码中方法之间存在着一一对应的关系。从 Android API 文档对 View 类的介绍中,可查看所有的属性与方法之间的对应关系,表 2-1 列出一些常用的属性供参考。

表 2-1 View 类的常见 XML 属性、对应方法及说明

XML 属性	对应的 Java 方法	说明
android:alpha	setAlpha(float)	设置控件的透明度
android:background	setBackgroundResource(int)	设置控件的背景
android:clickable	setClickable(boolean)	设置控件是否可以触发单击事件

续表

XML 属性	对应的 Java 方法	说 明
android：focusable	setFocusable(boolean)	设置控件是否可以得到焦点
android：id	setId(int)	设置控件的唯一 ID
android：minHeight	setMinimumHeight(int)	设置控件的最小高度
android：minWidth	setMinimumWidth(int)	设置控件的最小宽度
android：padding	setPadding(int,int,int,int)	在控件四边设置边距
android：scaleX	setScaleX(float)	设置控件在 X 轴方向的缩放
android：visibility	setVisibility(int)	设置控件是否可见

几乎每一个界面控件都需要设置 android：layout_height、android：layout_width 这两个属性，用于指定该控件的高度和宽度，主要有以下三种取值。

（1）fill_parent：表示控件的高或宽与其父容器的高或宽相同。

（2）wrap_content：表示控件的高或宽恰好能包裹内容，随着内容的变化而变化。

（3）match_parent：该属性值与 fill_parent 完全相同，Android 2.2 之后推荐使用 match_parent 代替 fill_parent。

虽然两种方式都可以控制界面的显示，但是它们又各有优缺点。完全使用 Java 代码来控制用户界面，不仅烦琐，而且界面设计代码和业务处理代码相混合，不利于软件设计人员的分工合作；完全使用 XML 布局文件虽然方便、便捷，但灵活性不好，不能动态改变属性值。

因此，人们经常会混合使用这两种方式来控制界面，一般来说，习惯将一些变化小的、比较固定的、初始化的属性放在 XML 文件中管理，而需要动态变化的属性则交给 Java 代码控制。例如，可以在 XML 布局文件中设置文本显示框的高度和宽度以及初始时的显示文字，在代码中根据实际需要动态改变显示的文字。

2.2　Android 基础界面控件

2.2.1　文本显示框 TextView

TextView 类直接继承于 View 类，主要用于在界面上显示文本信息，类似于一个文本显示器，从这个方面来理解，有点类似于 Java 编程中的 JLable 的用法，但是比 JLable 的功能更加强大，使用更加方便。TextView 可以设置显示文本的字体大小、颜色、风格等属性，TextView 的常见属性如表 2-2 所示。

表 2-2　TextView 类的常见 XML 属性、对应方法及说明

XML 属性	对应的 Java 方法	说 明
android：gravity	setGravity(int)	设置文本的对齐方式
android：height	setHeight(int)	设置文本框的高度(以 pixel 为单位)

续表

XML 属性	对应的 Java 方法	说　　明
android：text	setText(CharSequence)	设置文本的内容
android：textColor	setTextColor(int)	设置文本的颜色
android：textSize	setTextSize(int,float)	设置文本的大小
android：textStyle	setTextStyle(Typeface)	设置文本的风格
android：typeface	setTypeface(Typeface)	设置文本的字体
android：width	setWidth(int)	设置文本框的宽度(以 pixel 为单位)

在设置文本颜色时,颜色如何表示呢?在 XML 文件中,颜色的表示有两种方式:一是通过十六进制数来表示;另一种是通过引用系统中提供的一些颜色常量表示。在 Android 的程序代码中,系统提供了 Color 类来表示颜色,并提供了一些常用的颜色常量,例如 Color.RED(红色)、Color.BLUE(蓝色)等,也提供了静态的颜色构建方法,例如 Color.rgb(int,int,int)传递红、绿、蓝三个参数,Color.argb(int,int,int,int)传递透明度、红、绿、蓝四个参数。

XML 文件中,通过十六进制数来表示时,颜色值总是以♯开头,通过红(Red)、绿(Green)、蓝(Blue)三原色,以及一个透明度(Alpha)值来表示,如果省略了透明度的值,那么该颜色默认是完全不透明的,因此,颜色表示主要有以下几种。

(1)♯RGB:用 3 位十六进制数表示颜色,R 表示红色,G 表示绿色,B 表示蓝色,每种颜色的值为 0～f 这 16 级。

(2)♯RRGGBB:用 6 位十六进制数表示颜色,RR 表示红色,GG 表示绿色,BB 表示蓝色,每种颜色的值为 00～ff 这 256 级。

(3)♯ARGB:用 4 位十六进制数表示颜色,A 表示透明度,R 表示红色,G 表示绿色,B 表示蓝色,每种颜色的值为 0～f 这 16 级。

(4)♯AARRGGBB:用 8 位十六进制数表示颜色,AA 表示透明度,RR 表示红色,GG 表示绿色,BB 表示蓝色,每种颜色的值为 00～ff 这 256 级。

XML 文件中,引用 Android 系统中已提供的颜色的方式为"@android：color/颜色",例如,"@android：color/holo_red_dark"表示深红色。

在 Android 中经常需要设置尺寸,包括组件的宽度和高度、边距、文本大小等。这些尺寸的单位各不相同,Android 提供的尺寸单位主要有以下几种。

(1)**px**(**pixels**,像素):屏幕上真实的像素表示,不同设备显示效果相同,用于表示清晰度,像素越高越清晰。

(2)**dip** 或 **dp**(**device independent pixels**,设备独立像素):是一个抽象单位,基于屏幕的物理密度,1dp 在不同密度的屏幕上对应的 px 不同,从而整体效果不变,dp 可消除不同类型屏幕对布局的影响。

(3)**sp**(**scale-independent pixels—best for text size**,比例独立像素):主要处理字体的大小,可以根据屏幕自适应。

为了适应不同分辨率、不同屏幕密度的设备,推荐尺寸大小使用 dip 单位,文字大小使用 sp 单位。

这些是大部分软件中文本显示控件都具有的功能。除此之外,Android 中的 TextView 还拥有自动识别文本中的各种链接,显示字符串中的 HTML 标签的格式等特性。识别自动链接的属性为 android：autoLink,该属性的可能取值如下。

(1) none：不匹配任何格式,此为默认值。

(2) web：只匹配网页,如果文本中包含网页,网页会以超链接的形式显示。

(3) email：只匹配电子邮箱,电子邮箱会以超链接的形式显示。

(4) phone：只匹配电话号码,电话号码会以超链接的形式显示。

(5) map：只匹配地图地址。

(6) all：匹配以上所有。

匹配时,相应部分会以超链接的形式显示,单击超链接,会自动运行相关程序。例如电话号码超链接会调用拨号程序,网页超链接会打开网页等。

而解析 HTML 标签格式,则需要通过 Java 代码来控制。首先为该文本框添加一个 id 属性,然后在 onCreate()方法中,通过 findViewById(R.id.***),获取该文本框,最后通过 setText()方法来设置显示的内容,如下所示。

```
1    TextView tv=((TextView)findViewById(R.id.myText);
```
→在布局中有一个 TextView,其 ID 为 myText

```
2    tv.setText(Html.fromHtml ("欢迎参加<font color=blue>手机软件设计赛</font>"));
```

该代码的显示效果是：

"手机软件设计赛"这几个字为蓝色,其他字为布局文件中设置的颜色。

上面的例子中,fromHtml()方法可识别字符串中的 HTML 标签,返回值为 Spanned 类型。Spanned 类实现了 CharSequence 接口,可作为参数传入方法 setText()。

2.2.2 文本编辑框 EditText

TextView 的功能仅仅是显示信息而不能编辑,但好的应用程序往往需要与用户进行交互,让用户进行输入信息。为此,Android 中提供了 EditText 控件,EditText 是 TextView 类的子类,与 TextView 具有很多相似之处。它们最大的区别在于,EditText 允许用户编辑文本内容,使用 EditText 时,经常使用到的属性如下。

(1) android：hint：设置当文本框内容为空时,文本框内显示的提示信息,一旦输入内容,该提示信息立即消失,当删除所有输入内容时,提示信息又会出现。

(2) android：inputType：设置文本框接收值的类型,例如只能是数字、电话号码等,也可将其设置为密码框,输入的内容将会以点代替。

(3) android：selectAllOnFocus：设置获取焦点时,选中已有内容。

(4) android：minLines：设置文本编辑框的最少行数。

2.2.3 按钮 Button

Button 同样继承于 TextView,功能较为单一,就是在界面中生成一个按钮,供用户单击。单击按钮后,会触发一个单击事件,开发人员可以针对该单击事件设计相应的事件处理,从而实现与用户交互的功能。我们可以设置按钮的大小、显示的文字以及背景等。如果需要把一张图片作为按钮,有以下两种方法。

(1) 将该图片作为 Button 的背景图片。

(2) 使用 ImageButton,将该图片作为 ImageButton 的 android:src 属性值即可。

需要注意的是,ImageButton 不能指定 android:text 属性,即使指定了,也不会显示任何文字。

2.2.4 应用举例

下面以一个简单的例子介绍这三种简单控件一些属性的用法。程序运行效果如图 2-2 所示。在此界面中包含两个 TextView、两个 EditText、两个 Button,界面布局文件见本页后面的代码。

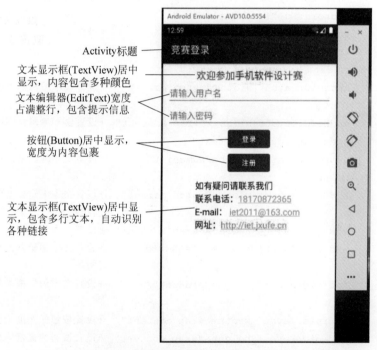

图 2-2 文本框、编辑框和按钮使用举例的程序运行效果图

在正式学习前,读者可以直接从网站将应用解包后直接引入,直接看代码运行结果,也可以先看完后面的代码再按第 1 章的创建 Android 项目的步骤来从头建立该程序,根据个人的学习习惯自由选择。但是,不管哪种方法,建议读者亲自从头到尾将项目创建起来,这样才学得扎实。

本书涉及的代码均可下载,并存放在本地计算机的任意位置,然后进行解压,接着通过 Android Studio 菜单中的 File→Open 定位到需要打开的项目,在此为 LoginTest,打开项目,查看布局文件详细代码如下。

程序清单：codes\ch02\LoginTest\app\src\main\res\layout\activity_main.xml

```xml
1   <?xml version="1.0" encoding="utf-8"?>
2   <LinearLayout xmlns:android="http://schemas.android.com/apk/res/android"
3       xmlns:tools="http://schemas.android.com/tools"
4       android:layout_width="match_parent"
5       android:layout_height="match_parent"
6       android:orientation="vertical"                  →线性布局方向为垂直
7       android:gravity="center_horizontal"             →线性布局内控件的对齐方式：水平居中
8       android:padding="10dp">
9       <TextView
10          android:layout_width="match_parent"         →文本框的宽度为填充父容器
11          android:layout_height="wrap_content"        →文本框的高度为内容包裹
12          android:id="@+id/titleView"                 →为 TextView 添加 ID 属性
13          android:textSize="20sp"                     →设置文本大小为 20sp
14          android:gravity="center"/>                  →对齐方式为居中
15      <EditText
16          android:layout_width="match_parent"         →设置文本编辑框宽度为填充父容器
17          android:layout_height="wrap_content"        →设置文本编辑框高度为内容包裹
18          android:inputType="text"                    →设置文本编辑框输入类型为文本
19          android:hint="@string/nameHint"/>           →设置文本编辑框的提示信息
20      <EditText
21          android:layout_width="match_parent"         →设置文本编辑框宽度为填充父容器
22          android:layout_height="wrap_content"        →设置文本编辑框高度为内容包裹
23          android:inputType="textPassword"            →设置文本编辑框的输入类型为密码
24          android:hint="@string/psdHint"/>            →设置文本编辑框的提示信息
25      <Button
26          android:layout_width="wrap_content"         →设置按钮的宽度为内容包裹
27          android:layout_height="wrap_content"        →设置按钮的高度为内容包裹
28          android:text="@string/login"/>              →设置按钮的显示文本
29      <Button
30          android:layout_width="wrap_content"         →设置按钮的宽度为内容包裹
31          android:layout_height="wrap_content"        →设置按钮的高度为内容包裹
32          android:text="@string/register"/>           →设置按钮的显示文本
33      <TextView
34          android:layout_width="wrap_content"         →文本框的宽度为内容包裹
35          android:layout_height="wrap_content"        →文本框的高度为内容包裹
36          android:text="@string/contactInfo"          →设置显示的文本
37          android:textSize="18sp"                     →文本大小为 18sp
38          android:autoLink="all"                      →自动识别所有链接
```

```
39            android:layout_marginTop="10dp"      →上边距为 10dp
40            android:textColor="#0000ff"/>         →设置文本颜色为蓝色
41    </LinearLayout>
```

在布局文件中多次用到"@string/×"作为 android：text 的属性值，表示引用 R.java 中 string 内部类的×成员变量所代表的资源。这些常量值是在 strings.xml 文件中定义的。查看 strings.xml 文件的内容如下。

程序清单：codes\ch02\LoginTest\app\src\main\res\values\strings.xml

```
1   <resources>
2       <string name="app_name">竞赛登录</string>
3       <string name="nameHint">请输入用户名</string>
4       <string name="psdHint">请输入密码</string>
5       <string name="login">登录</string>
6       <string name="register">注册</string>
7       <string name="contactInfo">如有疑问请联系我们\n 联系电话:18170872365 \nE
    -mail:iet2011@163.com\n 网址:http://iet.jxufe.cn</string>
8   </resources>
```

其实在设置 android：text 属性时，可以直接将这些字符串常量赋值给该属性，但是建议不要这么做。因为一些字符串常量可能会在多处被使用，如果都写在属性里，不仅会占用更多的内存，而且修改起来也比较麻烦，需要逐个进行修改；另外，统一放在 strings.xml 文件中，还有利于未来软件语言的国际化。针对不同的语言，写一个相应的资源文件就可以了，而不用去更改别的文件，可扩展性比较好。

由于本程序中，还涉及 HTML 格式标签的使用，因此需要在 Java 代码中进行简单设置，首先通过 findViewById()方法获取指定的文本控件，然后进行设置显示文本。该过程调用了 Html 类的静态方法 fromHtml()，MainActivity 中的核心代码如下。

程序清单：codes\ch02\LoginTest\app\src\main\java\iet\jxufe\cn\logintest\MainActivity.java

```
1    package iet.jxufe.cn.logintest;              →MainActivity 所在的包
2    import android.support.v7.app.AppCompatActivity;  →导入程序中所用到的,不在
                                                        同一个包中的类
3    import android.os.Bundle;
4    import android.text.Html;
5    import android.widget.TextView;
6    public class MainActivity extends AppCompatActivity {
                                                 →MainActivity 类的定义
7        private TextView titleView;             →声明一个 TextView 变量
8        @Override                               →重写父类的方法
9        protected void onCreate(Bundle savedInstanceState) {
                                                 →onCreate()方法的声明
10           super.onCreate(savedInstanceState);  →调用父类方法
```

```
11        setContentView(R.layout.activity_main);    →加载布局文件
12        titleView=(TextView) findViewById(R.id.titleView);
                                                     →根据 ID 找控件
13        titleView.setText(Html.fromHtml("欢迎参加<font color='red'>手机软
   件</font>设计赛"));                            →设置文本内容,识别其中的 HTML 代码
14    }
15 }
```

读者也可以尝试自己来创建这一个 Android 项目,下面简要给出其主要步骤。

(1) 创建 Android 应用程序 project,项目名 LoginTest,包名 iet.jxufe.cn.logintest。

(2) 打开 res\values\strings.xml,修改有关变量值,主要是应用程序名称的变量。

(3) 打开 res\layout\activity_main.xml,修改文件内容,设置有关的布局文件内容。

(4) 打开 java\iet.jxufe.cn.logintest\MainActivity.java 文件,在其 onCreate()方法中,增加相应的 Java 代码,使之实现所需要的功能。

(5) 保存并检查相应的错误。

(6) 若语法无误,则运行之,比较结果,根据结果再修改,直至正确为止。

读者可参照第 1 章创建 Android 应用程序的方法,按以上步骤创建本用例程序。

2.3 布局管理器

2.2 节中介绍了几种简单的界面控件,并通过一个简单的示例,演示了几种控件常用属性的基本用法,但是程序的运行界面并不是很美观,控件排列杂乱。本节将介绍 Android 中提供的几种管理界面控件的布局管理器。

Android 中的布局管理器本身也是一个界面控件,所有的布局管理器都是 ViewGroup 类的子类,都可以当成容器类来使用。因此,可以在一个布局管理器中嵌套其他布局管理器。Android 中布局管理器可以根据运行平台来调整控件的大小,具有良好的平台无关性。Android 中用得最多的布局主要有线性布局、表格布局和相对布局。

2.3.1 线性布局

线性布局是最常用也是最基础的布局方式。前面的示例中,我们就使用到了线性布局,它用 LinearLayout 类表示,所谓的线性是指所有的控件沿着同一个方向进行排列。Android 只提供了水平和垂直两种排列方向,可通过 android:orientation 属性进行设置,默认为水平方向。

(1) 当为水平方向时,控件将从左到右依次排列,不管控件的宽度是多少,整个布局只有一行,当控件的宽度之和超出父容器宽度时,超出的部分将不会显示。

(2) 当为垂直方向时,控件将从上到下依次排列,不管该控件高度是多少,整个布局只有一列,当控件的高度之和超出父容器高度时,超出的部分将不会显示。

线性布局与 AWT 编程中的 FlowLayout 非常相似,都是让控件一个挨着一个摆放。二者最明显的区别是:在 FlowLayout 中,控件排列到边界就会自动从下一行重新开始;

在线性布局中,如果一行的宽度或一列的高度超过了父容器的宽度或高度,那么超出的部分将无法显示,如果希望超出的部分能够滚动显示,则需在线性布局外边包裹一个滚动条控件 ScrollView(垂直滚动条)或 HorizontalScrollView(水平滚动条)。

在线性布局中,除了设置高度和宽度外,还有以下几个常见属性。

(1) android:gravity:设置线性布局内控件的对齐方式,例如水平居中、位于下方等,可以同时指定多种对齐方式的组合,多个属性之间用竖线隔开,但竖线前后不能出现空格。例如 bottom|center_horizontal 代表出现在屏幕底部,而且水平居中。

(2) android:orientation:设置线性布局内控件的排列方向,只有 vertical(垂直排列)或 horizontal(水平排列)两种。

(3) android:layout_weight:设置线性布局内控件的宽度或高度占剩余空间的权重。如果只有一个控件设置了该属性,则会把所有剩余空间分配给该控件;如果有多个控件设置了该属性,则把剩余空间按比例权重分配给这些控件。

android:layout_weight 是一个非常实用的属性,通过该属性可以很容易地实现按比例分割的效果。当需要实现水平按比例分割时,只需要设置所有控件的宽度为0,然后让它们的 android:layout_weight 属性的值为对应的比例即可。因为所有控件的宽度为0,此时剩余空间就等于整个屏幕的宽度,然后再按照 android:layout_weight 属性值分给各个控件。同样地,如果需要实现垂直按比例分割,只需要设置所有控件的高度为0,然后让它们的 android:layout_weight 属性的值为对应的比例即可。

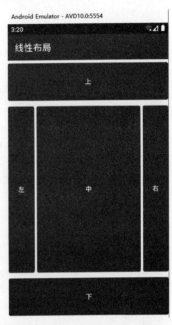

图 2-3 线性布局示例运行效果图

下面以一个简单的示例演示线性布局实现屏幕区域划分的效果。首先将屏幕分为上中下三部分,比例分别为 1:4:1,接着又将中间部分细化为左中右三部分,比例分别为 1:4:1。具体效果如图 2-3 所示。

由于中间部分需要细分为左中右三部分,开始时可以使用水平线性布局占位,即实现上中下按比例 1:4:1 分割时,三个控件分别为按钮、线性布局、按钮。详细代码如下。

程序清单:codes\ch02\LinearLayoutTest\app\src\main\res\layout\activity_main.xml

```
1    <?xml version="1.0" encoding="utf-8"?>
2    <LinearLayout xmlns:android="http://schemas.android.com/apk/res/android"
                                                             →线性布局
3        xmlns:tools="http://schemas.android.com/tools"
4        android:layout_width="match_parent"                 →宽度为填充父容器
5        android:layout_height="match_parent"                →高度为填充父容器
6        android:orientation="vertical">                     →方向为垂直
```

7	`<Button`	→按钮
8	`    android:layout_width="match_parent"`	→宽度填充父容器
9	`    android:layout_height="0dp"`	→高度为 0dp
10	`    android:layout_weight="1"`	→所占高度权重为 1
11	`    android:text="上" />`	→按钮内容为"上"
12	`<LinearLayout`	→线性布局
13	`    android:layout_width="match_parent"`	→宽度填充父容器
14	`    android:layout_height="0dp"`	→高度为 0dp
15	`    android:layout_weight="4"`	→所占高度权重为 4
16	`    android:orientation="horizontal">`	→方向为水平
17	`    <Button`	→按钮
18	`        android:layout_width="0dp"`	→按钮宽度为 0dp
19	`        android:layout_height="match_parent"`	→高度填充父容器
20	`        android:layout_weight="1"`	→所占宽度权重为 1
21	`        android:text="左"/>`	→按钮内容为"左"
22	`    <Button`	→按钮
23	`        android:layout_width="0dp"`	→按钮宽度为 0dp
24	`        android:layout_height="match_parent"`	→高度填充父容器
25	`        android:layout_weight="4"`	→所占宽度权重为 4
26	`        android:text="中"/>`	→按钮内容为"中"
27	`    <Button`	→按钮
28	`        android:layout_width="0dp"`	→按钮宽度为 0dp
29	`        android:layout_height="match_parent"`	→高度填充父容器
30	`        android:layout_weight="1"`	→所占宽度权重为 1
31	`        android:text="右"/>`	→按钮内容为"右"
32	`</LinearLayout>`	→水平线性布局结束
33	`<Button`	→按钮
34	`    android:layout_width="match_parent"`	→宽度填充父容器
35	`    android:layout_height="0dp"`	→高度为 0dp
36	`    android:layout_weight="1"`	→所占高度权重为 1
37	`    android:text="下" />`	→按钮内容为"下"
38	`</LinearLayout>`	→垂直线性布局结束

2.3.2 表格布局

表格布局是指以行和列的形式来管理界面控件，由 TableLayout 类表示。Android 并未提供相关属性来设置表格包含几行几列，而是通过在 TableLayout 中添加 TableRow 来添加行，TableRow 本身也是容器，可以不断地添加其他控件，每添加一个控件表示在该行中增加一列。如果直接向 TableLayout 中添加控件，而没有添加 TableRow，那么该控件将会占用一行。

在表格布局中，使用 TableRow 添加控件时，同一列中控件的宽度都是一样的，列的宽度由该列中最宽的控件决定，整个表格布局的宽度则取决于父容器的宽度，默认总是占满父容器。

TableLayout 继承自 LinearLayout，因此它保留了 LinearLayout 所支持的一些属性，例如 layout_weight 属性。此外，TableLayout 还增加了自己所特有的如下属性。

（1）android：collapseColumns：隐藏指定的列，其值为列所在的序号，从 0 开始。如果需要隐藏多列，可用逗号隔开这些序号。隐藏列时该列内容将不在表格中显示，同时位置空间也会被其他列所占用。常用于同一页面根据状态不同显示不同内容的情景。

（2）android：shrinkColumns：收缩指定的列，其值为列所在的序号，从 0 开始。如果需要收缩多列，可用逗号隔开这些序号。默认情况下超出表格布局的部分将会自动截取，不再显示。设置了该属性后，将会收缩指定列的宽度，从而让超出屏幕的内容显示出来。当超出的部分过多，即当把收缩列的宽度全部占用也无法完全显示时，收缩的列将不可见，同时还会有部分超出的内容无法显示出来。

（3）android：stretchColumns：扩展指定的列，其值为列所在的序号，从 0 开始。如果需要扩展多列，可用逗号隔开这些序号。默认情况下每列的宽度为该列中最宽的控件的宽度，当一行内控件不多时，会存有一定的空余空间，通过该属性，可以将剩余的空间分配给具体的某一列或某几列。

（4）android：layout_column：指定控件在 TableRow 中所处的列。默认情况下，控件在 TableRow 的序号是从 0 开始依次递增的。通过该属性可以直接指定控件所在列的序号，可以实现跳过某些列（即某些列内容为空白）的效果。

（5）android：layout_span：指定控件所跨越的列数，即将多列合并为一列。

下面以一个简单的示例，介绍表格布局中一些关键属性的用法。示例效果如图 2-4 所示。

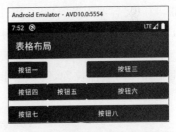

图 2-4 表格布局示例运行效果图

界面中总共包含 7 个按钮，整体为三行三列效果，其中第一行第二列为空白，"按钮八"占两列，表格布局中第三列的宽度占满行中剩余空间。关键代码如下。

程序清单：codes\ch02\TableLayoutTest\app\src\main\res\layout\activity_main.xml

```
1   <?xml version="1.0" encoding="utf-8"?>
2   <TableLayout xmlns:android="http://schemas.android.com/apk/res/android"
                                                    →表格布局
3       xmlns:tools="http://schemas.android.com/tools"
4       android:layout_width="match_parent"         →宽度为填充父容器
5       android:layout_height="match_parent"        →高度为填充父容器
6       android:stretchColumns="2">                 →第 3 列为扩展列
7       <TableRow>                                  →第一行开始
8           <Button android:text="按钮一"/>          →按钮一
9           <Button android:text="按钮三"            →按钮三
10              android:layout_column="2"/>         →设置所在列为第 3 列
11      </TableRow>                                 →第一行结束
```

```
12          <TableRow>                              →第二行开始
13              <Button android:text="按钮四"/>      →按钮四
14              <Button android:text="按钮五"/>      →按钮五
15              <Button android:text="按钮六"/>      →按钮六
16          </TableRow>                             →第二行结束
17          <TableRow>                              →第三行开始
18              <Button android:text="按钮七"/>      →按钮七
19              <Button android:text="按钮八"         →按钮八
20                  android:layout_span="2"/>       →设置按钮占两列
21          </TableRow>                             →第三行结束
22      </TableLayout>                              →表格布局结束
```

2.3.3 相对布局

相对布局，顾名思义就是相对于某个参照物的位置来摆放新的控件，由 RelativeLayout 类表示，这种布局的关键是找到一个合适的参照物。参照物主要分为两类：直接父容器和兄弟控件（注：拥有相同父容器的控件称为兄弟控件）。由于每个控件只有一个直接父容器，当以父容器为参照物时，属性值只有 true 或 false 两种。兄弟控件可以有很多，通过控件 ID 来唯一区分，当以兄弟控件为参照物时，属性值为兄弟控件的 ID。

当参照物确定后，还需指定控件相对于参照物的方位以及对齐方式，才能更加精确地指定控件的具体位置，例如位于参照物的上方，并且与参照物左对齐等。因此相对布局中常见的属性如表 2-3 所示。

表 2-3　相对布局中常见属性设置

属　　性	说　　明
android：layout_centerHorizontal	设置该控件是否位于父容器的水平居中位置
android：layout_centerVertical	设置该控件是否位于父容器的垂直居中位置
android：layout_centerInParent	设置该控件是否位于父容器的正中央位置
android：layout_alignParentTop	设置该控件是否与父容器顶端对齐
android：layout_alignParentBottom	设置该控件是否与父容器底端对齐
android：layout_alignParentLeft	设置该控件是否与父容器左边对齐
android：layout_alignParentRight	设置该控件是否与父容器右边对齐
android：layout_toRightOf	指定该控件位于给定的 ID 控件的右侧
android：layout_toLeftOf	指定该控件位于给定的 ID 控件的左侧
android：layout_above	指定该控件位于给定的 ID 控件的上方
android：layout_below	指定该控件位于给定的 ID 控件的下方
android：layout_alignTop	指定该控件与给定的 ID 控件的上边界对齐
android：layout_alignBottom	指定该控件与给定的 ID 控件的下边界对齐

续表

属　性	说　明
android：layout_alignLeft	指定该控件与给定的 ID 控件的左边界对齐
android：layout_alignRight	指定该控件与给定的 ID 控件的右边界对齐

注意：相对布局中的参照物不能超出相对布局的范畴,不能以相对布局之外的控件为参照物。

当没有为控件指定参照物时,控件将默认摆放在父容器的左上角,如果有多个这样的控件,将会重叠摆放。如果指定的位置已有控件,也会出现重叠的效果。下面以一个简单的示例介绍相对布局中关键属性的用法。示例效果如图 2-5 所示。

图 2-5　相对布局示例运行效果图

界面布局中包含 5 个按钮,首先以父容器为参照物,确定中间按钮的位置,位于父容器的正中间,然后以它为参照物分别摆放"上""下""左""右"四个按钮。详细代码如下。

程序清单：codes\ch02\RelativeLayoutTest\app\src\main\res\layout\activity_main.xml

```
1    <? xml version="1.0" encoding="utf-8"?>
2    <RelativeLayout xmlns:android="http://schemas.android.com/apk/res/android"
                                                        →相对布局
3        xmlns:tools="http://schemas.android.com/tools"
4        android:layout_width="match_parent"            →宽度为填充父容器
5        android:layout_height="match_parent">          →高度为填充父容器
6        <Button                                        →按钮"中"
```

7	`android:id="@+id/center"`	→为按钮添加 ID 属性
8	`android:layout_width="wrap_content"`	→宽度为内容包裹
9	`android:layout_height="wrap_content"`	→高度为内容包裹
10	`android:layout_centerInParent="true"`	→位于父容器正中间
11	`android:text="中" />`	→设置按钮内容为"中"
12	`<Button`	→按钮"上"
13	`android:layout_width="wrap_content"`	→宽度为内容包裹
14	`android:layout_height="wrap_content"`	→高度为内容包裹
15	`android:layout_above="@id/center"`	→位于"中"之上
16	`android:layout_alignLeft="@id/center"`	→和"中"左对齐
17	`android:text="上" />`	→设置按钮内容为"上"
18	`<Button`	→按钮"下"
19	`android:layout_width="wrap_content"`	→宽度为内容包裹
20	`android:layout_height="wrap_content"`	→高度为内容包裹
21	`android:layout_below="@id/center"`	→位于"中"之下
22	`android:layout_alignLeft="@id/center"`	→和"中"左对齐
23	`android:text="下" />`	→设置按钮内容为"下"
24	`<Button`	→按钮"左"
25	`android:layout_width="wrap_content"`	→宽度为内容包裹
26	`android:layout_height="wrap_content"`	→高度为内容包裹
27	`android:layout_toLeftOf="@id/center"`	→位于"中"之左
28	`android:layout_alignTop="@id/center"`	→和"中"上对齐
29	`android:text="左" />`	→设置按钮内容为"左"
30	`<Button`	→按钮"右"
31	`android:layout_width="wrap_content"`	→宽度为内容包裹
32	`android:layout_height="wrap_content"`	→高度为内容包裹
33	`android:layout_toRightOf="@id/center"`	→位于"中"之右
34	`android:layout_alignTop="@id/center"`	→和"中"上对齐
35	`android:text="右" />`	→设置按钮内容为"右"
36	`</RelativeLayout>`	→相对布局结束

2.3.4 层布局

层布局也叫帧布局,由 FrameLayout 类表示,层布局内的每个控件单独占一帧或一层,该层中未包含内容的部分将是透明的。控件添加的顺序即为层叠加的次序,后面添加的控件会覆盖前面的控件,如果后添加的控件未能完全覆盖前面的控件,则未被覆盖的部分将会显示。层布局中控件的位置可通过控件的 android:layout_gravity 属性进行设置。通过层布局,能够很方便地实现多个控件叠加或者渐变的效果。

注意:由于层布局中每个控件单独占一层,也就是说层布局中各个控件之间不存在任何关系,因此不能在层布局中使用 layout_weight 属性按比例划分屏幕。

下面以一个简单的示例介绍层布局的用法,程序运行效果如图 2-6 所示。

界面中包含 5 个 TextView,控件的大小依次为:240×240、200×200、160×160、120×120、80×80,颜色分别为:#ff0000(红色)、#ffff00(黄色)、#00ff00(绿色)、#00ffff(青色)、#0000ff(蓝色)。关键代码如下。

第 2 章 Android 界面设计基础

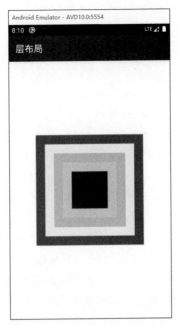

图 2-6 层布局示例运行效果图

程序清单：codes\ch02\FrameLayoutTest\app\src\main\res\layout\activity_main.xml

```
1   <?xml version="1.0" encoding="utf-8"?>
2   <FrameLayout xmlns:android="http://schemas.android.com/apk/res/android"
                                                              →层布局
3       xmlns:tools="http://schemas.android.com/tools"
4       android:layout_width="match_parent"           →宽度为填充父容器
5       android:layout_height="match_parent">         →高度为填充父容器
6       <TextView
7           android:layout_width="240dp"              →宽度为 240dp
8           android:layout_height="240dp"             →高度为 240dp
9           android:background="#ff0000"              →背景颜色为红色
10          android:layout_gravity="center"/>         →位于正中间
11      <TextView
12          android:layout_width="200dp"              →宽度为 200dp
13          android:layout_height="200dp"             →高度为 200dp
14          android:background="#ffff00"              →背景颜色为黄色
15          android:layout_gravity="center"/>         →位于正中间
16      <TextView
17          android:layout_width="160dp"              →宽度为 160dp
18          android:layout_height="160dp"             →高度为 160dp
19          android:background="#00ff00"              →背景颜色为绿色
20          android:layout_gravity="center"/>         →位于正中间
21      <TextView
```

22	android:layout_width="120dp"	→宽度为120dp
23	android:layout_height="120dp"	→高度为120dp
24	android:background="#00ffff"	→背景颜色为青色
25	android:layout_gravity="center"/>	→位于正中间
26	<TextView	
27	android:layout_width="80dp"	→宽度为80dp
28	android:layout_height="80dp"	→高度为80dp
29	android:background="#0000ff"	→背景颜色为蓝色
30	android:layout_gravity="center"/>	→位于正中间
31	</FrameLayout>	→层布局结束

TextView控件中设置对齐方式有两个属性：android：gravity和android：layout_gravity，大部分控件也都有这两个属性，它们有什么区别呢？android：gravity表示控件中内容的对齐方式，对于TextView而言就是文本的对齐方式，而android：layout_gravity表示整个控件在父容器中的对齐方式。下面以一个具体的示例对比两者的区别。

在层布局中，有一个200×200的TextView控件，背景颜色为蓝色，控件上的内容为"测试文字"，颜色为白色。默认情况下，界面效果如图2-7（a）所示。如果设置android：gravity="center"，将会使控件内容即"测试文字"位于控件的正中间，界面效果如图2-7（b）所示。如果设置android：layout_gravity="center"，将会使整个控件位于父容器即层布局的正中间，如图2-7（c）所示。

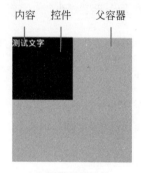

（a）默认界面效果　　（b）设置控件的 android:gravity="center"效果　　（c）设置控件的 android:layout_gravity="center"效果

图2-7　两种对齐方式的效果

注意：并不是所有布局管理器中的控件都有android：layout_gravity属性，相对布局中的控件就不支持该属性。

2.3.5　网格布局

网格布局由GridLayout类表示，是Android 4.0中才添加的一种布局管理器，使用该布局管理器时，最低版本要求为14或14以上。该布局吸纳了线性布局、表格布局、相对布局的一些优点。它把整个界面划分成rows×columns个网格，rows和columns分别代表行数和列数，每个网格可以放置一个控件。可以设置控件整体摆放的方向，是行优先还是列优先。除此之外，还可以设置一个控件横跨多少列、纵跨多少行等。网格布局中的主要属性如下。

（1）android：rowCount：设置该网格布局一共有多少行，当方向为垂直时有效，此时添加的控件垂直依次摆放，超过行数时会自动换列；如果方向为水平，则该属性无效。

（2）android：columnCount：设置该网格布局一共有多少列，当方向为水平时有效，此时添加的控件水平依次摆放，超过列数时会自动换行；如果方向为垂直，则该属性无效。

（3）android：orientation：设置网格布局中控件的排列方向，只有水平和垂直两种，默认为水平，即按行排列。如果不指定包含多少列，则网格布局只包含一行，类似于水平的线性布局；如果指定包含多少列，则会根据列来自动换行。如果设置为垂直，即按列排列，则需要指定网格布局中包含多少行，否则只有一列，类似于垂直的线性布局；如果指定包含多少行，则会根据行数来自动换列。

（4）android：layout_row：设置控件所在网格行的序号。

（5）android：layout_rowSpan：设置控件纵跨多少行。

（6）android：layout_column：设置控件所在网格列的序号。

（7）android：layout_columnSpan：设置控件横跨多少列。

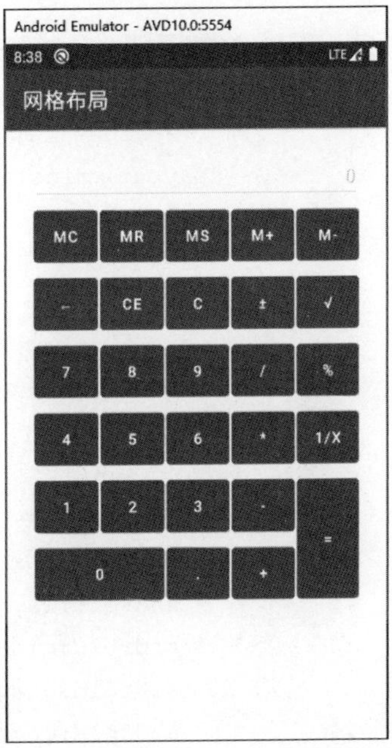

下面用一个常见的计算器界面效果示例来介绍网格布局中常见属性的用法，程序运行效果如图2-8所示。

该界面中包含一个用于显示输入的数字和计算结果的文本编辑框，以及28个按钮。其中两个按钮比较特别：“=”按钮的高度是普通按钮的两倍，“0”按钮的宽度是普通按钮的两倍。

图2-8 网格布局示例运行效果图

由于界面中按钮过多，并且都需要设置高度、宽度等信息，在此定义一个样式，这样可以大幅缩减代码量，当需要更改按钮的整体风格时，只需要修改一处样式文件即可。

在Android中定义样式文件，通常是在res\values\styles.xml文件中，在<resource>根元素下，添加<style>元素，它的name属性用来指定样式名。样式中每一个属性值都用<item>标签表示，<item>标签的name属性指定具体的属性，<item>标签的内容为属性的值。引用时，只需将组件的style属性值设置为@style/样式名即可，具体代码如下。

程序清单：codes\ch02\ GridLayoutTest\app\src\main\res\values\styles.xml

```
1    <?xml version="1.0" encoding="utf-8"?>
2    <resources>                                      →根元素标签
3      <style name="btnStyle">                        →样式开始，指定名称
```

4	`<item name="android:minWidth">0dp</item>`	→最小宽度为 0dp
5	`<item name="android:minHeight">0dp</item>`	→最小高度为 0dp
6	`<item name="android:layout_height">60dp</item>`	→高度为 60dp
7	`<item name="android:layout_width">60dp</item>`	→宽度为 60dp
8	`<item name="android:layout_margin">1dp</item>`	→边距为 1dp
9	`</style>`	→样式结束
10	`</resources>`	→根元素结束

详细实现代码如下。

程序清单：codes\ch02\GridLayoutTest\app\src\main\res\layout\activity_main.xml

1	`<?xml version="1.0" encoding="utf-8"?>`	
2	`<GridLayout xmlns:android="http://schemas.android.com/apk/res/android"`	
		→网格布局
3	`    xmlns:tools="http://schemas.android.com/tools"`	
4	`    android:layout_width="wrap_content"`	→宽度为内容包裹
5	`    android:layout_height="wrap_content"`	→高度为内容包裹
6	`    android:columnCount="5"`	→一行有 5 列
7	`    android:layout_gravity="center_horizontal">`	→整体水平居中
8	`    <EditText`	→文本编辑框
9	`        android:layout_columnSpan="5"`	→占 5 列
10	`        android:text="0"`	→文本内容为"0"
11	`        android:layout_gravity="fill_horizontal"`	→水平填充
12	`        android:minLines="2"`	→最少有 2 行
13	`        android:gravity="right|bottom"`	→内容在右下方
14	`        android:enabled="false"/>`	→不可编辑
15	`    <Button`	→按钮
16	`        android:text="MC"`	→内容为"MC"
17	`        style="@style/btnStyle"/>`	→使用样式
18	`    <Button`	→按钮
19	`        android:text="MR"`	→内容为"MR"
20	`        style="@style/btnStyle"/>`	→使用样式
21	`    <Button`	→按钮
22	`        android:text="MS"`	→内容为"MS"
23	`        style="@style/btnStyle"/>`	→使用样式
24	`    <Button`	→按钮
25	`        android:text="M+"`	→内容为"M+"
26	`        style="@style/btnStyle"/>`	→使用样式
27	`    <Button`	→按钮
28	`        android:text="M-"`	→内容为"M-"
29	`        style="@style/btnStyle"/>`	→使用样式
30	`    <Button`	→按钮
31	`        android:text="←"`	→内容为"←"
32	`        style="@style/btnStyle"/>`	→使用样式

33	`<Button`	→按钮
34	`    android:text="CE"`	→内容为"CE"
35	`    style="@style/btnStyle"/>`	→使用样式
36	`<Button`	→按钮
37	`    android:text="C"`	→内容为"C"
38	`    style="@style/btnStyle"/>`	→使用样式
39	`<Button`	→按钮
40	`    android:text="±"`	→内容为"±"
41	`    style="@style/btnStyle"/>`	→使用样式
42	`<Button`	→按钮
43	`    android:text="√"`	→内容为"√"
44	`    style="@style/btnStyle"/>`	→使用样式
45	`<Button`	→按钮
46	`    android:text="7"`	→内容为"7"
47	`    style="@style/btnStyle"/>`	→使用样式
48	`<Button`	→按钮
49	`    android:text="8"`	→内容为"8"
50	`    style="@style/btnStyle"/>`	→使用样式
51	`<Button`	→按钮
52	`    android:text="9"`	→内容为"9"
53	`    style="@style/btnStyle"/>`	→使用样式
54	`<Button`	→按钮
55	`    android:text="/"`	→内容为"/"
56	`    style="@style/btnStyle"/>`	→使用样式
57	`<Button`	→按钮
58	`    android:text="%"`	→内容为"%"
59	`    style="@style/btnStyle"/>`	→使用样式
60	`<Button`	→按钮
61	`    android:text="4"`	→内容为"4"
62	`    style="@style/btnStyle"/>`	→使用样式
63	`<Button`	→按钮
64	`    android:text="5"`	→内容为"5"
65	`    style="@style/btnStyle"/>`	→使用样式
66	`<Button`	→按钮
67	`    android:text="6"`	→内容为"6"
68	`    style="@style/btnStyle"/>`	→使用样式
69	`<Button`	→按钮
70	`    android:text="*"`	→内容为"*"
71	`    style="@style/btnStyle"/>`	→使用样式
72	`<Button`	→按钮
73	`    android:text="1/x"`	→内容为"1/x"
74	`    style="@style/btnStyle"/>`	→使用样式
75	`<Button`	→按钮
76	`    android:text="1"`	→内容为"1"

77	`        style="@style/btnStyle"/>`	→使用样式
78	`    <Button`	→按钮
79	`        android:text="2"`	→内容为"2"
80	`        style="@style/btnStyle"/>`	→使用样式
81	`    <Button`	→按钮
82	`        android:text="3"`	→内容为"3"
83	`        style="@style/btnStyle"/>`	→使用样式
84	`    <Button`	→按钮
85	`        android:text="-"`	→内容为"-"
86	`        style="@style/btnStyle"/>`	→使用样式
87	`    <Button`	→按钮
88	`        android:text="="`	→内容为"="
89	`        android:layout_rowSpan="2"`	→按钮占两行
90	`        android:layout_gravity="fill_vertical"`	→垂直填充
91	`        style="@style/btnStyle"/>`	→使用样式
92	`    <Button`	→按钮
93	`        android:text="0"`	→内容为"0"
94	`        android:layout_columnSpan="2"`	→按钮占两列
95	`        android:layout_gravity="fill_horizontal"`	→水平填充
96	`        style="@style/btnStyle"/>`	→使用样式
97	`    <Button`	→按钮
98	`        android:text="."`	→内容为"."
99	`        style="@style/btnStyle"/>`	→使用样式
100	`    <Button`	→按钮
101	`        android:text="+"`	→内容为"+"
102	`        style="@style/btnStyle"/>`	→使用样式
103	`</GridLayout>`	→网格布局结束

注意：当控件跨行或跨列时，该控件只是占有了相关的空间，默认不会填充该空间，如果需要填充，则需使用 android：layout_gravity 属性。如果是跨行则垂直填充，如果是跨列则水平填充。

通过上面对几种布局管理器的介绍，可以看出每种布局管理器都有自己的优缺点，在实际的开发中，往往很难通过一种布局方式完成所有的界面设计，需要多种布局方式的嵌套使用，方能达到要求的效果。

2.4 开发自定义 View

Android 中所有的界面控件都是直接或间接继承于 View 类，View 控件本身仅是一块空白的矩形区域，不同的界面控件在这个矩形区域上绘制外观即可形成风格迥异的控件。基于这个原理，开发者完全可以通过继承 View 类来创建具有自己风格的控件。

开发自定义 View 的一般步骤如下。

（1）创建一个用于表示自定义控件的类，并让该类继承于 View 类或一个 View 类的已有子类。

(2) 提供用于创建该控件的构造方法,构造方法是创建自定义控件的最基本方式,当通过 Java 代码创建该控件或根据 XML 布局文件加载控件时都将调用构造方法。调用后,再根据实际需要重写父类的部分方法。例如需要绘制界面显示效果时,可重写 onDraw()方法;需要做触摸事件处理时,可重写 onTouchEvent()方法等。常见的方法还有 onSizeChanged()、onKeyDown()、onKeyUp()等。

(3) 使用自定义的控件,既可以通过 Java 代码来创建该控件,也可以在 XML 布局文件中通过相应的标签来引用。当在 XML 布局文件中使用时,由于它不在默认的控件包中,因此需要用完整的包名+类名来表示。

下面以一个具体的示例介绍自定义控件的开发步骤。示例运行效果如图 2-9 所示。

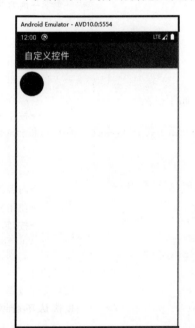
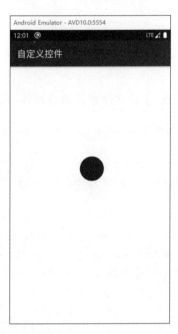

图 2-9 自定义控件运行效果

默认在界面的左上角绘制一个圆,当单击界面中的任意位置时,将会以该位置为圆心,重新绘制该圆。为了获取单击的位置,需要重写父类的 onTouchEvent()方法。自定义控件类的关键代码如下。

程序清单:codes\ch02\ZDYView\app\src\main\java\iet\jxufe\cn\zdyview\ZDYView.java

```
1    public class ZDYView extends View {              →自定义控件从 View 继承
2        private float x=100;                          →圆心 X 轴坐标,初始值为 100
3        private float y=100;                          →圆心 Y 轴坐标,初始值为 100
4        public ZDYView(Context context, AttributeSet attrs) {
                                                      →自定义控件构造方法
5            super(context, attrs);                    →调用父类的构造方法
```

```
 6        }
 7        @Override
 8        protected void onDraw(Canvas canvas) {      →重写父类 onDraw()方法
 9            super.onDraw(canvas);                    →调用父类的方法
10            Paint paint=new Paint();                 →创建一个画笔
11            paint.setColor(Color.BLUE);              →设置画笔颜色为蓝色
12            canvas.drawCircle(x,y,80,paint);         →绘制一个半径为 80 的圆
13        }                                            →onDraw()方法结束
14        @Override
15        public boolean onTouchEvent(MotionEvent event) {  →重写 onTouchEvent()方法
16            x=event.getX();                          →获取触摸点 X 轴坐标
17            y=event.getY();                          →获取触摸点 Y 轴坐标
18            invalidate();                            →刷新界面
19            return true;                             →事件处理完毕,返回 true
20        }
21    }
```

通过 XML 布局文件来使用该控件,代码如下。

程序清单:codes\ch02\ZDYView\app\src\main\res\layout\activity_main.xml

```
1    <?xml version="1.0" encoding="utf-8"?>
2    <RelativeLayout xmlns:android="http://schemas.android.com/apk/res/android"
                                                                  →相对布局
3        xmlns:tools="http://schemas.android.com/tools"
4        android:layout_width="match_parent"           →宽度填充父容器
5        android:layout_height="match_parent">         →高度填充父容器
6        <iet.jxufe.cn.zdyview.ZDYView                 →自定义控件
7            android:layout_width="match_parent"       →宽度填充父容器
8            android:layout_height="match_parent"/>    →高度填充父容器
9    </RelativeLayout>
```

注意:自定义控件时,**必须为子类显式提供构造方法**。因为当子类未提供构造方法时,系统将会提供一个默认无参数的构造方法。创建子类对象时会先创建父类对象,同时自动调用父类无参数的构造方法,而父类本身并不存在无参数的构造方法,所以会报错。因此,需要为子类提供构造方法,显式地调用父类带有参数的构造方法。

2.5 本章小结

本章主要讲解了 Android 中界面控件的基本知识,Android 中所有的界面控件都继承于 View 类,View 类代表的是一块空白的矩形区域,不同的控件在此区域中进行绘制从而形成了风格迥异的控件。View 类有一个重要的子类 ViewGroup,该类是所有布局类或容器类的基类,在 ViewGroup 中可以包含 View 控件或 ViewGroup,ViewGroup 的这种嵌套功能形成了界面上控件的层次结构。除此之外,详细介绍了几种最基本的界面

控件的功能和常见属性,包括文本显示框、文本编辑框和按钮等,并通过"竞赛登录"(图2-2)示例演示了具体的用法。

　　为了使这些控件排列美观,本章继续介绍了Android中几种常见的布局管理器,包括线性布局、表格布局、相对布局、层布局以及网格布局,它们各有优缺点。其中线性布局方便,需使用的属性较少,但不够灵活;表格布局中通过TableRow添加行,在TableRow中添加控件添加列;相对布局则通过参照物来准确定义各个控件的具体位置;层布局中每个控件单独占一层,通过多层叠加形成最终的显示效果;网格布局则将界面划分为若干行×若干列的网格,每个控件放在一个网格或多个网格中。通常我们在一个实例中会用到多种布局,把各种布局结合起来以达到我们所要的界面效果。

课后练习

1. 下列(　　)属性可设置EditText编辑框的提示信息。
   A. android:inputType　　　　　　B. android:text
   C. android:digits　　　　　　　　D. android:hint
2. 以下不属于Android中的布局管理器的是(　　)。
   A. FrameLayout　　B. GridLayout　　C. BorderLayout　　D. TableLayout
3. 在水平线性布局中,设置(　　)可以使得控件的宽度按一定的比例显示。
   A. android:layout_width　　　　　B. android:layout_weight
   C. android:layout_margin　　　　 D. android:layout_gravity
4. 假设手机屏幕宽度为400px,现采取水平线性布局放置5个按钮,设定每个按钮的宽度为100px,那么该程序运行时,界面显示效果为(　　)。
   A. 自动添加水平滚动条,拖动滚动条可查看5个按钮
   B. 只可以看到4个按钮,超出屏幕宽度部分无法显示
   C. 按钮宽度自动缩小,可看到5个按钮
   D. 程序运行出错,无法显示
5. 表格布局中,设置某一列是可扩展的正确的做法是(　　)。
   A. 设置TableLayout的属性:android:stretchColumns="x",x表示列的序号
   B. 设置TableLayout的属性:android:shrinkColumns="x",x表示列的序号
   C. 设置具体列的属性:android:stretchable="true"
   D. 设置具体列的属性:android:shrinkable="true"
6. 相对布局中,设置以下属性时,属性值只能为true或false的是(　　)。
   A. android:layout_below　　　　　B. android:layout_alignParentLeft
   C. android:layout_alignBottom　　 D. android:layout_toRightOf
7. 层布局中有一个按钮(Button),如果要让该按钮在其父容器中居中显示,正确的做法是(　　)。
   A. 设置按钮的属性:android:layout_gravity="center"
   B. 设置按钮的属性:android:gravity="center"

C. 设置层布局的属性：android：layout_gravity="center"

D. 设置层布局的属性：android：gravity="center"

8. 在相对布局中，如果想让一个控件居中显示，则可设置该控件的(　　)。

A. android：gravity="center"

B. android：layout_gravity="center"

C. android：layout_centerInParent="true"

D. android：scaleType="center"

9. Android 中的水平线性布局不会自动换行，当一行中控件的宽度超过了父容器的宽度时，超出的部分将不会显示，如果想以滚动条的形式显示超出的部分，应该如何做？

10. 请分别使用线性布局、相对布局、表格布局实现图 2-10 所示界面效果。界面中包含一个文本编辑框（EditText）和一个按钮（Button），要求按钮位于右边，除了按钮的宽度，其余空间全都留给文本编辑框，文本编辑框内有提示信息。

图 2-10　练习题 10 运行效果

第 3 章 Android 事件处理

本章要点

- 基于监听的事件处理模型
- 实现事件监听器的 4 种方式
- 基于回调的事件处理模型
- 事件传播
- 事件直接绑定到标签
- Handler 消息传递机制
- AsyncTask 异步任务处理

本章知识结构图

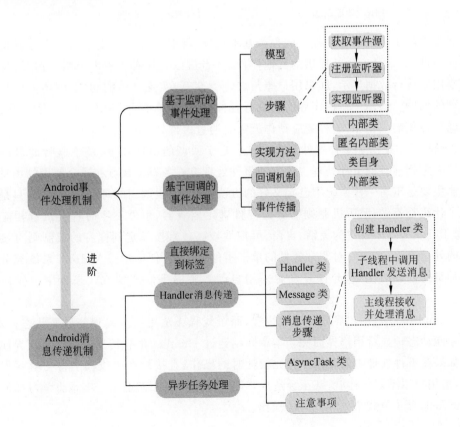

本章示例

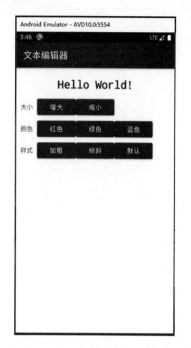
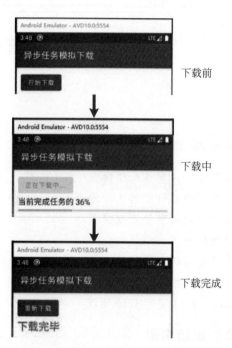

简单文本编辑器　　　　　　文件下载提示进度条

　　前面学习了 Android 中提供的一些基本控件，将来在第 10 章还会介绍其他功能强大的界面控件，关于 Android 提供的其他控件，读者可以查找有关参考资料。但是，这些控件主要用来进行数据显示，如果用户想与之进行交互，实现具体的功能，则还需要相应事件处理的辅助。当用户在程序界面上执行各种操作，如单击一个按钮时，应用程序必须为用户动作提供响应动作，这种响应动作就需要通过事件处理来完成。

　　Android 中提供了三种事件处理方式：基于回调的事件处理、基于监听的事件处理和直接绑定到标签的事件处理。这三种事件处理方式各有优缺点和适合使用的场景。回调机制主要是重写一些系统中已定义好的方法，这些方法调用的时机是自动的，只是默认情况下什么都不做；监听机制则需要为控件绑定监听器，事件发生时将会执行相应的方法，对于开发人员来说更为灵活、自由、可控性较高。直接绑定到标签的机制则直接指定事件的处理方法，主要针对非常常见的单击事件，更为方便简单。Android 系统充分利用了三种事件处理的优点，允许开发者采用自己熟悉的事件处理方式来为用户操作提供响应。

　　在 Android 中，用户界面属于主线程，而子线程无法更新主线程的界面状态。那么，如何才能动态地显示用户界面呢？本章介绍通过 Handler 消息传递来动态更新界面。

　　如果在事件处理中需要做一些比较耗时的操作，直接放在主线程中将会阻塞程序的运行，给用户以不好的体验，甚至会造成程序没有响应或强制退出。本章将学习如何通过 AsyncTask 异步方式来处理耗时的操作。

学完本章之后,再结合前面所学知识,读者将可以开发出界面友好、人机交互良好的 Android 应用。

3.1 Android 的事件处理机制

任何手机应用都离不开与用户的交互,只有通过用户的操作,才能知道用户的需求,从而实现具体的业务功能。因此,应用中经常需要处理的就是用户的操作,即为用户的操作提供响应,这种为用户操作提供响应的机制就是事件处理。

Android 提供了强大的事件处理机制,包括以下三种。

(1) 基于监听的事件处理:主要做法是为 Android 界面控件绑定特定的事件监听器,在事件监听器的方法里编写事件处理代码,由系统监听用户的操作,一旦监听到用户事件,将自动调用相关方法来处理。

(2) 基于回调的事件处理:主要做法是重写 Android 控件特定的回调方法,或者重写 Activity 的回调方法。Android 为绝大部分界面控件提供了事件响应的回调方法,只需重写它们即可,由系统根据具体情景自动调用。

(3) 直接绑定到标签:主要做法是在界面布局文件中为指定标签设置事件属性,属性值是一个方法的方法名,然后再在 Activity 中定义该方法,编写具体的事件处理代码。

一般来说,直接绑定到标签只适合于少数指定的事件,非常方便;基于回调的事件处理代码比较简洁,可用于处理一些具有通用性的系统定义好的事件。但对于某些特定的事件,无法使用基于回调的事件处理,只能采用基于监听的事件处理。实际应用中,基于监听的事件处理方法应用最广泛。

3.1.1 基于监听的事件处理

Android 的基于监听的事件处理模型与 Java 的 AWT、Swing 的处理方式几乎完全一样,只是相应的事件监听器和事件处理方法名有所不同。在基于监听的事件处理模型中,主要涉及以下三类对象。

(1) **EventSource**(事件源):产生事件的控件即事件发生的源头,如按钮、菜单等。

(2) **Event**(事件):具体某一操作的详细描述,事件封装了该操作的相关信息,如果程序需要获得事件源上所发生事件的相关信息,一般通过 Event 对象来取得,例如按键事件按下的是哪个键、触摸事件发生的位置等。

(3) **EventListener**(事件监听器):负责监听用户在事件源上的操作,并对用户的各种操作做出相应的响应。事件监听器中可包含多个事件处理器,一个事件处理器实际上就是一个事件处理方法。

那么在基于监听的事件处理中,这三类对象又是如何协作的呢?实际上,基于监听的事件处理是一种委托式事件处理。普通控件(事件源)将整个事件处理委托给特定的对象(事件监听器);当该事件源发生指定的事件时,系统自动生成事件对象,并通知所委托的事件监听器,由事件监听器相应的事件处理器来处理这个事件。具体的事件处理模型如图 3-1 所示。当用户在 Android 控件上进行操作时,系统会自动生成事件对象,并将这个事件对象以参数的形式传给注册到事件源上的事件监听器,事件监听器调用相应的事件处理器来处理。

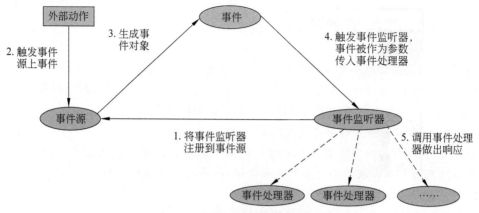

图 3-1 基于监听的事件处理模型

委托式事件处理非常好理解,就类似于生活中每个人能力都有限,**当碰到一些自己处理不了的事情时,就委托给某个机构或公司来处理**。委托人需要将遇到的事情和要求描述清楚,这样,其他人才能比较好地解决问题,然后该机构会选派具体的员工来处理这件事。其中,我们是**事件源**,遇到的事情就是**事件**,该机构就是**事件监听器**,**具体**解决事情的**员工就是事件处理器**。

基于监听的事件处理模型的主要编程步骤如下。

(1) 获取普通界面控件(事件源),也就是被监听的对象。

(2) 实现事件监听器类,该监听器类是一个特殊的 Java 类,必须实现一个 XxxListener 接口,并实现接口里的所有方法,每个方法用于处理一种事件。

(3) 调用事件源的 setXxxListener 方法将事件监听器对象注册给普通控件(事件源),即将事件源与事件监听器关联起来,这样,当事件发生时就可以自动调用相应的方法。

在上述步骤中,事件源比较容易获取,一般就是界面控件,根据 findViewById()方法即可得到;调用事件源的 setXxxListener 方法是由系统定义好的,只需要传入一个具体的事件监听器;所以,我们所要做的就是实现事件监听器。所谓事件监听器,其实就是实现了特定接口的 Java 类的实例。在程序中实现事件监听器,通常有如下几种形式。

(1) 内部类形式:将事件监听器类定义为当前类的内部类。

(2) 外部类形式:将事件监听器类定义成一个外部类。

(3) 类自身作为事件监听器类:让 Activity 本身实现监听器接口,并实现事件处理方法。

(4) 匿名内部类形式:使用匿名内部类创建事件监听器对象。

下面以一个简单的程序来示范基于监听的事件处理模型的实现过程。该程序实现简单文本编辑功能,可以控制文本颜色、大小、样式以及文本的内容,程序界面布局中定义了一些文本显示框和若干个按钮,并为所有的按钮注册了单击事件监听器,为测试文本编辑框注册了长按事件监听器。为了演示各种实现事件监听器的方式，该程序中使用了 4 种实现事件监听器的方式。界面分析与运行效果如图 3-2 所示。

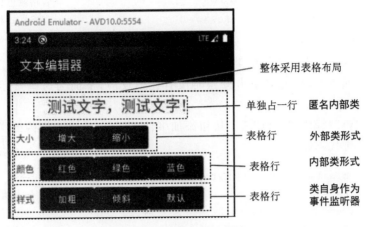

图 3-2　简单文本编辑器

界面整体采用表格布局，第一行仅包含一个 TextView 用于显示测试文本，第二行包含大小提示信息以及"增大""缩小"两个按钮，第三行包含颜色提示信息以及"红色""绿色""蓝色"三个按钮，第四行包含样式提示信息以及"加粗""倾斜""默认"三个按钮。界面布局的详细代码如下。

程序清单：codes\ch03\TextEditorTest\app\src\main\res\layout\activity_main.xml

```
1   <TableLayout xmlns:android="http://schemas.android.com/apk/res/android"
                                                                              →表格布局
2       xmlns:tools="http://schemas.android.com/tools"
3       android:layout_width="match_parent"                                   →宽度为填充父容器
4       android:layout_height="match_parent"                                  →高度为填充父容器
5       android:padding="10dp">                                               →内边距为 10dp
6       <TextView                                                             →显示测试内容
7           android:id="@+id/testText"                                        →添加 ID 属性
8           android:gravity="center"                                          →内容居中显示
9           android:text="@string/test_text"                                  →测试文本
10          android:padding="10dp"                                            →内边距为 10dp
11          android:textSize="24sp"/>                                         →大小为 24sp
12      <TableRow                                                             →表格行
13          android:layout_marginRight="10dp">                                →右边距为 10dp
14          <TextView android:text="@string/size" />                          →文本提示信息
15          <Button                                                           →按钮
16              android:id="@+id/bigger"                                      →为按钮添加 ID 属性
17              android:text="@string/bigger" />                              →按钮上显示的文本
18          <Button                                                           →按钮
19              android:id="@+id/smaller"                                     →为按钮添加 ID 属性
```

```
20              android:text="@string/smaller" />         →按钮上显示的文本
21          </TableRow>                                   →表格行结束
22          <TableRow>……</TableRow>                        →省略颜色相关内容
23          <TableRow>……</TableRow>                        →省略样式相关内容
24      </TableLayout>                                    →表格布局结束
```

在该布局文件中,省略了一些类似的代码,保留了整体结构。界面设计完成后运行程序,得到上述界面效果,但此时单击按钮时没有任何反应,下面为这些按钮添加事件监听器。

首先为"红色""绿色""蓝色"三个按钮添加事件监听器,这里采用内部类的形式实现事件监听器,关键代码如下。

```
1   public class MainActivity extends AppCompatActivity{
2       private Button red, green, blue;                              →声明按钮成员变量
3       private TextView testText;                                    →声明文本框变量
4       public void onCreate(Bundle savedInstanceState) {             →重写父类方法
5           super.onCreate(savedInstanceState);                       →调用父类方法
6           setContentView(R.layout.activity_main);                   →设置界面布局文件
7           testText =(TextView) findViewById(R.id.testText);         →根据 ID 找到控件
8           red =(Button) findViewById(R.id.red);                     →根据 ID 找到控件
9           green =(Button) findViewById(R.id.green);                 →根据 ID 找到控件
10          blue =(Button) findViewById(R.id.blue);                   →根据 ID 找到控件
11          ColorListner myColorListner =new ColorListner();          →创建监听器对象
12          red.setOnClickListener(myColorListner);                   →注册监听器
13          green.setOnClickListener(myColorListner);                 →注册监听器
14          blue.setOnClickListener(myColorListner);                  →注册监听器
15      }
16      private class ColorListner implements OnClickListener {       →定义内部类实现单
                                                                        击事件监听器接口
17          public void onClick(View v) {
18              switch (v.getId()) {                                  →判断事件源
19              case R.id.red:                                        →如果是"红色"按钮
20                  testText.setTextColor(Color.RED); break;          →将字体设置为红色
21              case R.id.blue:                                       →如果是"蓝色"按钮
22                  testText.setTextColor(Color.BLUE); break;         →将字体设置为蓝色
23              case R.id.green:                                      →如果是"绿色"按钮
24                  testText.setTextColor(Color.GREEN); break;        →将字体设置为绿色
25              default: break;                                       →默认什么都不做
26              }                                                     →判断结束
27          }                                                         →单击事件方法结束
28      }                                                             →内部类结束
29  }                                                                 →外部类结束
```

使用内部类作为事件监听器有以下两个优势。

(1) 可以在当前类中复用该监听器类,即多个事件源可以注册同一个监听器。

（2）可以自由访问外部类的所有界面控件，内部类实质上是外部类的成员。

内部类形式比较适合于有多个事件源同时注册同一事件监听器的情形。

下面为"增大"和"缩小"按钮添加事件监听器，这里采用外部类的形式实现事件监听器，关键代码如下。

```
1   public class MainActivity extends  AppCompatActivity {
2       private Button bigger,smaller;                      →声明按钮成员变量
3       public void onCreate(Bundle savedInstanceState) {
4           ...
5           bigger =(Button) findViewById(R.id.bigger);     →根据 ID 找到控件
6           smaller =(Button) findViewById(R.id.smaller);   →根据 ID 找到控件
7           SizeListener mysizeListener=new SizeListener(testText);
                                                            →创建监听器对象
8           bigger.setOnClickListener(mysizeListener);      →注册监听器
9           smaller.setOnClickListener(mysizeListener);     →注册监听器
10      }                                                   →方法结束
11  }                                                       →类结束
```

SizeListener 是一个外部类，该类实现了 OnClickListener 接口，可以处理单击事件，但外部类无法获取到 Activity 里的界面控件，也就不能对控件进行设置和更新，那么如何在该类中获取到需要改变的控件呢？在这里采用通过构造方法传入的方式。SizeListener 的代码如下。

程序清单：codes\ch03\TextEditorTest\app\src\main\java\iet\jxufe\cn\texteditortest \SizeListener.java

```
1   public class SizeListener implements View.OnClickListener {   →类的声明
2       private TextView tv;                                →成员变量声明
3       public SizeListener(TextView tv) {                  →构造方法
4           this.tv =tv;                                    →初始化成员变量
5       }                                                   →构造方法结束
6       public void onClick(View v) {                       →单击事件处理方法
7           float f=tv.getTextSize();                       →获取当前的字体大小
8           switch (v.getId()) {                            →判断是增大还是缩小
9               case R.id.bigger:                           →如果是增大
10                  f=f+2;                                  →字体每次增大 2
11                  break;                                  →退出 switch
12              case R.id.smaller:                          →如果是缩小
13                  f=f-2;                                  →字体每次减小 2
14                  break;                                  →退出 switch
15              default:                                    →默认什么都不做
16                  break;                                  →退出 switch
17          }                                               →判断结束
18          if(f<=8) {                                      →判断字体是否小于 8
19              f=8;                                        →设置最小字体为 8
```

```
20              }
21              tv.setTextSize(TypedValue.COMPLEX_UNIT_PX,f);     →设置字体大小
22          }                                                     →单击事件方法结束
23      }                                                         →类结束
```

注意：调用 setTextSize() 设置字体时，最好指定单位，如果不指定单位，则在不同的模拟器上显示效果会有所不同，甚至会出现单击缩小反而出现变大的效果。这是因为 getTextSize() 方法获取的字体大小单位是 px，而默认的 setTextSize() 方法设置的字体大小单位为 sp，对于不同密度的模拟器，sp 和 px 的转换关系不同。

使用外部类作为事件监听器类的形式较为少见，主要有如下两个原因。

（1）事件监听器通常属于特定的 GUI(图形用户界面)，定义成外部类不利于提高程序的内聚性。

（2）外部类形式的事件监听器不能自由访问创建 GUI 界面中的控件，编程不够简洁。

但如果某个事件监听器确实需要被多个 GUI 界面所共享，而且主要是完成某种业务逻辑的实现，则可以考虑使用外部类的形式来定义事件监听器类。

接着为"加粗""倾斜""默认"三个按钮添加事件处理器，这里采用 Activity 类本身实现用 OnClickListener 接口作为事件监听器，代码如下。

```
1   public class MainActivity extends AppCompatActivity implements View
    .OnClickListener
2       private Button bold, italic, normal;                  →声明按钮成员变量
3       private boolean isItalic=false, isBold=false;         →是否加粗、倾斜标记
4       public void onCreate(Bundle savedInstanceState) {
5           ...
6           testText.setTypeface(Typeface.DEFAULT);           →设置字体样式
7           bold=(Button)findViewById(R.id.bold);             →根据 ID 获取控件
8           italic =(Button) findViewById(R.id.italic);       →根据 ID 获取控件
9           normal =(Button)findViewById(R.id. normal);       →根据 ID 获取控件
10          italic.setOnClickListener(this);                  →注册监听器
11          bold.setOnClickListener(this);                    →注册监听器
12          moren.setOnClickListener(this);                   →注册监听器
13      }
14      public void onClick(View v) {
15          switch (v.getId()) {                              →判断哪个按钮被单击
16              case R.id.italic:                             →如果单击的是"倾斜"
17                  isItalic=!isItalic;                       →更换倾斜的状态
18                  break;                                    →退出 switch
19              case R.id.bold:                               →如果单击的是"加粗"
20                  isBold=!isBold;                           →更换加粗的状态
21                  break;                                    →退出 switch
22              case R.id.moren:                              →如果单击的是"默认"
23                  isItalic=false;                           →默认不倾斜
```

```
24                isBold=false;                              →默认不加粗
25                break;                                     →退出 switch
26            default:
27                break;
28        }                                                  →判断结束
29        if(isItalic){                                      →如果是倾斜
30            if(isBold){                                    →倾斜且加粗
31                testText.setTypeface(Typeface.MONOSPACE,Typeface.BOLD_ITALIC);
32            }else{                                         →倾斜不加粗
33                testText.setTypeface(Typeface.MONOSPACE,Typeface.ITALIC);
34            }
35        }else{                                             →不倾斜
36            if(isBold){                                    →不倾斜但加粗
37                testText.setTypeface(Typeface.MONOSPACE,Typeface.BOLD);
38            }else{                                         →不倾斜不加粗
39                testText.setTypeface(Typeface.MONOSPACE,Typeface.NORMAL);
40            }
41        }
42    }
43 }
```

由于 Activity 自身可以充当事件监听器,因此为事件源注册监听器时,只需要将当前对象传入即可,而不用单独创建一个监听器对象。由于加粗和倾斜两种样式可以进行叠加,因此,需要定义两个 boolean 类型标记表示当前是否加粗和是否倾斜。如果当前是加粗状态再次单击加粗将会取消加粗,如果当前是倾斜状态再次单击倾斜将会取消倾斜。因此最终样式状态有四种:正常状态(既不加粗也不倾斜)、加粗不倾斜、倾斜不加粗、既加粗也倾斜。

Activity 类本身作为事件监听器,就如同生活中,我们自己刚好能够处理某一件事,不需要委托给他人处理。可以直接在 Activity 类中定义事件处理器方法,这种形式非常简洁,但也有两个缺点。

(1) 可能造成程序结构混乱,Activity 的主要职责是完成界面初始化工作,但此时还需包含事件处理器方法,从而引起混乱。

(2) 如果 Activity 界面类需要实现监听器接口,将会导致 Activity 类中代码增多,结构混乱,类的设计不符合高内聚、低耦合的原则,不是很规范。

思考:在上面的程序中,单击事件监听器的具体事件处理器,并没有接收到事件参数,即我们并没有发现事件的"踪迹",这是为什么呢?这是因为 Android 对事件监听模型做了进一步简化:如果事件源触发的事件足够简单、事件里封装的信息比较有限,则无须封装事件对象。而对于键盘事件、触摸事件等,程序需要获取事件发生的详细信息,如由键盘中的哪个键触发事件,触摸所发生的位置等。对于这种包含更多信息的事件,Android 会将事件信息封装成 XxxEvent 对象,然后传递给事件监听器。

最后,为测试文本框添加长按事件监听器,采用匿名内部类的形式来实现该监听器,具体代码如下。

```
1   public class MainActivity extends Activity{
2       …
3       public void onCreate(Bundle savedInstanceState) {
4           …
5           testText.setOnLongClickListener(new View.OnLongClickListener() {
6               @Override
7               public boolean onLongClick(View v) {
8                   AlertDialog.Builder builder=new AlertDialog.Builder(MainActivity.this);
9                   builder.setTitle("请输入新的内容");
10                  builder.setIcon(R.mipmap.ic_launcher);
11                  final EditText contentText=new EditText(MainActivity.this);
12                  builder.setView(contentText);
13                  builder.setPositiveButton("确定",new DialogInterface.OnClickListener(){
14                      @Override
15                      public void onClick(DialogInterface dialog, int which) {
16                          testText.setText(contentText.getText().toString());
17                      }
18                  });
19                  builder.setNegativeButton("取消",null);
20                  builder.create().show();
21                  return false;
22              }
23  }
```

当用户长按测试文本时,将会弹出一个对话框,提示用户输入新的内容,用户输入完成后,单击"确定"按钮,将会改变测试文本的内容,效果如图3-3所示。关于对话框的相关知识请查看第10章相关介绍,在此只是简单使用。

注意:contentText应定义为MainActivity的成员变量或者final修饰的局部变量,否则无法在匿名内部类中访问该变量。

本例中,既有普通按钮的单击事件处理,也有对话框中按钮的单击事件处理,二者的事件监听器的接口名都为OnClickListener,但又不是同一个类,它们位于不同的包中,完整的类名分别为android.view.View.OnClickListener和android.content.DialogInterface.OnClickListener。对于这种在同一个类中需要使用多个具有相同的类名而又位于不同包中的类时,通常只能导入一个类,其他的类需要使用完整的包名+类名来进行访问。本例中使用View.OnClickListener和DialogInterface.OnClickListener进行区分,不能简单地缩写成OnClickListener。

大部分时候,事件处理器都没有太大的复用价值(可复用代码通常都被抽象成了业务逻辑方法),因此大部分事件监听器只是临时使用一次,所以使用匿名内部类形式的事件监听器更合适。实际上,**这种形式也是目前使用最广泛的事件监听器形式**。

图 3-3　文本框长按事件处理效果

Android 中常见事件监听器接口及其处理方法如表 3-1 所示。

表 3-1　常见事件监听器接口及其处理方法

事件	接　　口	处 理 方 法	描　　述
单击事件	View.OnClickListener	public abstract void onClick（View v）	单击控件时触发
长按事件	View.OnLongClickListener	public abstract booleanon LongClick（View v）	长按控件时触发
键盘事件	View.OnKeyListener	public abstract boolean onKey（View v，int keyCode，KeyEvent event）	处理键盘事件
焦点事件	View.OnFocusChangeListener	public abstract void onFocusChange（View v，boolean hasFocus）	当焦点发生改变时触发
触摸事件	View.OnTouchListener	public abstract boolean onTouch（View v，MotionEvent event）	产生触摸事件
创建上下文菜单	View.OnCreateContextMenuListener	public abstract void OnCreateContextMenu（ContextMenu menu，View v，ContextMenu.ContextMenuInfo menuInfo）	当上下文菜单创建时触发

事件监听器要与事件源关联起来，还需要相应注册方法的支持，事件源通常是界面的某个控件，而所有的界面控件都继承于 View 类，因此，View 类所拥有的事件注册方法，所有的控件都可以调用，表 3-2 列出了 View 类常见的事件注册方法。

表 3-2　View 类的常见事件注册方法

方　　法	类型	描　述
public void setOnClickListener(View.OnClickListener l)	普通	注册单击事件
public void setOnLongClickListener(View.OnLongClickListener l)	普通	注册长按事件
public void setOnKeyListener(View.OnKeyListener l)	普通	注册键盘事件
public void setOnFocusChangeListener(View.OnFocusChangeListener l)	普通	注册焦点改变事件
public void setOnTouchListener(View.OnTouchListener l)	普通	注册触摸事件
public void setOnCreateContextMenuListener（View.OnCreateContextMenuListener l）	普通	注册上下文菜单事件

3.1.2　基于回调的事件处理

　　Android 平台中,每个 View 都有自己处理特定事件的回调方法,开发人员可以通过重写 View 中的这些回调方法来实现需要的响应事件。View 类包含的回调方法主要有如下几种。

　　(1) boolean onKeyDown (int keyCode，KeyEvent event)：它是接口 KeyEvent.Callback 中的抽象方法,用于捕捉手机键盘被按下的事件。keyCode 为被按下的键值即键盘码,event 为按键事件的对象,包含了触发事件的详细信息,如事件的状态、类型、发生时间等。当用户按下按键时,系统会自动将事件封装成 KeyEvent 对象供应用程序使用。

　　(2) boolean onKeyUp (int keyCode，KeyEvent event)：用于捕捉手机键盘按键抬起的事件。

　　(3) boolean onTouchEvent (MotionEvent event)：该方法在 View 类中定义,用于处理手机屏幕的触摸事件,包括屏幕被按下、屏幕被抬起、在屏幕中拖动。

　　如果说事件监听机制是一种委托式的事件处理,那么回调机制则与之相反。在基于回调的事件处理模型中,事件源和事件监听器是统一的,或者说事件监听器完全消失了,当用户在 GUI 控件上激发某个事件时,控件自己特定的方法将负责处理该事件。回调机制所对应的方法都是系统已定义好的,调用时机也是系统设计的,只是默认情况下该方法内部什么都没做。开发人员需要做的就是重写该方法,做自己的业务逻辑处理。

　　下面以一个简单的程序来示范基于回调的事件处理机制。由于需要重写控件类的回调方法,因此通过自定义 View 来模拟,自定义 View 时,重写该 View 的事件处理方法即可。本例中定义一个自定义类 MyButton 从系统中的 Button 继承,然后重写了 Button 类的 onTouchEvent(MotionEvent event)方法来处理按钮上的触摸事件,当用户按下按钮时弹出一个 Toast 信息,运行效果如图 3-4 所示。

　　自定义按钮的关键代码如下：

第 3 章 Android 事件处理

图 3-4　文本框长按事件处理效果

程序清单：codes\ch03\CallBackEventTest\app\src\main\java\iet\jxufe\cn\callbackeventtest\MyButton.java

```
1    public class MyButton extends Button {                    →类的声明
2        private Context context;                              →成员变量声明
3        public MyButton(Context context, AttributeSet attrs) {→构造方法中必须要有
                                                                  AttributeSet 参数
4            super(context, attrs);                            →调用父类构造方法
5            this.context=context;                             →成员变量初始化
6        }                                                     →构造方法结束
7        @Override                                             →注解表示重写方法
8        public boolean onTouchEvent(MotionEvent event) {      →重写触摸回调方法
9            if(event.getAction()==MotionEvent.ACTION_DOWN){   →如果是按下事件
10               Toast.makeText(context, "按钮被单击了", Toast.LENGTH_SHORT).
     show();                                                   →弹出消息
11           }                                                 →判断结束
12           return true;                                      →返回结果
13       }                                                     →方法结束
14   }                                                         →类结束
```

注意：自定义控件时必须提供构造方法，如果想要在布局文件中使用自定义控件，则构造方法中一定要传递 AttributeSet 类型参数。

　　Toast 类的 makeText() 方法用于指定弹出信息，需传递三个参数：第一个参数表示上下文对象，通常为当前 Activity；第二个参数为字符串，表示弹出信息的内容；第三个参数表示弹出信息停留的时间，Toast 类中提供了两个常量 Toast.LENGTH_SHORT 和 Toast.LENGTH_LONG，分别表示时间长一点和短一点。默认情况下，弹出信息并不会显示,需要调用 show()方法使其显示。

在布局文件中添加该控件,由于不是系统中自带的控件,需要使用完整的包名+类名,关键代码如下。

```
1    < RelativeLayout  xmlns: android =" http://schemas. android. com/apk/res/
     android"                                              →相对布局
2        xmlns:tools="http://schemas.android.com/tools"
3        android:layout_width="match_parent"               →宽度填充父容器
4        android:layout_height="match_parent">             →高度填充父容器
5        <iet.jxufe.cn.callbackeventtest.MyButton          →使用自定义控件,完整包名+
                                                            类名
6            android:layout_width="wrap_content"           →宽度内容包裹
7            android:layout_height="wrap_content"          →高度内容包裹
8            android:text="自定义按钮" />                    →按钮内容
9    </RelativeLayout>                                     →相对布局结束
```

几乎所有基于回调的事件处理方法都有一个 boolean 类型的返回值,该返回值用于标识该处理方法是否能完全处理该事件。如果处理事件的回调方法返回 true,表明该处理方法已完全处理该事件,该事件不会传播出去;如果处理事件的回调方法返回 false,表明该处理方法并未完全处理该事件,该事件会传播出去。

对于基于回调的事件传播而言,某控件上所发生的事情不仅会激发该控件上的回调方法,也会触发该控件所在 Activity 的回调方法(**前提是事件能传播到** Activity)。

假设同一控件既采用监听模式,又采用回调模式,并且重写了该控件所在 Activity 对应的回调方法,而且程序没有阻止事件传播,即每个方法都返回为 false,那么 Android 系统处理该控件事件的顺序是怎样的呢?

下面以一个简单的例子来模拟这种情况。为上面自定义的按钮注册触摸事件监听器并重写它所在 Activity 上的触摸回调方法,在每个方法中打印出该方法被调用的信息,观察控制台里打印的信息。自定义控件代码如下。

程序清单:codes\ch03\ EventTransferTest\app\src\main
\java\iet\jxufe\cn\eventtransfertest\MyButton.java

```
1    public class MyButton extends Button {                    →类的声明
2        public MyButton(Context context, AttributeSet attrs) { →构造方法
3            super(context, attrs);                              →调用父类构造方法
4        }                                                      →构造方法结束
5        @Override                                              →注解表示重写方法
6        public boolean onTouchEvent(MotionEvent event) {       →重写触摸回调方法
7            if(event.getAction()==MotionEvent.ACTION_DOWN){    →如果是,按下事件
8                System.out.println("MyButton 中的事件处理触发了!");
                                                                →控制台打印信息
9            }                                                  →判断结束
10           return false;                          →返回结果为 false,表示事件可以向外传播
```

```
11        }                                                    →方法结束
12    }                                                        →类结束
```

新的布局文件代码如下。

程序清单：codes\ch03\EventTransferTest\app\src\main\res\layout\activity_main.xml

```
1   <RelativeLayout xmlns:android="http://schemas.android.com/apk/res/
    android"                                                   →相对布局
2       xmlns:tools="http://schemas.android.com/tools"
3       android:layout_width="match_parent"                    →宽度填充父容器
4       android:layout_height="match_parent">                  →高度填充父容器
5       <iet.jxufe.cn.eventtransfertest.MyButton               →使用自定义控件，完整
                                                                包名+类名
6           android:layout_width="wrap_content"                →宽度内容包裹
7           android:layout_height="wrap_content"               →高度内容包裹
8           android:id="@+id/myBtn"                            →添加 ID 属性
9           android:text="自定义按钮" />                         →按钮内容
10  </RelativeLayout>                                          →相对布局结束
```

在 Java 代码中根据 ID 找到该控件，然后为其注册触摸监听器，同时重写 Activity 的触摸事件回调方法，关键代码如下。

程序清单：codes\ch03\EventTransferTest\app\src\main\java
\iet\jxufe\cn\eventtransfertest\MainActivity.java

```
1   public class MainActivity extends AppCompatActivity {      →类的声明
2       private MyButton myButton;                             →成员变量声明
3       @Override                                              →注解表示重写方法
4       protected void onCreate(Bundle savedInstanceState) {   →重写父类方法
5           super.onCreate(savedInstanceState);                →调用父类方法
6           setContentView(R.layout.activity_main);            →加载布局文件
7           myButton=(MyButton)findViewById(R.id.myBtn);       →根据 ID 找到控件
8           myButton.setOnTouchListener(new View.OnTouchListener() {
                                                                →注册触摸事件监听器
9               @Override                                      →注解表示重写方法
10              public boolean onTouch(View v, MotionEvent event) {  →触摸方法
11                  if(event.getAction()==MotionEvent.ACTION_DOWN){ →判断是否为按下
12                      System.out.println("监听器中的事件处理触发了!");→控制台打印信息
13                  }                                          →判断结束
14                  return false;                              →返回结果
15              }                                              →方法结束
16          });                                                →监听器结束
17      }                                                      →方法结束
18      @Override
19      public boolean onTouchEvent(MotionEvent event) {       →回调方法
```

```
20          if(event.getAction()==MotionEvent.ACTION_DOWN){  →判断是否为按下
21              System.out.println("Activity中的事件处理触发了!");
                                                              →控制台打印信息
22          }
23          return false;
24      }
25  }
```

单击按钮观察控制台打印信息,在 Android Studio 底部有一个 Logcat 选项,单击即可查看打印的信息,结果如图 3-5 所示。

图 3-5　控制台打印信息

通过打印结果,可知**最先触发的是该控件所绑定的事件监听器**,接着才触发该**控件提供的事件回调方法**,最后才传播到该控件所在的 Activity,调用 Activity **相应的事件回调方法**。如果使某一个事件处理方法返回 true,那么该事件将不会继续向外传播。

试一试:改变方法的返回值(将 true 改为 false),观察控制台输出结果。

基于监听的事件处理模型分工更明确,事件源、事件监听由两个类分开实现,因此具有更好的可维护性;Android 的事件处理机制保证基于监听的事件监听器会被优先触发。除了 View 类有回调方法之外,Android 系统提供的一些组件类也都有回调方法,例如经常使用的 Activity 的 onCreate()方法,以及后面要介绍的菜单创建以及菜单项的事件处理,都采用了回调机制。

3.1.3　直接绑定到标签

Android 还有一种更简单直观的事件处理方式,即直接在界面布局文件中为指定标签添加属性绑定事件处理方法,主要用于处理单击事件。可以为界面控件标签添加 onClick 属性,该属性值是一个形如 xxx(View source)方法的方法名。例如在布局文件中为控件添加单击事件的处理方法,布局文件如下所示。

程序清单:codes\ch03\EventBindingTest\app\src\main\res\layout\activity_main.xml

```
1   < RelativeLayout  xmlns: android =" http://schemas. android. com/apk/res/android"
2       xmlns:tools="http://schemas.android.com/tools"
3       android:layout_width="match_parent"
4       android:layout_height="match_parent">
5       <Button
6           android:id="@+id/mBtn"
```

```
7            android:layout_width="wrap_content"
8            android:layout_height="wrap_content"
9            android:onClick="clickEventHandler"      →为按钮添加事件处理方法
10           android:text="直接绑定到标签" />
11   </RelativeLayout>
```

然后在该界面布局对应的 Activity 中定义一个 public void clickEventHandler (View view)方法,该方法将会负责处理该按钮上的单击事件。关键代码如下。

```
1    public void clickEventHandler(View view){         →方法声明
2        Toast.makeText(this,"绑定到标签的事件处理执行了!",Toast.LENGTH_
     SHORT).show();                                   →弹出消息
3    }                                                →方法结束
```

注意：方法名必须与 onClick 属性值一致,否则会因为找不到相应的方法而导致程序强制退出。因此,为了避免拼写错误,开发时建议直接复制属性值。

方法声明时不能使用 private 修饰,否则无法访问,一般建议使用 public,或省略不写。方法声明中包含一个 View 类型的参数,该参数表示当前被单击的控件,实际上可以为多个控件指定同一个单击事件处理方法,通过 View 参数就可以知道当前被单击的具体是哪一个控件。

如果此时为该按钮同时添加了事件监听器,那么执行结果如何呢？为上述按钮添加 ID 属性,然后根据 ID 找到控件,为其注册单击事件监听器,完整代码如下。

程序清单：codes\ch03\EventBindingTest\app\src\main\java\
iet\jxufe\cn\eventbindingtest\MainActivity.java

```
1    public class MainActivity extends AppCompatActivity {
2        private Button mBtn;
3        @Override
4        protected void onCreate(Bundle savedInstanceState) {
5            super.onCreate(savedInstanceState);
6            setContentView(R.layout.activity_main);
7            mBtn=(Button)findViewById(R.id.mBtn);            →根据 ID 找到控件
8            mBtn.setOnClickListener(new View.OnClickListener() {→注册事件监听器
9                public void onClick(View v) {                →事件处理方法
10                   Toast.makeText(MainActivity.this,"监听的事件处理执行
     了!",Toast.LENGTH_SHORT).show();                         →弹出消息
11               }                                            →处理方法结束
12           });                                              →事件监听器结束
13       }                                                    →方法结束
14       public void clickEventHandler(View view){            →绑定事件方法
15           Toast.makeText(this,"绑定到标签的事件处理执行了!",
     Toast.LENGTH_SHORT).show();                              →弹出消息
16       }
```

17   }   → 类结束

执行程序,结果是程序只执行监听事件处理,而不会执行我们自定义的事件处理方法。注意这和 3.1.2 节中基于回调的事件传播有所不同。单击事件方法返回值是 void 而不是 boolean 类型。

3.2 Handler 消息传递机制

除了用于响应用户操作的事件处理,实际应用中还有另一种事件:周期性变化的事件,例如希望每隔一段时间自动更新或者跳转页面等。涉及周期性变化就需要计时,也就涉及子线程操作。而在 Android 中,界面控件是非线程安全的,所谓非线程安全,是指当多个线程对其进行操作时,结果可能会不一致。为了避免出现这种情况,Android 中明确规定,所有对界面的操作只能放在主线程中,不能在子线程中更改界面控件。这样就陷入了一种矛盾:子线程想更改界面显示,但无法更改;主线程能更改界面显示但不知道更改时机。这时候就需要借助一定的中介使得二者进行交互。因此,Android 中的 Handler 消息传递机制应运而生,它为子线程与主线程之间协同工作搭建了桥梁。当子线程需要更改界面显示时,通过 Handler 发送一条消息,主线程接收到消息后,即可实时更改界面显示。Handler 类的常用方法如表 3-3 所示。

表 3-3   Handler 类的常用方法

方 法 签 名	描 述
public void handleMessage(Message msg)	通过该方法获取并处理信息
public final boolean sendEmptyMessage(int what)	发送一个只含有标记的消息
public final boolean sendMessage(Message msg)	发送一个具体的消息
public final boolean hasMessages(int what)	监测消息队列中是否有指定标记的消息
public final boolean post(Runnable r)	将一个线程添加到消息队列中

从以上方法可以看出,Handler 类主要用于发送、接收和处理消息。执行过程为:在子线程中,当需要对界面进行操作时,通过 Handler 发送消息;消息一旦发送成功,将会回调 Handler 类的 handleMessage(Message msg)方法,由于该方法在主线程中,因此能够对界面执行更改操作。Handler 消息传递机制可以归纳为:谁发送谁处理,需要时发送消息,消息处理自动执行。

由于处理消息的 handleMessage(Message msg)方法是一种回调方法,当 Handler 接收到消息时,由系统自动调用,因此,通常创建 Handler 对象时,需要重写该方法,在该方法中写入相关的业务逻辑。由于一个 Handler 对象可以发送多个消息,因此接收时要判断消息的类别,然后针对不同的消息做不同的处理。

开发带有 Handler 类的程序步骤如下。

(1) 创建 Handler 类对象,并重写 handleMessage()方法。

(2) 在新启动的线程中,调用 Handler 对象的发送消息方法。

（3）利用 Handler 对象的 handleMessage()方法接收消息，然后根据不同的消息执行不同的操作。

下面以一个简单的示例讲解如何通过 Handler 实现子线程与主线程的协同工作，程序运行效果为每隔 3s 自动更换界面背景，如图 3-6 所示。布局文件较为简单，仅包含一个相对布局，没有其他子控件，在此不给出界面布局代码。

图 3-6　程序运行两个瞬间的效果截图

该程序的核心业务逻辑代码如下。

程序清单：codes\ch03\HandlerTest\app\src\main\java\iet\jxufe\cn\handlertest\MainActivity.java

```
1   public class MainActivity extends AppCompatActivity {
2       private RelativeLayout root;
3       private int[] colors={Color.RED,Color.BLUE,Color.GREEN,
                Color.YELLOW,Color.MAGENTA};       →定义一个数组用于保存颜色
4       private int currentIndex=0;                →当前颜色的下标
5       private Handler mHandler;                  →声明 Handler 对象
6       protected void onCreate(Bundle savedInstanceState) {  →重写父类方法
7           super.onCreate(savedInstanceState);    →调用父类方法
8           setContentView(R.layout.activity_main); →加载布局文件
9           root=(RelativeLayout)findViewById(R.id.root);  →根据 ID 找到控件
10          mHandler=new Handler(){                →创建 Handler 对象
11              public void handleMessage(Message msg) {  →重写父类方法
12                  if(msg.what==0x11){            →判断消息标记
13                      currentIndex=(currentIndex+1)%colors.length;
                                                   →改变颜色下标
14                      root.setBackgroundColor(colors[currentIndex]);
```

```
15              }
16          }
17      };                                              →更改背景颜色
18      start();                                        →调用方法
19  }
20  private void start(){                               →自定义方法
21      new Thread(){                                   →创建线程
22          public void run() {                         →线程执行体方法
23              while(true){                            →死循环
24                  try {
25                      Thread.sleep(3000);             →休眠 3s
26                      mHandler.sendEmptyMessage(0x11);→发送空消息
27                  } catch (InterruptedException e) {  →捕获异常
28                      e.printStackTrace();            →打印异常信息
29                  }
30              }
31          }
32      }.start();                                      →启动线程
33  }
34 }
```

该程序首先创建了一个 Handler 对象,然后自定义了一个方法 start()用于启动线程,线程一旦启动执行死循环,每次休眠 3s 后发送一条消息,主线程将会接收到消息,然后重写 Handler 类的 handleMessage()方法来处理消息。处理消息的业务逻辑是让背景颜色依次循环变化,在此定义一个数组用于保存所有的颜色,然后定义一个变量保存当前颜色的下标,每次变化时让下标往后移一位,即加 1。需注意的是,如果是最后一种颜色,再加 1 将会导致数组下标越界。在此指定,最后一种颜色的下一个颜色为第一个颜色,这样循环显示,所以每次下标的变化为:currentIndex=(currentIndex+1)%colors.length,这样下标永远不会越界。

注意:发送消息和处理消息的是同一个 Handler 对象,线程创建完成后一定要调用它的 start()方法启动线程。

3.3 异步任务处理

在开发 Android 应用时经常会涉及一些耗时操作,例如访问网络、下载资源等,如果放在主线程中将会阻塞主线程,给用户造成卡顿,停在页面中无法操作,用户体验非常不好。因此,通常将耗时的操作放在单独的线程中执行,但是在子线程中操作主线程(UI 线程)会出现错误。因此 Android 提供了一个类 Handler,通过发送消息实现子线程与主线程协同工作,这样解决了子线程更新 UI 的问题。

费时的任务操作总会启动一些匿名的子线程,给系统带来巨大的负担,随之带来一些性能问题。因此 Android 提供了一个工具类 AsyncTask，即异步执行任务。这个 AsyncTask 生来就是处理一些比较耗时的任务，给用户带来良好用户体验的，在编程的语法上显得优雅了许多，不再需要子线程和 Handler 就可以完成异步操作并且刷新用户界面。

Android 的 AsyncTask 类对线程间通信进行了包装，提供了简易的编程方式来使后台线程和 UI 线程进行通信，即后台线程执行异步任务，并把操作结果通知 UI 线程。

AsyncTask 是抽象类，AsyncTask 定义了三种泛型类型 **Params**、**Progress** 和 **Result**。

（1）**Params**：启动任务执行的输入参数，如 HTTP 请求的 URL。

（2）**Progress**：后台任务执行的百分比。

（3）**Result**：后台执行任务最终返回的结果，如 String、Integer 等。

AsyncTask 类中主要有以下几个方法：

（1）**onPreExecute()**：该方法将在执行实际的后台操作前被 UI 线程调用。可以在该方法中做一些准备工作，如在界面上显示一个进度条，或者将一些控件实例化。这个方法可以不用实现。

（2）**doInBackground(Params...)**：将在 onPreExecute()方法执行后马上执行，该方法运行在**后台线程**中。这里将主要负责执行那些比较耗时的后台处理工作。可以调用 publishProgress()方法来实时更新任务进度。**该方法是抽象方法，子类必须实现。**

（3）**onProgressUpdate(Progress...)**：在 publishProgress()方法被调用后，UI 线程将调用这个方法从而在界面上展示任务的进展情况，例如通过一个进度条进行展示。

（4）**onPostExecute(Result)**：在 doInBackground()执行完成后，onPostExecute()方法将被 UI 线程调用，后台的计算结果将通过该方法传递到 UI 线程，并且在界面上展示给用户。

（5）**onCancelled()**：在用户取消线程操作的时候调用。在主线程中调用 onCancelled()的时候调用。

doInBackground()方法和 onPostExecute()的参数必须对应，这两个参数在 AsyncTask 声明的泛型参数列表中指定，第一个为 doInBackground()接收的参数，第二个为显示进度的参数，第三个为 doInBackground()返回值和 onPostExecute()传入的参数。

为了正确使用 AsyncTask 类，必须遵守以下几条准则。

（1）AsyncTask 的实例必须在 UI 线程中创建。

（2）execute(Params...)方法必须在 UI 线程中调用。

（3）不要手动调用 onPreExecute()，onPostExecute(Result)，doInBackground(Params...)，onProgressUpdate(Progress...)这几个方法，需要在 UI 线程中实例化这个 task 来调用。

（4）该 task 只能被执行一次，如多次调用将会出现异常。

下面以一个简单的示例演示 AsyncTask 的使用，该程序通过睡眠来模拟耗时操作，程序运行效果如图 3-7 所示。

界面中主要包含三个控件：一个用于触发下载的按钮，一个用于提示下载进度的文本框以及进度条。初始化时，文本显示框和进度条都是不可见的，界面中只有一个"开始下载"按钮，单击该按钮后，文本显示框和进度条都将显示出来，并且它们的值是动态变化

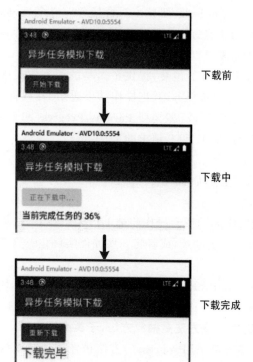

初始时，文本显示框和进度条都是不可见的；开始下载后，按钮显示"正在下载中，"并且不可用，显示进度信息；下载结束后，进度条消失，提示下载完成，按钮内容变为"重新下载。"

程序执行流程：
单击"开始下载"按钮后，创建 DownloadTask 对象，并调用该对象的 execute() 方法。该方法内部调用该类的 onPreExecute() 方法，执行初始化操作，该方法执行完成后，会执行该类的 doInBackground()，方法内执行核心业务逻辑，并调用了 publishProgress() 方法，从而触发 onProgressUpdate() 方法，更新界面显示。doInBackground() 方法执行结束后，系统自动调用 onPostExecute() 方法，处理后续收尾工作，完成整个过程。

图 3-7 程序运行效果及说明

的。当下载完毕后，进度条消失，文本显示框给出下载完毕的提示。

界面整体采用垂直的线性布局，默认情况下文本框和进度条不显示。界面布局的关键代码如下。

程序清单：codes\ch03\AsyncTaskTest\app\src\main\res\layout\activity_main.xml

```
1   < LinearLayout  xmlns: android =" http://schemas. android. com/apk/res/
    android"                                                    →线性布局
2       xmlns:tools="http://schemas.android.com/tools"
3       android:layout_width="match_parent"
4       android:layout_height="match_parent"
5       android:orientation="vertical"                          →方向为垂直
6       android:padding="10dp">                                 →内边距为 10dp
7       <Button
8           android:id="@+id/mBtn"                              →为按钮添加 ID
9           android:layout_width="wrap_content"
10          android:layout_height="wrap_content"
11          android:text="开始下载"/>                            →按钮初始内容
12      <TextView
13          android:id="@+id/mText"                             →为文本框添加 ID
14          android:layout_width="match_parent"
15          android:layout_height="wrap_content"
```

```
16            android:visibility="invisible"/>            →默认不可见
17        <ProgressBar
18            android:id="@+id/mBar"                       →为进度条添加 ID
19            android:layout_width="match_parent"
20            android:layout_height="wrap_content"
21            android:max="100"                            →进度最大为 100
22            style="?android:attr/progressBarStyleHorizontal"  →设置进度条样式
23            android:visibility="invisible"/>             →默认不可见
24    </LinearLayout>
```

代码中 ProgressBar 表示进度条，是 Android 中的一种界面控件，通常用于表示任务完成的进度，其中 android：max 属性表示总的任务，android：progress 属性表示当前已完成的任务，有了这两个值就可以计算出相应的百分比。Android 中进度条的表现形式有两种：环形滚动条和水平滚动条。默认情况下是环形滚动条，一直在转圈，看不出来任务执行的进度。如果希望显示成水平的，可以设置滚动条的样式，例如：style＝"？android：attr/progressBarStyleHorizontal"，引用系统中已定义好的属性。

自定义一个下载任务类，从异步任务处理类继承，用线程休眠模拟耗时下载任务，代码如下。

> 程序清单：codes\ch03\AsyncTaskTest\app\src\main\
> java\iet\jxufe\cn\asynctasktest\DownloadTask.java

```
1   public class DownloadTask extends AsyncTask<Integer,Integer,String>{
                                                            →类的声明
                                                            →成员变量声明
2       private TextView tv;
3       private ProgressBar pb;
4       private Button btn;
5       public DownloadTask(TextView tv,Button btn, ProgressBar pb){
                                                            →构造方法
6           this.btn=btn;
7           this.tv=tv;
8           this.pb=pb;
9       }
10      @Override
11      protected String doInBackground(Integer... params) {  →任务执行时调用
12          for(int i=0;i<=100;i++){                          →循环操作
13              publishProgress(i);                           →更新进度
14              try{
15                  Thread.sleep(params[0]);                  →线程休眠
16              }catch (Exception e) {
17                  e.printStackTrace();
18              }
19          }
20          return "下载完毕";                                →返回结果
```

```
21        }
22        @Override
23        protected void onPreExecute() {              →任务执行前调用
24            tv.setVisibility(View.VISIBLE);          →设置文本框可见
25            pb.setVisibility(View.VISIBLE);          →设置进度条可见
26            tv.setTextSize(18);                      →设置文本大小
27            tv.setTextColor(Color.BLACK);            →设置文本颜色
28            btn.setText("正在下载中...");             →设置按钮内容
29            btn.setEnabled(false);                   →设置按钮不可用
30        }
31        @Override
32        protected void onProgressUpdate(Integer... values) {   →更新进度
33            pb.setProgress(values[0]);               →设置进度
34            tv.setText("当前完成任务的 "+values[0]+"%");  →进度提示信息
35        }
36        @Override
37        protected void onPostExecute(String s) {     →任务执行后调用
38            pb.setVisibility(View.INVISIBLE);        →进度条隐藏
39            tv.setText("下载完毕");                   →更改文本框内容
40            tv.setTextSize(24);                      →设置文本大小
41            tv.setTextColor(Color.RED);              →设置文本颜色
42            btn.setText("重新下载");                  →设置按钮内容
43            btn.setEnabled(true);                    →设置按钮可用
44        }
45    }
```

一般来说，异步处理类业务逻辑比较复杂，放在主线程 MainActivity 中，会使得 Activity 显得比较臃肿，程序逻辑也不清晰。为此，异步处理类常常被定义为外部类，而主线程需要变化的界面控件将以参数的形式传递给异步处理类。

上面程序中，定义了一个异步处理类 DownloadTask，单独作为一个独立于主线程 Activity 的外部类。

也有人为图编码方便，把异步处理类放在 Activity 内部，作为它的一个内部类，以省去控件初始化的步骤，方便自由调用 Activity 中的相关控件。这样看起来更简洁些，实际上会使得程序逻辑结构混乱。因此，并不提倡这样做。

Activity 中的主要业务逻辑是根据 ID 找到相关控件，为按钮添加单击事件监听器，在事件处理方法中启动异步任务开始下载，关键代码如下。

程序清单：codes\ch03\AsyncTaskTest\app\src\main\java\iet\jxufe\cn\asynctasktest\MainActivity.java

```
1    public class MainActivity extends AppCompatActivity {
2        private Button mBtn;
3        private TextView mText;
```

```
4        private ProgressBar mBar;
5        @Override
6        protected void onCreate(Bundle savedInstanceState) {
7            super.onCreate(savedInstanceState);
8            setContentView(R.layout.activity_main);            →加载布局文件
9            mBtn=(Button)findViewById(R.id.mBtn);              →根据 ID 找到相关控件
10           mText=(TextView)findViewById(R.id.mText);
11           mBar=(ProgressBar)findViewById(R.id.mBar);
12           mBtn.setOnClickListener(new View.OnClickListener() {
                                                                →注册单击事件监听器
13               public void onClick(View v) {
14                   DownloadTask downloadTast=new
         DownloadTask(mText,mBtn,mBar);                         →创建异步任务类,将相关控件传递进去
15                   downloadTast.execute(100);                 →每隔 0.1s 更新一次
16               }
17           });
18       }
19   }
```

异步任务处理方法调用顺序如图 3-8 所示。图中,较密的虚线框里的方法是在主线程中执行的,实线框中的方法是在子线程中执行的,较疏的虚线框里的方法会被循环多次调用。具体过程如下:execute()方法执行时,内部会先调用 onPreExecute()方法做一些准备工作,接着调用 doInBackground()方法,并将 execute()方法的参数传入。在 doInBackground()方法中,循环调用 publishProgress()方法,而该方法又会触发 onProgressUpdate()方法,并且 publishProgress()方法传入的参数会传递给 onProgressUpdate()方法。doInBackground()方法执行结束后,会将结果作为参数传递给 onPostExecute()方法,而这些参数的类型,在类声明的时候就已经指定了。

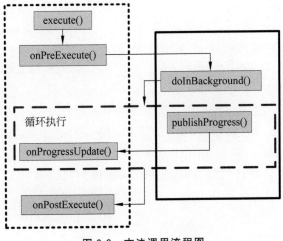

图 3-8　方法调用流程图

注意:以上方法中只有 doInBackground()方法以及 publishProgress()方法是在子线

程中执行的，其他的方法都是在主线程中执行的，所以可以在这些方法中更新界面控件。

3.4 本章小结

人机交互必然需要与事件处理相结合，当设计了界面友好的应用之后，必须为界面上的相应控件提供响应，使得当用户操作时能执行相应的功能，这种响应动作就是由事件处理来完成的。本章重点是掌握 Android 的三种事件处理机制：基于监听的事件处理、基于回调的事件处理以及直接绑定到标签的事件处理，并了解事件传播的顺序、常见的事件监听器接口及其注册方法。本章还着重讲解了动态改变界面控件的显示，需要注意的是，Android 不允许在子线程中更新主线程的界面控件。因此，本章介绍了 Handler 消息处理机制，当子线程需要更改界面显示时，子线程就向主线程发送一条消息；主线程接收到消息后，自己对界面显示进行修改。本章最后介绍了异步任务处理，主要用于处理一些比较耗时的操作，是对消息处理机制的一种补充。

课后练习

1. Android 中事件处理方式主要有哪三种？
2. 基于监听的事件处理模型中，主要包含哪些对象，它们之间又是如何协同工作的？
3. 实现事件监听器的方式有_____、_____、_____和_____。
4. 假设有一个控件，既重写了该控件的事件回调方法，同时重写了该控件所在 Activity 的回调方法，还为其添加了相应的事件监听器。当事件触发时，事件处理的顺序是怎样的？
5. 简要描述 Handler 消息传递机制的开发步骤。
6. 使用异步任务处理时，以下方法中，不能更改界面控件显示的是（　　）。
    A. onPreExecute()　　　　　　　　B. doInBackground()
    C. onPostExecute()　　　　　　　D. onProgressUpdate()
7. Android 的事件处理机制中，基于监听的事件处理机制实现的基本思想应用了设计模式中的（　　）模式。
    A. 观察者　　　　B. 代理　　　　C. 策略　　　　D. 装饰者
8. 为复选框 CheckBox 添加监听是否选中的事件监听器，使用的方法是（　　）。
    A. setOnClickListener　　　　　　B. setOnCheckedChangeListener
    C. setOnMenuItemSelectedListener　D. setOnCheckedListener
9. 使用异步任务处理耗时操作时，Android 系统为我们提供了 AsyncTask 抽象类，继承该类时必须实现 AsyncTask 中的（　　）方法。
    A. onPreExecute()　　　　　　　　B. doInBackground()
    C. onPostExecute()　　　　　　　D. onProgressUpdate()

Android 活动（Activity）与意图（Intent）

本章要点

- 理解 Activity 的功能与作用
- 创建和配置 Activity
- 在程序中启动、关闭 Activity
- Activity 的生命周期
- Activity 间的数据传递
- Fragment 的创建与使用
- 理解 Intent 的功能与作用
- Intent 各属性的作用
- Intent 的分类
- Intent 的解析

本章知识结构图

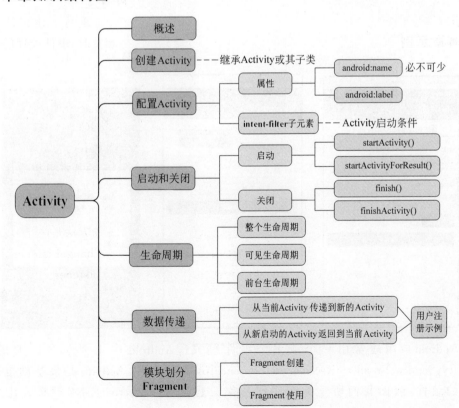

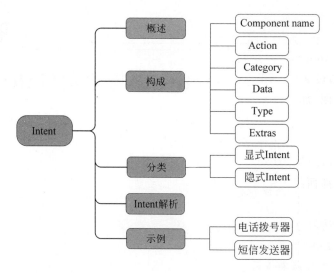

Activity 与 Intent 的关系如下。

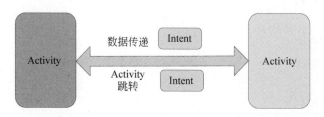

本章示例

Android 应用通常由一个或多个组件组成。Android 中主要包含四大组件：Activity、Service、BroadcastReceiver 和 ContentProvider。其中 Activity 是最基础也是最常见的组件，前面我们所学的程序通常都只包含一个 Activity。本章将详细介绍

Activity 的相关知识，包括 Activity 的创建、配置、启动、停止、数据传递以及它的完整生命周期。

Activity 是 Android 应用中负责与用户交互的组件，它为 Android 应用提供了可视化的用户界面，通过 setContentView()方法来指定界面上的组件。如果该 Android 应用需要多个用户界面，那么这个 Android 应用将会包含多个 Activity，多个 Activity 组成 Activity 栈，当前活动的 Activity 位于栈顶。

一个应用程序往往由多个 Activity 或其他组件组成，那么 Activity 间以及各组件间是如何交互或通信的呢？Android 中是通过 Intent 对象来完成这一功能的。本章将详细介绍 Intent 对象如何封装组件间的交互，并介绍 Intent 对象的各种属性以及 Intent 的过滤机制。

通过本章的学习，读者将可以实现 Activity 间数据的传递以及通过 Intent 调用系统中的某些应用，完成用户注册、登录、打电话、发短信等功能。

4.1 Activity 详解

Activity 是 Android 应用中重要的组成部分之一，如果把一个 Android 应用看作一个网站的话，那么一个 Activity 就相当于该网站的一个具体网页。Android 应用开发的一个重要组成部分就是开发 Activity，下面由浅入深详细地讲解 Activity 的创建、配置、启动、传值以及生命周期等相关知识。

4.1.1 Activity 概述

Activity 是 Android 的一种应用程序组件，该组件为用户提供了一个屏幕，用户在这个屏幕上进行操作即可完成一定的功能，例如打电话、拍照、发送邮件或查看地图等。每一个 Activity 都有一个用于显示用户界面的窗口。该窗口通常会充满整个屏幕，但有可能比这个屏幕更小或者是漂浮在其他窗口之上。Activity 类包含了一个 setTheme()方法来设置其窗口的风格，如果希望窗口不显示标题或以对话框形式显示窗口，都可通过该方法来实现。

一个应用程序通常由多个彼此之间松耦合的 Activity 组成。通常，在一个应用程序中，有一个 Activity 被指定为主 Activity。当应用程序第一次启动的时候，系统会自动运行主 Activity，前面的所有例子都只有一个 Activity，并且该 Activity 为主 Activity。每个 Activity 都可以启动其他的 Activity 用于执行不同的功能。当一个新的 Activity 启动的时候，先前的那个 Activity 就会停止，但是系统会在堆栈中保存该 Activity；而新的 Activity 将会被压入栈顶，并获得用户焦点。堆栈遵循后进先出的队列原则。因此，当用户使用完当前的 Activity 并按 Back 键时，该 Activity 将被从堆栈中取出并销毁，然后先前的 Activity 将恢复并获取焦点。

当一个 Activity 因为新的 Activity 的启动而停止时，系统将会调用 Activity 的生命周期的回调方法来通知这一状态的改变。Activity 类中定义了一些回调方法，对于具体 Activity 对象而言，这些回调方法是否会被调用，主要取决于具体状态的改变——系统是创建、停止、恢复还是销毁该对象。每个回调方法都提供了一个执行适合于该状态变化的具体工作的机会。例如当 Activity 停止时，Activity 对象应该释放一些比较大的对象，如网络或数据库的连接等；当恢复时，可以获取一些必要的资源以及恢复被中断的操作。所有这些状态的转换就形成了 Activity 的生命周期。

4.1.2　创建和配置 Activity

如果想要创建自己的 Activity，则必须继承 Activity 基类或者是已存在的 Activity 子类，如 AppCompatActivity、ListActivity、TabActivity 等。在自己的 Activity 中可实现系统 Activity 类中所定义的一些回调方法，这些回调方法在 Activity 状态发生变化时会由系统自动调用，其中最重要的两个回调方法就是 onCreate() 和 onPause()。

当 Activity 被创建时，系统将会自动回调它的 onCreate() 方法，在该方法的实现中，应该初始化一些关键的界面组件，最重要的是调用 Activity 的 setContentView() 方法来设置该 Activity 所对应的界面布局文件。为了管理应用程序界面中的各个控件，可调用 Activity 的 findViewById(int id) 方法来获取界面中的控件，然后即可修改该控件的属性和调用该控件的方法。

当用户离开 Activity 时，系统将会自动回调 onPause() 方法，但这并不意味着该 Activity 被销毁了。在该方法的实现中，应该提交一些需要持久保存的变化。因为用户可能不会再返回到该 Activity，如该进程被杀死。

定义好自己的 Activity 后，此时系统还不能访问该 Activity，如果想让系统访问，则必须在 AndroidManifest.xml 文件中进行注册、配置。前面所写程序中，也有未对其进行预先配置的 Activity，不是也可以访问吗？这是因为，前面所有的程序都只有一个 Activity，开发工具在创建时自动地为它进行了配置，把它作为主 Activity，默认配置如下：

```
1    <application
2        android:allowBackup="true"                          →是否允许备份
3        android:icon="@mipmap/ic_launcher"                  →应用图标
4        android:label="@string/app_name"                    →应用程序名
5        android:supportsRtl="true"                          →是否支持从右到左
6        android:theme="@style/AppTheme">                    →应用主题样式
7        <activity android:name=".MainActivity">             →Activity 对应的类名
8            <intent-filter>                                 →Activity 启动的过滤条件
9                <action android:name="android.intent.action.MAIN" />
                                                             →设置为主 Activity
10               <category android:name="android.intent.category.LAUNCHER" />
11           </intent-filter>
12       </activity>
13   </application>
```

其中最主要的就是 Activity 标签内容，配置一个自己的 Activity，只需为＜application …/＞元素添加＜activity…/＞子元素即可。配置时，主要有以下几个属性。

（1）**android：name**：指定 Activity 实现类的类名，该属性前面的点表示该类在当前应用程序所在的包下。如果该类不在当前包下,则需要用完整的包名+类名。

(2) **android：label**：指定该 Activity 的标题内容,显示在页面的操作栏上。

(3) **android：launchMode**：指定 Activity 的启动模式,主要针对多次启动同一个 Activity 的情景。主要值有：standard、singleInstance、singleTask、singleTop。

此外,配置 Activity 时通常还可以指定一个或多个＜intent-filter…/＞元素,该元素用于指定该 Activity 可响应的 Intent 的条件。

上述配置中,只有 android：name 属性是必需的,其他属性或标签元素都是可选的。

4.1.3　启动和关闭 Activity

前面已经定义并向系统注册了一个 Activity,那么该 Activity 如何启动和执行呢? 通常一个 Android 应用都会包含多个 Activity,但只有一个 Activity 会作为程序的入口, 当该 Android 应用运行时将会自动启动并执行该 Activity。而应用中的其他 Activity 通常都由入口 Activity 来启动,或由入口 Activity 启动的 Activity 启动。Android 提供了以下两种方法来启动 Activity。

(1) **startActivity**(Intent intent)：启动其他 Activity。

(2) **startActivityForResult**(**Intent intent,int requestCode**)：程序将会得到新启动 Activity 返回的结果,requestCode 参数代表启动 Activity 的请求码,后面会详细讲解这一方法。

上面两个方法,都需要传入一个 Intent 类型的参数,该参数是对需要启动的 Activity 的描述,既可以是一个确切的 Activity 类,也可以是所需要启动的 Activity 的一些特征, 然后由系统查找符合该特征的 Activity。如果有多个 Activity 符合要求,系统将会以下拉列表的形式列出所有的 Activity,然后由用户选择具体启动哪一个。这些 Activity 既可以是本应用程序的,也可以是其他应用程序的。

Intent 的相关知识,将在 4.3 节详细介绍,在此简单介绍启动一个已知的 Activity 的方法。

```
1    Intent intent =new Intent(this, OtherActivity.class);
    →this 表示当前 Activity 的对象,OtherActivity 为一个已知的 Activity,并且
     OtherActivity 必须在 AndroidManifest.xml 文件中进行配置
2    startActivity(intent);
```

如果想从所启动的 Activity 获取结果,则可以使用 startActivityForResult(Intent intent,int requestCode)方法启动 Activity,同时需要在自己的 Activity 中重写 onActivityResult()方法,当启动的 Activity 执行结束后,它会将结果数据放入 Intent,并传给 onActivityResult()方法。

如果需要关闭 Activity,可调用以下两个方法。

(1) **finish**()：结束当前 Activity。

(2) **finishActivity**(**int requestCode**)：结束以 startActivityForResult(Intent intent, int requestCode)方法启动的 Activity。

注意：大部分情况下,不建议显式调用这些方法关闭 Activity。因为 Android 系统会管理 Activity 的生命周期,调用这些方法可能会影响用户的预期体验,因此,只有当不希

望用户再回到当前 Activity 的时候才去关闭它。

4.1.4 Activity 的生命周期

Android 系统中的 Activity 类定义了一系列的回调方法,当 Activity 的状态发生变化时,相应的回调方法将会自动执行。当一个 Activity 被启动之后,随着应用程序的运行,Activity 会不断地在各种状态之间切换,相应的方法也就会被执行,开发者只需要选择性地重写这些方法即可进行相应的业务处理。这些状态之间的转换就构成了 Activity 的生命周期。在 Activity 的生命周期中,主要有如下几个方法。

(1) onCreate():Activity 被创建时自动调用。

(2) onStart():Activity 启动时自动调用。

(3) onRestart():Activity 重新启动时自动调用。

(4) onResume():Activity 恢复时自动调用。

(5) onPause():Activity 暂停时自动调用。

(6) onStop():Activity 停止时自动调用。

(7) onDestroy():Activity 销毁时自动调用。

Activity 生命周期中各方法之间调用关系如图 4-1 所示,该图参考 Android 官方文档。

Activity 主要以下面三种状态存在。

(1) **Resumed**:已恢复状态,此时 Activity 位于前台,并且获得用户焦点,这种状态通常也叫运行时状态。

(2) **Paused**:暂停状态,其他的 Activity 获得用户焦点,但该 Activity 仍是可见的,即该 Activity 仍存在于内存中,并能维持自身状态和记忆信息,且维持着和窗口管理器之间的联系。但是,当系统内存极度缺乏的时候可能杀死该 Activity。

(3) **Stopped**:停止状态,该 Activity 完全被其他 Activity 所覆盖,该 Activity 仍存在于内存中,能维持自身状态和记忆信息,但它和窗口管理器之间已没有了联系。当系统需要内存时,随时可以杀死该 Activity。

从图 4-1 中我们可以看出,Activity 的生命周期主要存在三个循环。

(1) **整个生命周期**:从 onCreate()开始到 onDestroy()结束。Activity 在 onCreate()中执行初始化操作,例如加载界面布局文件,在 onDestory()释放所有的资源。例如,某个 Activity 有一个在后台运行的线程,用于从网络下载数据,则该 Activity 可以在 onCreate()中创建线程,在 onDestory()中停止线程。

(2) **可见生命周期**:从 onStart()开始到 onStop()结束。在这段时间,可以看到 Activity 在屏幕上,尽管有可能不在前台,不能和用户交互。在这两个方法之间,需要保持显示给用户的 UI 数据和资源等,例如,可以在 onStart()中注册一个监听器来监听数据变化导致 UI 的变动,当不再需要显示的时候,可以在 onStop()中注销它。onStart()和 onStop()方法都可以被多次调用,因为 Activity 可以随时在可见和隐藏之间转换。

(3) **前台生命周期**:从 onResume()开始到 onPause()结束。在这段时间里,该

Activity 处于所有 Activity 的最前面,和用户进行交互。Activity 可以经常性地在已恢复状态和暂停状态之间切换,例如当设备准备休眠时、当一个 Activity 处理结果被分发时、当一个新的 Intent 被分发时。所以在这些方法中的代码应该属于非常轻量级的。

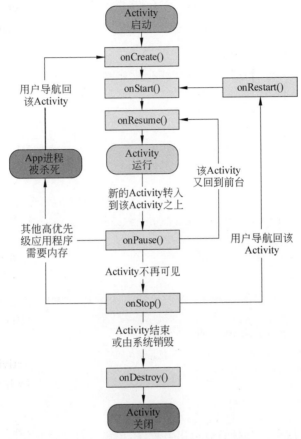

图 4-1 Activity 的生命周期和回调方法

下面以一个简单的程序来模拟 Activity 的生命周期,该程序中包含三个 Activity,即 MainActivity、SecondActivity 和 ThirdActivity,这三个 Activity 都重写了 Activity 生命周期中所涉及的方法,方法体中的内容主要是输出方法被调用的日志信息,表明该方法被调用了,查看控制台的信息即可得知方法调用的顺序,详细代码如下。

程序清单:codes\ch04\ActivityTest\app\src\main\java\iet\jxufe\cn\activitytest\MainActivity.java

```
1   public class MainActivity extends AppCompatActivity {          →类的声明
2       public static final String M_TAG="ActivityTest";           →字符串常量定义
3       protected void onCreate(Bundle savedInstanceState) {       →创建时调用
4           super.onCreate(savedInstanceState);                    →调用父类方法
5           setContentView(R.layout.activity_main);                →加载布局文件
6           Log.i(M_TAG,"MainActivity onCreate() invoked!");       →输出日志信息
```

```
 7        }
 8        protected void onStart() {                              →启动时调用
 9            super.onStart();                                    →调用父类方法
10            Log.i(M_TAG,"MainActivity onStart() invoked!");     →输出日志信息
11        }
12        protected void onResume() {                             →运行时调用
13            super.onResume();                                   →调用父类方法
14            Log.i(M_TAG,"MainActivity onResume() invoked!");    →输出日志信息
15        }
16        protected void onRestart() {                            →重新启动时调用
17            super.onRestart();                                  →调用父类方法
18            Log.i(M_TAG,"MainActivity onRestart() invoked!");   →输出日志信息
19        }
20        protected void onPause() {                              →暂停时调用
21            super.onPause();                                    →调用父类方法
22            Log.i(M_TAG,"MainActivity onPause() invoked!");     →输出日志信息
23        }
24        protected void onStop() {                               →停止时调用
25            super.onStop();                                     →调用父类方法
26            Log.i(M_TAG,"MainActivity onStop() invoked!");      →输出日志信息
27        }
28        protected void onDestroy() {                            →销毁时调用
29            super.onDestroy();                                  →调用父类方法
30            Log.i(M_TAG,"MainActivity onDestroy() invoked!");   →输出日志信息
31        }
32    }
```

运行该程序,然后单击"返回"键退出该程序,控制台打印信息如图 4-2 所示。

图 4-2 控制台打印信息

程序打开后,系统会依次调用 onCreate→onStart→onResume,此时 MainActivity 就处于运行状态了;退出时,系统依次调用 onPause→onStop→onDestroy 方法。

下面继续模拟有新的 Activity 启动的情景。首先在原来的界面中添加两个按钮,单击按钮后启动一个新的 Activity,界面布局代码如下。

程序清单:codes\ch04\ActivityTest\app\src\main\res\layout\activity_main.xml

```
1   < LinearLayout  xmlns: android =" http://schemas. android. com/apk/res/android"
2       xmlns:tools="http://schemas.android.com/tools"
3       android:layout_width="match_parent"
4       android:layout_height="match_parent"
5       android:orientation="vertical">              →垂直线性布局
6       <Button
7           android:layout_width="wrap_content"      →宽度内容包裹
8           android:layout_height="wrap_content"     →高度内容包裹
9           android:text="Go_To_Second_Activity"     →按钮内容
10          android:onClick="goToSecondActivity"/>   →事件处理方法
11      <Button
12          android:layout_width="wrap_content"      →宽度内容包裹
13          android:layout_height="wrap_content"     →高度内容包裹
14          android:text="Go_To_Third_Activity"      →按钮内容
15          android:onClick="goToThirdActivity"/>    →事件处理方法
16  </LinearLayout>
```

然后,分别为这两个按钮添加事件处理,关键代码如下。

程序清单:codes\ch04\ActivityTest\app\src\main\java\iet\jxufe\cn\activitytest\MainActivity.java

```
1   public void goToSecondActivity(View view) {
2       Intent intent=new Intent(this,SecondActivity.class);   →指定意图
3       startActivity(intent);                                  →跳转页面
4   }
5   public void goToThirdActivity(View view) {
6       Intent intent=new Intent(this,ThirdActivity.class);    →指定意图
7       startActivity(intent);                                  →跳转页面
8   }
```

要实现此功能,还必须添加 SecondActivity 和 ThirdActivity,这两个 Activity 的功能和 MainActivity 的功能相似,即在相应的回调方法里打印出该方法名,在此不再列出。除此之外,还必须在 **AndroidManifest.xml** 文件中配置这两个 **Activity**,配置信息如下。

程序清单:codes\ch04\ActivityTest\app\src\main\AndroidManifest.xml

```
1   <activity android:name=".SecondActivity" />              →Activity的类名
2   <activity android:name=".ThirdActivity"                  →Activity的类名
3       android:theme="@style/Base.Theme.AppCompat.Dialog"></activity>
                                                             →Activity的主题
```

此时程序运行效果如图 4-3 所示。

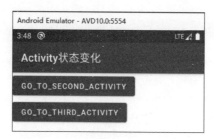

图 4-3 程序运行主界面效果

注意:创建新的 Activity 时,可以新建一个类,让该类从 AppCompatActivity 继承,定义好 Activity 之后在清单文件 AndroidManifest.xml 中进行配置。在 Android Studio 中可以简化该过程,即选中相应的包,然后单击右键选择 New→Activity→Empty Activity,新建一个 Activity,此时系统会在清单文件中自动配置 Activity。

单击 GO_TO_SECOND_ACTIVITY 按钮,程序跳转到 SecondActivity,运行效果如图 4-4 所示。

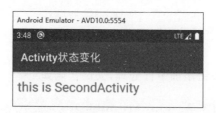

图 4-4 SecondActivity 界面效果

控制台打印信息如图 4-5 所示。

```
2020-06-02 10:08:55.257 20214-20214/iet.jxufe.cn.activitytest I/ActivityTest: MainActivity onCreate() invoked!
2020-06-02 10:08:55.264 20214-20214/iet.jxufe.cn.activitytest I/ActivityTest: MainActivity onStart() invoked!
2020-06-02 10:08:55.265 20214-20214/iet.jxufe.cn.activitytest I/ActivityTest: MainActivity onResume() invoked!
2020-06-02 10:09:43.193 20214-20214/iet.jxufe.cn.activitytest I/ActivityTest: MainActivity onPause() invoked!
2020-06-02 10:09:43.237 20214-20214/iet.jxufe.cn.activitytest I/ActivityTest: SecondActivity onCreate() invoked!
2020-06-02 10:09:43.248 20214-20214/iet.jxufe.cn.activitytest I/ActivityTest: SecondActivity onStart() invoked!
2020-06-02 10:09:43.249 20214-20214/iet.jxufe.cn.activitytest I/ActivityTest: SecondActivity onResume() invoked!
2020-06-02 10:09:43.947 20214-20214/iet.jxufe.cn.activitytest I/ActivityTest: MainActivity onStop() invoked!
```

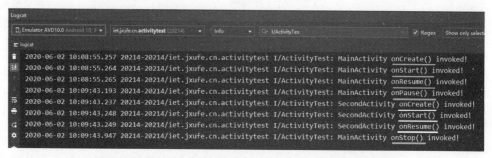

图 4-5 单击 GO_TO_SECOND_ACTIVITY 后控制台打印信息

此时单击"返回"键,又会回到 MainActivity 并获取焦点,而 SecondActivity 会自动销毁,控制台打印信息如图 4-6 所示。

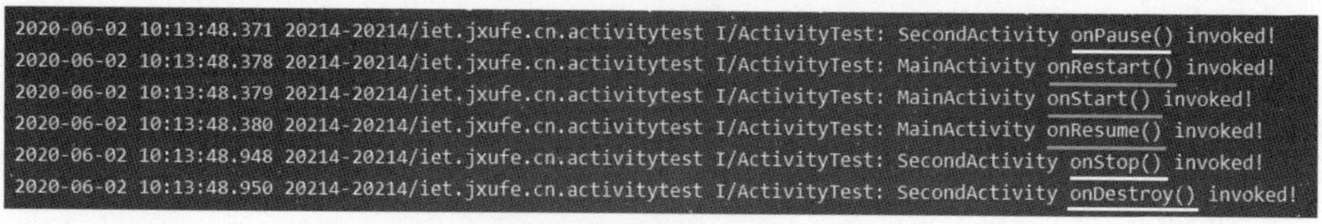

```
2020-06-02 10:13:48.371 20214-20214/iet.jxufe.cn.activitytest I/ActivityTest: SecondActivity onPause() invoked!
2020-06-02 10:13:48.378 20214-20214/iet.jxufe.cn.activitytest I/ActivityTest: MainActivity onRestart() invoked!
2020-06-02 10:13:48.379 20214-20214/iet.jxufe.cn.activitytest I/ActivityTest: MainActivity onStart() invoked!
2020-06-02 10:13:48.380 20214-20214/iet.jxufe.cn.activitytest I/ActivityTest: MainActivity onResume() invoked!
2020-06-02 10:13:48.948 20214-20214/iet.jxufe.cn.activitytest I/ActivityTest: SecondActivity onStop() invoked!
2020-06-02 10:13:48.950 20214-20214/iet.jxufe.cn.activitytest I/ActivityTest: SecondActivity onDestroy() invoked!
```

图 4-6 单击"返回"键后控制台打印信息

在此过程中 MainActivity 的执行流程为：onCreate → onStart → onResume → onPause → onStop →【onRestart → onStart → onResume → onPause → onStop →】onDestroy。【 】中间的部分可执行零到多次，即可见其生命周期循环。

仍然回到 MainActivity 界面，单击 GO_TO_THIRD_ACTIVITY 按钮，程序跳转到 ThirdActivity，运行效果如图 4-7 所示。

图 4-7　跳转到 ThirdActivity 界面的运行效果

单击 GO_TO_THIRD_ACTIVITY 后，控制台打印信息如图 4-8 所示。

```
2020-06-02 10:16:41.668 20214-20214/iet.jxufe.cn.activitytest I/ActivityTest: MainActivity onCreate() invoked!
2020-06-02 10:16:41.672 20214-20214/iet.jxufe.cn.activitytest I/ActivityTest: MainActivity onStart() invoked!
2020-06-02 10:16:41.673 20214-20214/iet.jxufe.cn.activitytest I/ActivityTest: MainActivity onResume() invoked!
2020-06-02 10:16:44.846 20214-20214/iet.jxufe.cn.activitytest I/ActivityTest: MainActivity onPause() invoked!
2020-06-02 10:16:44.902 20214-20214/iet.jxufe.cn.activitytest I/ActivityTest: ThirdActivity onCreate() invoked!
2020-06-02 10:16:44.906 20214-20214/iet.jxufe.cn.activitytest I/ActivityTest: ThirdActivity onStart() invoked!
2020-06-02 10:16:44.907 20214-20214/iet.jxufe.cn.activitytest I/ActivityTest: ThirdActivity onResume() invoked!
```

图 4-8　单击 GO_TO_THIRD_ACTIVITY 后控制台打印信息

对比图 4-5 和图 4-8 控制台打印的信息，可以发现最大的区别在于 MainActivity 是否调用 onStop()方法，这也是 Activity 可见与不可见时的区别。当跳转到 SecondActivity 时，SecondActivity 会完全覆盖 MainActivity，用户看不见它，此时 MainActivity 会调用 onStop()方法，而 ThirdActivity 是以对话框的形式显示的，此时它漂浮于 MainActivity 之上，对于用户而言，仍然可以看到 MainActivity，只是无法获取焦点而已，所以 MainActivity 会等待新的 Activity 启动后（onCreate → onStart → onResume），再判断是否要调用 onStop 方法。此时单击"返回"按钮，控制台打印信息如图 4-9 所示。

```
2020-06-02 10:19:48.252 20214-20214/iet.jxufe.cn.activitytest I/ActivityTest: ThirdActivity onPause() invoked!
2020-06-02 10:19:48.262 20214-20214/iet.jxufe.cn.activitytest I/ActivityTest: MainActivity onResume() invoked!
2020-06-02 10:19:48.269 20214-20214/iet.jxufe.cn.activitytest I/ActivityTest: ThirdActivity onStop() invoked!
2020-06-02 10:19:48.270 20214-20214/iet.jxufe.cn.activitytest I/ActivityTest: ThirdActivity onDestroy() invoked!
```

图 4-9　单击"返回"键后控制台打印信息

此过程中 MainActivity 的执行流程为：onCreate→onStart→onResume→onPause→【onResume→onPause→】onStop→onDestroy。其中【 】中间的部分可执行一到多次，即前台生命周期循环。

问题与讨论：

（1）当 MainActivity 正在运行时，直接按 Home 键返回桌面，MainActivity 是否还存在？控制台会打印什么消息？

答：此时 MainActivity 仍然存在，控制台打印信息为：

```
MainActivity onPause() invoked!
MainActivity onStop() invoked!
```

并不会调用 onDestroy 方法。

（2）前面我们返回到原来的 Activity 都是使用返回键，如果在新启动的 Activity 中添加一个按钮，单击按钮后，跳转到原来的 Activity，这样做与单击返回键有什么区别？

提示：可以在 SecondActivity 中添加一个 Go_to_MainActivity 按钮，并添加相应的处理事件，来观察两者的区别。其关键代码如下。

```
1    public void goToMainActivity(View view){              →事件处理方法
2        Intent intent=new Intent(SecondActivity.this,MainActivity.class);
                                                          →指定意图
3        startActivity(intent);                           →启动 Activity
4    }                                                    →方法结束
```

答：有区别，二者的区别在于：通过 Go_To_MainActivity 按钮跳转到 MainActivity 只是表面现象，实际上系统是重新创建了一个 MainActivity，即此时在 Activity 堆栈中包含两个 MainActivity 对象。如果重复操作多次，那么 Activity 堆栈中将会存在多个这样的 MainActivity；而通过返回键操作，则是销毁当前的 Activity，从而使上一个 Activity 获取焦点，重新显示在前台，它是不断地从堆栈中取出 Activity。

4.1.5 Activity 间的数据传递

1. Activity 间数据传递的方法——采用 Intent 对象

前面我们学习了 Activity 的生命周期和 Activity 间的跳转，实际应用中，仅仅有跳转还是不够的，Activity 之间往往还需要进行通信，即数据的传递。在 Android 中主要通过 Intent 对象来完成这一功能，Intent 对象就是它们之间的信使。

数据传递方向有两个：一个是从当前 Activity 传递到新启动的 Activity，另一个是从新启动的 Activity 返回结果到当前 Activity。下面详细讲解这两种情景下数据的传递。

在介绍 Activity 启动方式时，可以知道 Activity 提供了一个 startActivityForResult（Intent intent，int requestCode）方法来启动其他 Activity。该方法可以将新启动的 Activity 中的结果返回给当前 Activity。如果要使用该方法，还必须做以下操作。

（1）在当前 Activity 中重写 onActivityResult（int requestCode，int resultCode，Intent intent）方法，其中 requestCode 代表请求码，resultCode 代表返回的结果码。

(2) 在启动的 Activity 执行结束前，调用该 Activity 的 setResult(int resultCode, Intent intent)方法，将需要返回的结果写入到 Intent 中。

整个执行过程为：当前 Activity 调用 startActivityForResult(Intent intent, int requestCode)方法启动一个符合 Intent 要求的 Activity 之后，执行其相应的方法，并将执行结果通过 setResult(int resultCode,Intent intent)方法写入 Intent，当该 Activity 执行结束后，会调用原来 Activity 中的 onActivityResult(int requestCode，int resultCode, Intent intent)，判断请求码和结果码是否符合要求，从而获取 Intent 里的数据。

请求码和结果码的作用：因为在一个 Activity 中可能存在多个控件，每个控件都有可能添加相应的事件处理，通过调用 startActivityForResult()方法，有可能打开多个不同的 Activity 处理不同的业务。但这些 Activity 关闭后，都会调用原来 Activity 的 onActivityResult(int requestCode, int resultCode, Intent intent)方法。通过请求码，我们就知道该方法是由哪个 Activity 所触发的，通过结果码，我们就知道返回的数据的类型或状态。

相对来说，从当前 Activity 传递数据到新启动的 Activity 比较简单，只需要将要传递的数据存入到 Intent 即可。上面两种传值方式，都需要将数据存入 Intent，**那么 Intent 是如何保存数据的呢**？Intent 提供了多个重载的方法来存放额外的数据，主要格式为 putExtras(String name, Xxx data)，其中 Xxx 表示数据类型，向 Intent 中放入 Xxx 类型的数据，例如 int、long、String 等；此外还提供了一个 putExtras(Bundle data)方法，该方法可用于存放一个数据包，Bundle 类似于 Java 中的 Map 对象，存放的是键值对的集合，可把多个相关数据放入同一个 Bundle 中，Bundle 提供了一系列的存入数据的方法，方法格式为 putXxx(String key, Xxx data)，向 Bundle 中放入 int、long、String 等各种类型的数据。为了取出 Bundle 数据携带包中的数据，Bundle 还提供了相应的 getXxx(String key)方法，从 Bundle 中取出各种类型的数据。

2. Activity 间的数据传递举例

下面用一个完整的注册案例讲解 Activity 间的数据传递。程序运行效果如图 4-10 所示。当用户单击"所在地"时，程序会弹出省份下拉列表，选择某一省份后，会显示该省份下的城市列表供用户选择，如图 4-11 所示。

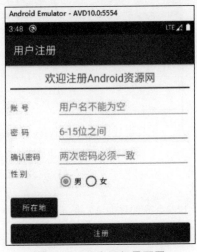

图 4-10　程序运行界面图

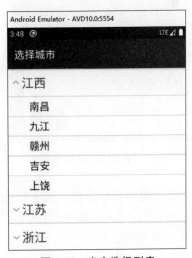

图 4-11　省市选择列表

填写完相应信息后,单击"注册"按钮,系统会对用户填写的信息进行简单的验证。如果未填写用户名,则会弹出如图 4-12 所示对话框;如果密码位数过短或过长则弹出如图 4-13 所示对话框;如果两次密码不一致,则弹出如图 4-14 所示对话框;如果用户注册信息符合要求,则跳转到注册成功页面,如图 4-15 所示。

图 4-12 用户名信息提示

图 4-13 密码长度提示信息

图 4-14 确认密码提示信息

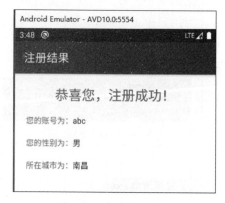

图 4-15 注册成功界面

用户注册界面设计方案如图 4-16 所示。

项目中涉及多个布局文件和页面,各自的作用与关系如图 4-17 所示。

下面详细介绍这个程序的开发过程,首先是注册界面的设计,代码如下。

第 4 章 Android 活动（Activity）与意图（Intent）

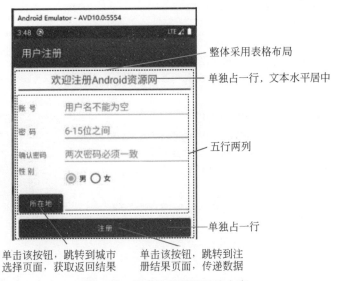

图 4-16 用户注册界面设计方案

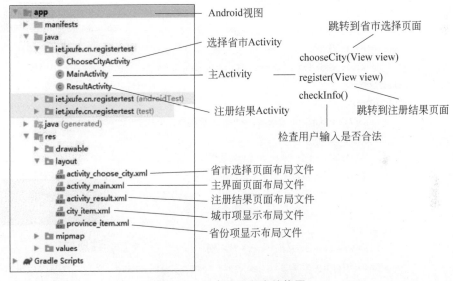

图 4-17 用户注册程序结构图

程序清单：codes\ch04\RegisterTest\app\src\main\res\layout\activity_main.xml

```
1    <TableLayout xmlns:android="http://schemas.android.com/apk/res/android"
                                                                    →表格布局
2        xmlns:tools="http://schemas.android.com/tools"
3        android:layout_width="match_parent"
4        android:layout_height="match_parent"
5        android:padding="10dp"                                     →内边距 10dp
```

99

6	`android:stretchColumns="1">`	→第 2 列扩展
7	`<TextView`	→文本显示框
8	`    android:gravity="center"`	→内容居中
9	`    android:text="欢迎注册 Android 资源网"`	→文本内容
10	`    android:textSize="20sp" />`	→大小为 20sp
11	`<View`	
12	`    android:layout_height="2dp"`	→下画线高 2dp
13	`    android:layout_marginBottom="10dp"`	→下边距 10dp
14	`    android:layout_marginTop="5dp"`	→上边距 5dp
15	`    android:background="#000000" />`	→背景色为黑色
16	`<TableRow>`	→表格行
17	`    <TextView android:text="账   号" />`	
18	`    <EditText`	
19	`        android:id="@+id/name"`	
20	`        android:hint="用户名不能为空"/>`	→提示信息
21	`</TableRow>`	
22	`<TableRow>`	
23	`    <TextView android:text="密   码" />`	
24	`    <EditText`	
25	`        android:id="@+id/psd"`	
26	`        android:hint="6-15 位之间"`	→提示信息
27	`        android:inputType="textPassword"/>`	→密码框
28	`</TableRow>`	
29	`<TableRow>`	
30	`    <TextView android:text="确认密码" />`	
31	`    <EditText`	
32	`        android:id="@+id/repsd"`	
33	`        android:hint="两次密码必须一致"`	→提示信息
34	`        android:inputType="textPassword"/>`	→密码框
35	`</TableRow>`	
36	`<TableRow>`	
37	`    <TextView android:text="性 别" />`	
38	`    <RadioGroup android:orientation="horizontal">`	→单选按钮组
39	`        <RadioButton`	→单选按钮
40	`            android:id="@+id/male"`	→添加 ID 属性
41	`            android:layout_width="wrap_content"`	
42	`            android:layout_height="wrap_content"`	
43	`            android:checked="true"`	→默认选中
44	`            android:text="男" />`	→按钮显示文字
45	`        <RadioButton`	
46	`            android:id="@+id/female"`	
47	`            android:layout_width="wrap_content"`	
48	`            android:layout_height="wrap_content"`	
49	`            android:text="女" />`	

```
50            </RadioGroup>
51        </TableRow>
52        <TableRow>
53            <Button
54                android:onClick="chooseCity"              →事件处理方法
55                android:text="所在地" />
56            <EditText android:id="@+id/city" />
57        </TableRow>
58        <Button
59            android:onClick="register"                    →事件处理方法
60            android:text="注册" />
61  </TableLayout>                                          →表格布局结束
```

其中 RadioGroup 表示单选按钮组，RadioButton 表示单选按钮，放在同一个组里面的单选按钮方能互斥，每次只能选中一个。默认情况下单选按钮是垂直摆放的，如果需要水平摆放，可设置方向为水平，即 `android:orientation="horizontal"`。单选按钮的 android:checked 属性用于指定默认是否选中。

注意：单选按钮之间互斥的两个条件为：①放在同一个按钮组中；②添加 ID 属性。

界面设计完毕以后，需要对界面中的两个按钮添加相应的事件处理，首先为"注册"按钮添加事件处理。

程序清单：codes\ch04\RegisterTest\app\src\main\java\iet\jxufe\cn\registertest\MainActivity.java

```
1   public void register(View view){                                        →"注册"按钮事件处理
2       String checkResult=checkInfo();                                     →获取验证结果
3       if(checkResult!=null){                                              →如果验证不通过
4           AlertDialog.Builder builder=new AlertDialog.Builder(this);
                                                                            →创建对话框
5           builder.setTitle("失败提示");                                    →对话框标题
6           builder.setMessage(checkResult);                                →设置对话框内容
7           builder.setPositiveButton("确定",null);                         →添加"确定"按钮
8           builder.create().show();                                        →创建并显示对话框
9       }else{
10          String male="男";                                               →性别默认为男
11          if(!maleBtn.isChecked()){                                       →如果未选中男
12              male="女";                                                  →性别为女
13          }
14          Intent intent=new Intent(this,ResultActivity.class);
                                                                            →创建意图
15          intent.putExtra("name",nameText.getText().toString());
                                                                            →传递用户名信息
16          intent.putExtra("city",cityText.getText().toString());
                                                                            →传递城市信息
17          intent.putExtra("gender",male);                                 →传递性别信息
```

```
18              startActivity(intent);                    →跳转页面
19          }
20      }                                                 →事件处理结束
```

在事件处理中,调用了验证用户注册信息的方法,该方法的代码如下。

```
1   public String checkInfo(){                            →验证用户输入信息
2       String name=nameText.getText().toString();        →获取用户名
3       if(name==null||"".equals(name)){                  →如果用户名为空
4           return "用户名不能为空!";                      →返回提示信息
5       }
6       String psd=psdText.getText().toString();          →获取密码
7       if(psd.length()<6||psd.length()>15){              →如果密码长度不符合
8           return "密码位数应在6-15位之间";                →返回提示信息
9       }
10      String repsd=repsdText.getText().toString();      →获取确认密码
11      if(!psd.equals(repsd)){                           →如果两次密码不一致
12          return "两次密码必须一致";                     →返回提示信息
13      }
14      return null;
15  }
```

接下来为"所在地"按钮添加事件处理,主要是启动获取城市的Activity,代码如下。

```
1   public void chooseCity(View view){
2       Intent intent=new Intent(this,ChooseCityActivity.class);
3       startActivityForResult(intent,0);
4   }
```

ChooseCityActivity主要就是一个扩展下拉列表,详细代码如下。

> 程序清单:codes\ch04\RegisterTest\app\src\main\java\iet\jxufe\cn\
> registertest\ChooseCityActivity.java

```
1   public class ChooseCityActivity extends AppCompatActivity {
2       private String[] provinces =new String[]{"江西","江苏","浙江"};
                                                          →省份数据
3       private String[][] cities =new String[][]{{"南昌","九江","赣州","吉
    安","上饶"},{"南京","苏州","无锡","扬州"},{"杭州","温州","金华"}};
                                                          →城市数据
4       private ExpandableListView mCityView;             →二级列表控件
5       private List<Map<String,String>>proviceItems=new ArrayList<Map
    <String,String>>();
6       private List<List<Map<String,String>>>cityItems=new
    ArrayList<List<Map<String,String>>>();
7       @Override
8       protected void onCreate(Bundle savedInstanceState) {
```

```
 9          super.onCreate(savedInstanceState);
10          setContentView(R.layout.activity_choose_city);       →加载布局文件
11          mCityView=(ExpandableListView)findViewById(R.id.mCityView);
12          initDatas();                                          →准备数据
13          SimpleExpandableListAdapter adapter=new SimpleExpandableListAdapter
    (this,proviceItems,R.layout.province_item,new String[]{"province"},new int[]{
    R.id.provice},cityItems,R.layout.city_item,new String[]{"city"},new
    int[]{R.id.city});
14          mCityView.setAdapter(adapter);                        →关联显示数据
15           mCityView. setOnChildClickListener ( new  ExpandableListView.
    OnChildClickListener() {
16              @Override
17              public boolean onChildClick(ExpandableListView parent,
    View v, int groupPosition, int childPosition, long id) {
18                  Intent intent=new Intent();                   →创建 Intent
19                  intent.putExtra("city",cities[groupPosition]
    [childPosition]);                                             →传递数据
20                  setResult(0x11,intent);                       →返回结果
21                  ChooseCityActivity.this.finish();             →关闭当前页面
22                  return true;
23              }
24          });
25      }
26      private void initDatas(){                                 →初始化数据
27          for(int i=0;i<provinces.length;i++){
28              Map<String,String>provinceItem=new HashMap<String,String>();
29              provinceItem.put("province",provinces[i]);
30              proviceItems.add(provinceItem);                   →省份集合
31              List<Map<String,String>>cityOfProvince=new ArrayList<Map
    <String,String>>();
32              for(int j=0;j<cities[i].length;j++){
33                  Map<String,String>cityItem=new HashMap<String,String>();
34                  cityItem.put("city",cities[i][j]);
35                  cityOfProvince.add(cityItem);                 →某省城市集合
36              }
37              cityItems.add(cityOfProvince);                    →所有城市集合
38          }
39      }
40  }
```

选择省市页面中仅包含一个扩展二级列表[①]。本例中采用系统提供的 SimpleExpandableListAdapter 关联数据和列表。省市信息显示后,为扩展二级列表添加

[①] 扩展二级列表的使用可参考 10.2.5 节。

列表子项单击事件处理,获取子项的内容,将其保存到 Intent 中,然后调用 setResult()将数据保存返回。最后一定要调用 finish()方法结束当前页面,否则数据无法返回到前一个页面。

要获取选择的城市信息,还必须在 MainActivity 中重写 onActivityResult(int requestCode, int resultCode, Intent intent)方法,代码如下。

```
1  protected void onActivityResult(int requestCode, int resultCode, Intent
   data) {
2      if(data!=null){                                    →数据不为空
3          if(resultCode==0x11){                          →结果码为 0x11
4              String city=data.getStringExtra("city");   →取出数据
5              cityText.setText(city);                    →修改文本框的内容
6          }
7      }
8  }
```

结果显示界面的 Activity 为 ResultActivity,该 Activity 主要就是获取 Intent 中的数据,然后将其逐个显示在对应的 TextView 上。布局文件比较简单,在此不列出,详细代码如下。

程序清单：codes\ch04\RegisterTest\app\src\main\java\iet\jxufe\cn\registertest\ResultActivity.java

```
1   public class ResultActivity extends AppCompatActivity {
2       private TextView nameText,genderText,cityText;        →变量声明
3       @Override
4       protected void onCreate(Bundle savedInstanceState) {
5           super.onCreate(savedInstanceState);
6           setContentView(R.layout.activity_result);         →加载布局文件
7           nameText=(TextView)findViewById(R.id.name);       →根据 ID 找到相关控件
8           genderText=(TextView)findViewById(R.id.gender);
9           cityText=(TextView)findViewById(R.id.city);
10          Intent intent=getIntent();                        →获取 Intent
11          if(intent!=null){
12              nameText.setText(intent.getStringExtra("name"));
                                                              →显示传递的数据
13              genderText.setText(intent.getStringExtra("gender"));
                                                              →显示传递的数据
14              cityText.setText(intent.getStringExtra("city"));
                                                              →显示传递的数据
15          }
16      }
17  }
```

注意：要实现这个功能,必须要在 AndroidManifest.xml 文件中配置 ChooseCity-Activity 和 ResultActivity,配置信息如下。

```
1  <activity android:name=".ChooseCityActivity"
2      android:label="选择城市"/>                    →注册 ChooseCityActivity
3  <activity android:name=".ResultActivity"
4      android:label="注册结果"></activity>          →注册 ResultActivity
```

4.2 Fragment 概述

Fragment 是 Android 3.0 引入的新 API(Application Programming Interface,应用程序接口),意思是片段,代表了 Activity 中的片段或者子模块。为了能够在低版本中也能使用 Fragment,Android 提供了相应的兼容包,通常建议使用兼容包里的 Fragment。Fragment 拥有自己的生命周期,也可以接受自己的输入事件。但 Fragment 必须被嵌入到 Activity 中使用,Fragment 的生命周期会受它所在的 Activity 的生命周期的控制。例如,当 Activity 暂停时,该 Activity 内的所有 Fragment 都会暂停;当 Activity 被销毁时,该 Activity 内的所有 Fragment 都会被销毁;而当 Activity 处于运行状态时,我们可以独立地操作每一个 Fragment,例如添加、删除等。Fragment 主要有以下特点。

(1) 一个 Activity 中可以同时包含多个 Fragment;反过来,一个 Fragment 也可以被多个 Activity 重复使用。Activity 与 Fragment 之间是低耦合的关系。

(2) Fragment 总是作为 Activity 界面组成的一部分。在 Fragment 中,可通过 getActivity()方法来获取它所在的 Activity;在 Activity 中,可以调用相关方法得到 Fragment 管理器 FragmentManager,然后调用它的 findFragmentById()或者 findFragmentByTag()方法来获取对应的 Fragment。

(3) Fragment 拥有自己的生命周期,也可以响应自己的输入事件,但它的生命周期直接受它所属的 Activity 的生命周期控制。

只有当 Activity 处于活动状态时,才可以调用 FragmentTransaction 的 add()、remove()、replace()方法动态地添加、删除、替换 Fragment。

FragmentManager 是 Fragment 的管理器,通过 FragmentManager 的 getFragments()可以获取当前 Activity 中的所有 Fragment。

找到指定的 Fragment 的方式有两种。

(1) 通过 findFragmentById()根据 ID 查找。

(2) 通过 findFragmentByTag()根据标记查找。

FragmentTransaction 是 Fragment 的事务处理,主要用于添加、删除、替换 Fragment,执行这些操作时,一定要调用它的 commit()方法提交。

与 Activity 类似,创建自定义的 Fragment 必须继承系统提供的 Fragment 基类或者它的子类,然后可根据需要实现它的一些方法。Fragment 中的回调方法与 Activity 的回调方法非常类似,主要包含 onAttach()、onCreate()、onCreateView()、onActivityCreated()、onStart()、onResume()、onPause()、onStop()、onDestroyView()、onDestroy()、onDetach()等。为了控制 Fragment 的显示,通常需要重写 onCreateView()方法,该方法返回的 View 将作为该 Fragment 显示的 View 控件,当 Fragment 绘制界面时将会回调

该方法。

Fragment 创建完成后，还需要将其嵌入到 Activity 中去，将 Fragment 添加到 Activity 中有以下两种方式。

（1）在布局文件中使用＜fragment.../＞标签添加 Fragment，通过该标签的 android：name 属性指定 Fragment 的实现类，需使用完整的包名＋类名。

（2）在 Java 代码中，通过 getSupportFragmentManager()方法获取 FragmentManager 对象，然后调用其 beginTransaction()方法开启事务，得到 FragmentTransaction 对象，再调用该对象的 add()方法来添加 Fragment，最后调用它的 commit()方法提交事务。

当需要向 Fragment 中传递参数时，可创建 Bundle 数据包，然后调用 Fragment 的 setArgument(Bundle bundle)方法即可将 Bundle 数据包传递给 Fragment。然后在 Fragment 中可通过 getArgument()方法获取到该数据包，再进行相关操作。

下面以一个简单的示例讲解 Fragment 的使用，程序运行效果如图 4-18、图 4-19 所示，界面中包含两个按钮："登录"和"注册"，单击"登录"按钮时在下方显示登录界面，单击"注册"按钮时在下方显示注册界面。很显然二者在同一个 Activity 中，上方的按钮位置是固定的，下方的显示内容则是根据用户操作动态变化的。在此分别为登录界面和注册界面定义 Fragment，然后根据用户的操作选择性地使用这两个 Fragment。

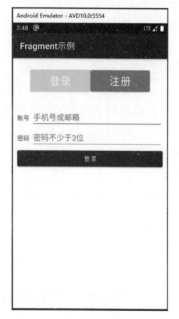
图 4-18　登录界面效果

图 4-19　注册界面效果

该 Activity 的界面布局比较简单，包含两个按钮和一个 FrameLayout，整体采用垂直的线性布局，里面嵌套了一个水平的线性布局。需要为按钮添加单击事件处理，按钮背景颜色动态变化，所以需要给其添加 ID 属性；FrameLayout 中的内容是动态填充的，因此也需要为其添加 ID 属性。详细代码如下。

程序清单：codes\ch04\FragmentTest\app\src\main\res\layout\activity_main.xml

1 `< LinearLayout xmlns: android =" http://schemas. android. com/apk/res/android"`	→整体采用线性布局
2 `xmlns:tools="http://schemas.android.com/tools"`	
3 `android:layout_width="match_parent"`	
4 `android:layout_height="match_parent"`	
5 `android:orientation="vertical">`	→方向为垂直
6 `<LinearLayout`	→嵌套线性布局
7 `android:layout_width="300dp"`	→宽度为 300dp
8 `android:layout_height="80dp"`	→高度为 80dp
9 `android:orientation="horizontal"`	→方向为水平
10 `android:layout_margin="10dp"`	→外边距为 10dp
11 `android:padding="10dp"`	→内边距为 10dp
12 `android:layout_gravity="center_horizontal">`	→整体水平居中
13 `<Button`	→"登录"按钮
14 `android:id="@+id/login"`	→添加 ID 属性
15 `android:layout_width="0dp"`	→宽度为 0dp
16 `android:layout_height="match_parent"`	→高度填充父容器
17 `android:layout_weight="1"`	→权重为 1
18 `android:text="登录"`	→按钮内容
19 `android:textSize="24sp"`	→文字大小
20 `android:gravity="center"`	→对齐方式为居中
21 `android:onClick="login"`	→单击事件处理方法
22 `android:background="#00ffff"/>`	→背景颜色
23 `<Button`	→"注册"按钮
24 `android:id="@+id/register"`	→添加 ID 属性
25 `android:layout_width="0dp"`	→宽度为 0dp
26 `android:layout_height="match_parent"`	→高度填充父容器
27 `android:layout_weight="1"`	→权重为 1
28 `android:text="注册"`	→按钮内容
29 `android:textSize="24sp"`	→文字大小
30 `android:gravity="center"`	→对齐方式为居中
31 `android:onClick="register"`	→单击事件处理方法
32 `android:background="#00bbbb"/>`	→背景颜色
33 `</LinearLayout>`	→水平线性布局结束
34 `<FrameLayout`	→层布局
35 `android:layout_width="match_parent"`	
36 `android:layout_height="match_parent"`	
37 `android:padding="10dp"`	→内边距为 10dp
38 `android:id="@+id/content"></FrameLayout>`	→添加 ID 属性
39 `</LinearLayout>`	

接下来分别创建两个 Fragment 用于表示登录模块功能和注册模块功能。首先需为

两个 Fragment 分别创建布局文件，在此定义为 fragment_login.xml 和 fragment_register.xml。由于登录和注册界面效果较为简单，前面所学内容也有相关介绍，在此不再列出详细代码。创建好布局文件后，在 Fragment 中重写父类的 onCreateView()方法，加载布局文件。代码如下。

程序清单：codes\ch04\FragmentTest\app\src\main\java\iet\jxufe\cn\fragmenttest\LoginFragment.java

```
1    public class LoginFragment extends Fragment {           →登录 Fragment
2      public View onCreateView(LayoutInflater inflater, ViewGroup container,
                    Bundle savedInstanceState) {              →重写父类方法
3          return inflater.inflate(R.layout.fragment_login, container,
    false);                                                   →关联布局文件
4      }                                                      →方法结束
5    }                                                        →Fragment 结束
```

程序清单：codes\ch04\FragmentTest\app\src\main\java\iet\jxufe\cn\fragmenttest\RegisterFragment.java

```
1    public class RegisterFragment extends Fragment {        →注册 Fragment
2      public View onCreateView(LayoutInflater inflater, ViewGroup container,
    Bundle savedInstanceState) {                              →重写父类方法
3          return inflater.inflate(R.layout.fragment_register, container,
    false);                                                   →关联布局文件
4      }                                                      →方法结束
5    }                                                        →Fragment 结束
```

接下来在 MainActivity 中分别为"登录"和"注册"按钮添加单击事件处理，显示相应的界面效果。关键代码如下。

```
1    public class MainActivity extends AppCompatActivity {
2        private Button loginBtn,registerBtn;                →按钮变量声明
3        private boolean isLogin=true;                       →当前是否显示登录
4        protected void onCreate(Bundle savedInstanceState) {
5            super.onCreate(savedInstanceState);
6            setContentView(R.layout.activity_main);          →加载布局文件
7            loginBtn=(Button)findViewById(R.id.login);       →根据 ID 找到控件
8            registerBtn=(Button)findViewById(R.id.register);
                                                              →根据 ID 找到控件
9            getSupportFragmentManager().beginTransaction().replace(
    R.id.content,new LoginFragment()).commit();              →默认显示登录 Fragment
10       }
11       public void login(View view) {                       →登录按钮事件处理
12           if(isLogin){                                     →如果当前已是登录页面
```

13	`        return;`	→直接返回,什么都不做
14	`    }`	
15	`    isLogin=true;`	→是否登录为 true
16	`    getSupportFragmentManager().beginTransaction().replace(` `R.id.content,new LoginFragment()).commit();`	→显示登录界面
17	`    loginBtn.setBackgroundColor(Color.rgb(0,0xff,0xff));`	→设置按钮背景颜色
18	`    registerBtn.setBackgroundColor(Color.rgb(0,0xbb,0xbb));`	→设置按钮背景颜色
19	`}`	
20	`public void register(View view){`	→注册按钮事件处理
21	`    if(!isLogin){`	→如果当前已是注册页面
22	`        return;`	→直接返回,什么都不做
23	`    }`	
24	`    isLogin=false;`	→是否登录为 false
25	`    getSupportFragmentManager().beginTransaction().replace(` `R.id.content,new RegisterFragment()).commit();`	→显示注册界面
26	`    loginBtn.setBackgroundColor(Color.rgb(0,0xbb,0xbb));`	→设置按钮背景颜色
27	`    registerBtn.setBackgroundColor(Color.rgb(0,0xff,0xff));`	→设置按钮背景颜色
28	`}`	
29	`}`	

上述代码中,isLogin 变量用于判断当前显示的是登录页面还是注册界面,它的值为 true 时表示登录界面,false 时表示注册界面。如果当前已经是登录界面,此时单击登录按钮无效;如果已经是注册界面,则单击注册按钮无效,通过 isLogin 变量可以很方便地进行判断。上述代码中 replace()方法传递了两个参数:第一个参数为容器的 ID,第二个参数为具体的 Fragment。该方法表示用具体的 Fragment 的内容填充该容器。Color.rgb()方法需传递三个参数,分别是对应的红色、绿色、蓝色值,每个参数值的取值范围为 0~255。这里的 0xbb、0xff 是十六进制数字,对应的十进制值为 187、255。

4.3 Intent 详解

在启动 Activity 以及在 Activity 间传值时,都需要传递一个 Intent 对象作为参数。事实上,Android 应用程序中的核心组件如 Activity、Service、BroadcastReceiver 等彼此之间都是独立的,它们之间之所以可以互相调用、协调工作,最终组成一个完整的 Android 应用,主要是通过 Intent 对象协助来完成的。下面将对 Intent 对象进行详细的介绍。

4.3.1 Intent 概述

Intent 中文翻译为"意图",是对一次即将运行的操作的抽象描述,包括操作的动作、动作涉及数据、附加数据等,Android 系统则根据 Intent 的描述,负责找到对应的组件,完成组件的调用。因此，Intent 在这里起着媒体中介的作用，专门提供组件互相调用的相关信息，实现调用者与被调用者之间的解耦。

例如通过联系人列表查看某个联系人的详细信息，用户希望单击某个联系人后，能够弹出此联系人的详细信息。为了实现这个目的，联系人 Activity 需要构造一个 Intent，这个 Intent 用于告诉系统做"查看"动作，此动作对应的查看对象是具体的某个联系人，然后调用 startActivity(Intent intent)，将构造的 Intent 传入，系统会根据此 Intent 中的描述，到 AndroidManifest.xml 中找到满足此 Intent 要求的 Activity，然后启动该 Activity，并从传入的 Intent 中获取相关数据，执行相应操作。

Intent 实际上就是一系列信息的集合，既包含对接收该 Intent 的组件有用的信息，如即将执行的动作和数据，也包括对 Android 系统有用的信息，如处理该 Intent 的组件的类型以及如何启动一个目标 Activity。

4.3.2 Intent 构成

Intent 封装了要执行的操作的各种信息，那么，Intent 是如何保存这些信息的呢？事实上，Intent 对象中包含了多个属性，每个属性就代表了该信息的某个特征，对于某一个具体的 Intent 对象而言，各个属性值都是确定的，Android 应用就是根据这些属性值去查找符合要求的组件，从而启动合适的组件执行该操作。下面详细介绍 Intent 中的各种属性及其作用和典型用法。

（1）**Component name**（**组件名**）：指定 Intent 的目标组件名称，即组件的类名。通常 Android 会根据 Intent 中包含的其他属性信息进行匹配，比如 Action、data\type、category 等，最终找到一个与之匹配的目标组件。但是，如果 component 属性有指定，将直接使用它指定的组件，而不再执行上述查找过程。指定了这个属性以后，Intent 的其他所有属性都是可选的。Intent 的 Component name 属性需要接受一个 ComponentName 对象，创建 ComponentName 对象时需要指定包名和类名，从而可唯一确定一个组件类，这样应用程序即可根据给定的组件类去启动特定的组件。

```
1    ComponentName comp=new ComponentName(Context con,Class className);
                                            →创建一个 ComponentName 对象
2    Intent intent=new Intent();
3    intent.setComponent(comp);              →为 Intent 设置 Component 属性
```

实际上，上面三行代码完全等价于前面所用的创建 Intent 的一行代码，如下所示。

```
1    Intent intent=new Intent(Context con, Class class);
```

在被启动的组件中，通过以下语句即可获取相关 ComponentName 的信息。

```
1    ComponentName comp=getIntent().getComponent();
2    comp.getPackageName();                  →获取组件的包名
3    comp.getClassName();                    →获取组件的类名
```

（2）**Action**（**动作**）：Action 代表该 Intent 所要完成的一个抽象"动作"，这个动作具体由哪个组件来完成并不由 Action 这个字符串本身决定。比如 Android 提供的标准

Action：Intent.ACTION_VIEW 只表示一个抽象的查看操作，但具体查看什么，启动哪个 Activity 来查看，该 Action 并不知道（这取决于 Activity 的＜intent-filter.../＞配置，只要某个 Activity 的＜intent-filter.../＞配置中包含了该 ACTION_VIEW，该 Activity 就有可能被启动）。Intent 类中定义了一系列的 Action 常量，具体可查阅 Android SDK→reference 中的 **android.content.intent** 类，通过这些常量我们能调用系统提供的功能。

Intent 类中提供的一些 Action 常量如表 4-1 所示。

表 4-1　Intent 类中部分 Action 常量表

编号	Action 名称	AndroidManifest.xml 配置名称	描　　述
1	ACTION_MAIN	android.intent.action.MAIN	作为应用程序的入口，不需要接收数据
2	ACTION_VIEW	android.intent.action.VIEW	用于数据显示
3	ACTION_DIAL	android.intent.action.DIAL	调用电话拨号程序
4	ACTION_EDIT	android.intent.action.EDIT	用于编辑给定的数据
5	ACTION_PICK	android.intent.action.PICK	从特定的一组数据中进行数据的选择操作
6	ACTION_RUN	android.intent.action.RUN	运行数据
7	ACTION_SEND	android.intent.action.SEND	调用发送短信程序
8	ACTION_CHOOSER	android.intent.action.CHOOSER	创建文件操作选择器

（3）Category（类别）：执行动作的组件的类别信息。例如 LAUNCHER_CATEGORY 表示 Intent 的接收者应该在 Launcher 中作为顶级应用出现；而 ALTERNATIVE_CATEGORY 表示当前的 Intent 是一系列的可选动作中的一个，这些动作可以在同一块数据上执行。同样的，在 Intent 类中定义了一些 Category 常量。

一个 **Intent 对象最多只能包括一个 Action 属性**，程序可调用 Intent 对象的 setAction (String str)方法来设置 Action 属性值；但一个 Intent 对象可以**包含多个 Category 属性**，程序可调用 Intent 的 addCategory(String str)方法来为 Intent 添加 Category 属性。当程序创建 Intent 时，该 Intent 默认启动 Category 属性值为 Intent.CATEGORY_DEFAULT 常量的组件。

Intent 中部分 Category 常量及对应的字符串和作用如表 4-2 所示。

表 4-2　Intent 类中部分 Category 常量表

编号	Category 常量	对应字符串	简单描述
1	CATEGORY_DEFAULT	android.intent.category.DEFAULT	默认的 Category
2	CATEGORY_BROWSABLE	android.intent.category.BROWSABLE	指定能被浏览器调用
3	CATEGORY_TAB	android.intent.category.TAB	指定作为选项页
4	CATEGORY_LAUNCHER	android.intent.category.LAUNCHER	显示在顶级列表中
5	CATEGORY_HOME	android.intent.category.HOME	设置随系统启动而运行

（4）Data（数据）：Data 属性通常用于向 Action 属性提供操作的数据。不同的 Action 通常需要携带不同的数据，例如，如果 Action 是 ACTION_CALL，那么数据部分将会是 tel：**需要拨打的电话号码**。Data 属性接受一个 URI（Uniform Resource Identifier，统一资源标识符）对象，一个 URI 对象通常通过如下形式的字符串来表示。

```
content://com.android.contacts/contacts/1
tel:13876523467
```

上面所示的两个字符串的冒号前面大致指定了数据的类型（MIME 类型），冒号后面的是数据部分。因此一个合法的 URI 对象既可决定操作哪种数据类型的数据，又可指定具体的数据值。常见的数据类型及其数据 URI 如表 4-3 所示。

表 4-3 Android 中部分数据表

编号	操作类型	数据格式	简单示例
1	浏览网页	http://网页地址	http://www.baidu.com
2	拨打电话	tel：电话号码	tel：01051283346
3	发送短信	smsto：短信接收人号码	smsto：13621384455
4	查找 SD 卡	file:///sdcard/文件或目录	file:///sdcard/mypic.jpg
5	显示地图	geo：坐标，坐标	geo：31.899533，−27.036173

（5）Type（数据类型）：显式指定 Intent 的数据类型（MIME）。一般 Intent 的数据类型能够根据数据本身进行判定，但是通过设置这个属性，可以强制采用显式指定的类型而不再进行推导。通常来说当 Intent 不指定 Data 属性时 Type 属性才会起作用，否则 Android 系统将会根据 Data 属性来分析数据的类型，因此无须指定 Type 属性。

（6）Extras（附加信息）：其他所有附加信息的集合，以键值对形式保存所有的附加信息。使用 extras 可以为组件提供扩展信息。例如，如果要执行"发送电子邮件"这个动作，可以将电子邮件的标题、正文等保存在 extras 里，传给电子邮件发送组件。Intent 类中包含一系列的 putXxx() 方法用于插入各种类型的附加信息，相应的也提供了一系列的 getXxx() 方法，用于获取附加信息。这些方法与 Bundle 中的方法相似，事实上，我们可以把所有的附加信息都放在一个 Bundle 对象中，然后把 Bundle 对象再添加到 Intent 中。

上面详细介绍了 Intent 对象的各个属性及其作用，那么系统又是如何根据 Intent 的属性来找到符合条件的组件的呢？首先，我们需要为组件配置相应的条件即指定该组件能被哪些 Intent 所启动，这主要是通过＜intent-filter.../＞元素的配置来实现的。

＜intent-filter.../＞元素是 AndroidManifest.xml 文件中某一组件的子元素，例如＜activity.../＞元素的子元素，该子元素用于配置该 Activity 所能"响应"的 Intent。对于后面所学的 Service、BroadcastReceiver 组件也是类似的。

＜intent-filter.../＞元素里通常可包含如下子元素：

0～N 个＜action.../＞子元素。

0～N 个＜category.../＞子元素。

0~1个＜data.../＞子元素。

当＜activity.../＞元素的＜intent-filter.../＞子元素里包含多个＜action.../＞子元素时,表明该 Activity 能响应 Action 属性值为其中任意一个字符串的 Intent,能被多个 Intent 启动。

4.3.3　Intent 解析

通常情况下,可以把 Intent 分为以下两类。

(1) **直接(显式)** Intent:直接通过类名或者 Component 属性明确指定了需要启动的组件类。主要是在创建 Intent 后调用 setComponent(ComponentName)或者 setClass(Context,Class)方法。一般来说,其他应用程序的开发者是不知道本应用的组件名,因此,直接 Intent 主要用于应用程序内部通信。

(2) **间接(隐式)** Intent:没有指定 Component 属性的 Intent。这些 Intent 需要包含足够的信息,这样系统才能根据这些信息,在所有的可用组件中,确定满足此 Intent 的组件。隐式 Intent 经常用于激活其他应用程序的组件。

对于显式 Intent,Android 不需要解析,因为目标组件已经很明确,直接实例化该组件即可,Android 需要解析的是隐式 Intent,通过解析,查找出符合该 Intent 要求的组件,从而执行它。解析的过程主要就是比较 Intent 对象的内容是否与组件中＜intent-filter.../＞元素匹配。如果一个组件没有任何 Intent 过滤器,那么它只能被显式 Intent 所启动,而包含过滤器的组件则可以被显式和隐式两种 Intent 启动。

Android 系统中 Intent 解析的判断方法如下。

(1) 如果 Intent 指明了 Action,则目标组件的 IntentFilter 的 Action 列表中就必须包含有这个 Action,否则不能匹配。

(2) 如果 Intent 没有提供 Type,系统将从 Data 中得到数据类型。和 Action 一样,目标组件的数据类型列表中必须包含 Intent 的数据类型,否则不能匹配。

(3) 如果 Intent 中的数据不是 content 类型的 URI,而且 Intent 也没有明确指定它的 Type 类型,将根据 Intent 中数据的 Scheme 进行匹配,例如"http:"或"tel:"。同样,Intent 的 Scheme 必须出现在目标组件的 Scheme 列表中。

(4) 如果 Intent 指定了一个或多个 Category,这些类别必须全部出现在组件的类别列表中。比如 Intent 中包含了两个类别:LAUNCHER_ CATEGORY 和 ALTERNATIVE_ CATEGORY,解析得到的目标组件必须至少包含这两个类别。

Android 系统中 Intent 解析的**匹配过程**如下。

(1) Android 系统把所有应用程序包中的 Intent 过滤器集合在一起,形成一个完整的 Intent 过滤器列表。

(2) 在 Intent 与 Intent 过滤器进行匹配时,Android 系统会将列表中所有 Intent 过滤器的"动作"和"类别"与 Intent 进行匹配,任何不匹配的 Intent 过滤器都将被过滤掉,没有指定"动作"的 Intent 请求可以匹配任何的 Intent 过滤器。

(3) 把 Intent 数据 URI 的每个子部与 Intent 过滤器的＜data＞标签中的属性进行匹配,如果＜data＞标签指定了协议、主机名、路径名或 MIME 类型,那么这些属性都要与

Intent 的 URI 数据部分进行匹配,任何不匹配的 Intent 过滤器均被过滤掉。

（4）如果 Intent 过滤器的匹配结果多于一个,则可以根据在＜intent-filter＞标签中定义的优先级标签来对 Intent 过滤器进行排序,优先级最高的 Intent 过滤器将被选择。

问题：当一个 Intent 请求匹配了配置文件中的多个组件,优先级相同时,会如何显示？

系统会以下拉列表的形式将所有符合要求的组件显示出来,然后由用户选择具体启动哪一个。例如手机上有多个浏览器,当打开某个网页时,会提示选择哪个浏览器。

注意：理论上说,一个 Intent 对象如果没有指定 Category,它应该能通过任意的 Category 测试。有一个例外：Android 把所有的传给 startActivity() 的隐式 Intent 看作至少有一个 category："android.intent.category.DEFAULT"。因此,想要接受隐式 Intent 的 Activity 必须在 IntentFilter 中加入"android.intent.category.DEFAULT"("android.intent.action. MAIN" 和 "android.intent.category. LAUNCHER"的 IntentFilter 例外,它们不需要"android.intent.category.DEFAULT")。

下面讲解一个简单的示例电话拨号器如何通过 Intent 来调用系统提供的拨号功能。该程序调用系统的拨号功能,程序运行界面如图 4-20 所示。在文本框中输入要拨打的号码,单击"拨打此号码"按钮,此时弹出对话框,提示用户请求调用系统拨号功能权限,如果拒绝将弹出一个 Toast 信息,提示用户没有权限,无法执行拨号功能,如图 4-21 所示;如果同意,则进入拨号界面,如图 4-22 所示。

图 4-20　请求权限对话框

图 4-21　拒绝授权结果弹窗

图 4-22　拨号界面

界面布局相对简单，在此不列出代码，调用系统拨号功能的关键代码如下。

```
1   private void dail(){
2       Intent intent=new Intent();                     →创建 Intent 对象
3       intent.setAction(Intent.ACTION_CALL);           →指定动作为拨号
4       intent.setData(Uri.parse("tel:"+numberText.getText()));
                                                        →将字符串转换成 URI 对象
5       startActivity(intent);                          →启动相应组件
6   }
```

注意：由于调用了系统的拨号功能，因此需要在 AndroidManifest.xml 文件中添加拨号的权限，否则无法实现该功能，添加的权限代码如下。

`<uses-permission android:name="android.permission.CALL_PHONE"/>`

权限代码放在 Application 元素外面，和 Application 元素属于同一级别。

通过 setAction()方法指定所需要执行的动作，通过 setData()方法指定相关的数据。需注意的是拨号功能对用户来说是隐私，调用时需要申请相关的权限。在 Android 6.0 之前只需要在清单文件（AndroidManifest.xml）中＜application＞标签外添加权限声明即可。但 Android 6.0 对权限进行了优化，提出了运行时权限，以往在安装 App 时会提示用户需要使用到哪些权限，用户要么全部同意，要么取消安装，别无选择，实际上用户对于里面部分功能权限是可以接受的，也是非常想使用的，但对于一些特殊的功能权限是不想暴露的，例如联系人信息，所以非常矛盾。运行时权限则解决了这个问题，它并不要求安装时授权，而是当需要使用某些权限时提示用户授权，用户拒绝后只是影响这一功能的使用，不会影响其他功能的使用，非常灵活方便。

本例中使用到的拨号功能就是一个相对隐私的功能，需要用户进行授权。当用户单击拨号功能时，首先系统会判断以前是否授权过，如果没有则弹出对话框，提示用户授权；如果已授权则直接调用拨号功能，关键代码如下。

程序清单：codes\ch04\DialTest\app\src\main\java\iet\jxufe\cn\dialtest\MainActivity.java

```
1   public class MainActivity extends AppCompatActivity {
2       private EditText numberText;                    →文本编辑框变量声明
3       protected void onCreate(Bundle savedInstanceState) {
4           super.onCreate(savedInstanceState);
5           setContentView(R.layout.activity_main);     →加载布局文件
6           numberText=(EditText)findViewById(R.id.number);
                                                        →根据 ID 找到控件
7       }
8       public void dail(View view) {                   →单击事件处理方法
9           if(ContextCompat.checkSelfPermission(this,
    Manifest.permission.CALL_PHONE)!=
    PackageManager.PERMISSION_GRANTED){                 →如果未授权
10              ActivityCompat.requestPermissions(this,new
    String[]{Manifest.permission.CALL_PHONE},1);        →请求授权
11          }else{
```

```
12              dail();                                    →直接调用拨号功能
13          }
14      }
15      private void dail(){                               →调用系统拨号功能
16          Intent intent=new Intent();                    →创建 Intent 对象
17          intent.setAction(Intent.ACTION_CALL);          →指定动作为拨号
18          intent.setData(Uri.parse("tel:"+numberText.getText()));
                                                           →将字符串转成 URI 对象
19          startActivity(intent);                         →启动相应组件
20      }
21      public void onRequestPermissionsResult(int requestCode, String[]
            permissions, int[] grantResults) {             →权限请求结果
22          if(requestCode==1){                            →直接返回,什么都不做
23              if(grantResults.length>0 && grantResults[0]
                    ==PackageManager.PERMISSION_GRANTED){  →如果授权
24                  dail();                                →直接调用拨号功能
25              }else{
26                  Toast.makeText(this,"你拒绝了相关权限授权,无法执行拨号操作!",
                        Toast.LENGTH_SHORT).show();        →弹出 Toast 消息
27              }
28          }
29      }
30  }
```

上述代码中,ContextCompat.checkSelfPermission()方法用于判断是否已授权,该方法接收两个参数:第一个是上下文对象,通常为当前的 Activity;第二个参数是具体的权限名,可通过 Manifest 中的内部类 permission 查看,例如拨号的权限名为 Manifest.permission.CALL_PHONE。将判断结果即方法的返回值和 PackageManager.PERMISSION_GRANTED 做比较,相等就说明用户已经授权,不等就表示用户没有授权。授权后就可以直接调用系统拨号功能。

如果没有授权,就需要请求用户授权,可借助于系统提供的 ActivityCompat.requestPermissions()方法,该方法需传递三个参数:第一个参数为 Activity 的实例;第二个参数是一个 String 数组,用于存放需要申请的权限名称,可以是一个也可以是多个;第三个参数是请求码,用于区分申请的不同权限,只要是唯一值就行。调用了该方法后,系统将弹出一个对话框,用户可选择同意或拒绝权限申请,不论是哪种结果,最终都会回调到 onRequestPermissionsResult()方法,该方法接收三个参数:第一个参数为请求码;第二个参数为权限名的数组;第三个参数为授权的结果。只需对请求码和授权结果进行判断,即可确定是跳转到拨号界面还是 Toast 弹窗信息。

4.4 本章小结

本章详细地讲解了 Activity 相关知识,包括如何开发自己的 Activity、如何在 AndroidManifest.xml 文件中配置 Activity 以及如何启动和停止 Activity 等,然后重点介绍了 Activity 的生命周期,以及各种状态之间的跳转和相应的回调方法的关系。介绍了

如何通过 Intent 在不同的 Activity 之间通信和跳转。接着简要讲解了更为灵活的页面展示组件 Fragment，包括 Fragment 的特点，创建与使用等。除此之外，本章还详细讲解了 Intent 的用法，Intent 各个属性的作用，以及通过 Intent 启动组件的两种方式——隐式 Intent 和显式 Intent；针对隐式 Intent 讲解了系统判断的方法和解析的过程。需要注意的是，当调用了系统的相关功能时，一定要在 AndroidManifest.xml 文件中配置相关的功能权限，并在代码中做运行时的权限判断和申请。

课后练习

1. 以下方法不属于 Activity 生命周期的回调方法的是（　　）。
   A. onStart()　　　B. onCreate()　　　C. onPause()　　　D. onFinish()
2. 以下方法中，在 Activity 的生命周期中不一定被调用的是（　　）。
   A. onCreate()　　　B. onStart()　　　C. onPause()　　　D. onStop()
3. 对于 Activity 中一些重要资源与状态最好在（　　）方法中进行保存。
   A. onPause()　　　B. onCreate()　　　C. onResume()　　　D. onStart()
4. 配置 Activity 时，下列（　　）是必不可少的。
   A. android：name 属性　　　　　　　　B. android：icon 属性
   C. android：label 属性　　　　　　　　D. <intent-filter.../>元素
5. 下列（　　）不是启动 Activity 的方法。
   A. startActivity()　　　　　　　　　　B. goToActivity()
   C. startActivityForResult()　　　　　　D. startActivityFromChild()
6. 下列不属于 Activity 的 launchMode 属性的属性值的是（　　）。
   A. singleStack　　　B. singleTop　　　C. singleTask　　　D. singleInstance
7. 下列关于应用程序的入口 Activity 的描述中，不正确的是（　　）。
   A. 每个应用程序有且仅有一个入口 Activity，没有入口 Activity 的应用，运行时将会报错
   B. 入口 Activity 的<intent-filter.../>元素中可以有多个<action.../>标签
   C. 入口 Activity 的<intent-filter.../>元素中可以有多个<category.../>标签
   D. 入口 Activity 的<intent-filter.../>元素中必须有一个<action android：name="android.intent.action.MAIN" />元素，并且有一个<category android：name="android.intent.category.LAUNCHER" />元素
8. 在清单文件中，配置 Activity 时，以下哪个标签无法在<intent-filter.../>标签下识别。（　　）
   A. <action...>　　　　　　　　　　　B. <category.../>
   C. <data.../>　　　　　　　　　　　　D. <type...>
9. 下列关于<intent-filter.../>标签说法不正确的是（　　）。
   A. 该标签内可以包含 0～N 个<action.../>子标签
   B. 该标签内可以包含 0～N 个<category.../>子标签

C. 该标签内可以包含 0～N 个 <data.../> 子标签

D. 系统会根据该标签里的元素来判断何时启动该组件

10. Android 中下列属于 Intent 的作用的是（　　）。

　　A. 实现应用程序间的数据共享

　　B. 是一段长的生命周期，没有用户界面的程序，可以保持应用在后台运行，而不会因为切换页面而消失

　　C. 可以实现界面间的切换，可以包含动作和动作数据，组件间调用的纽带

　　D. 处理一个应用程序整体性的工作

11. Intent 的以下（　　）属性通常用于在多个 Action 之间进行数据交换。

　　A. Category　　　B. Component　　　C. Data　　　D. Extra

12. 简要描述 Activity 的生命周期。

13. 简要描述 Intent 的主要组成部分及各部分的含义。

14. 编写一个简单的短信发送器，程序运行效果图 4-23 所示，包含两个文本输入框和一个按钮。要求用户分别输入电话号码和短信内容，单击按钮后跳转到系统发送短信页面。（提示：发送短信调用系统的 Action 为 Intent.ACTION_SENDTO，数据格式为 smsto:123456，接收短信内容的关键字为 sms_body。仅仅是调用系统的发送短信功能，跳转到相应页面，短信并没有发送出去，所以不用添加相关权限）

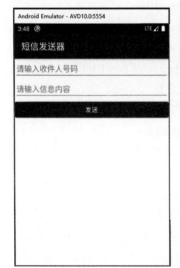

图 4-23　练习题 14 运行效果图

第 5 章

Android 服务(Service)

本章要点

- Service 组件的作用和意义
- Service 与 Activity 的区别
- 运行 Service 的两种方式
- 绑定 Service 执行的过程
- Service 的生命周期
- 跨进程调用 Service
- 调用系统发短信服务

本章知识结构图

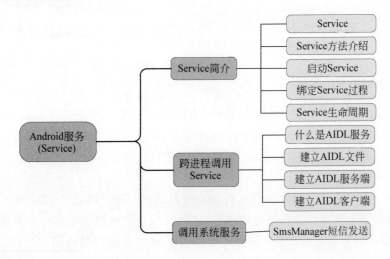

本章示例

根据 Activity 的生命周期,程序中每次只有一个 Activity 处于激活状态,并且 Activity 的执行时间有限,不能做一些比较耗时的操作。如果需要多种工作同时进行,比如一边听音乐,一边浏览网页,使用 Activity 则比较困难。针对这种情况,Android 为我们提供了另一种组件——服务(Service)。

5.1 Service 概述

Service 是一种 Android 应用程序组件，可在后台运行一些耗时但不显示界面的操作。

5.1.1 Service 介绍

Service 与 Activity 类似，都是 Android 中四大组件之一，并且二者都是从 Context 派生而来，最大的区别在于 Service 没有实际的界面，而是一直在 Android 系统的后台运行，相当于一个没有图形界面的 Activity 程序，它不能自己直接运行，需要借助 Activity 或其他 Context 对象启动。

Service 主要有两种用途：后台运行和跨进程访问。通过启动一个 Service，可以在不显示界面的前提下在后台运行指定的任务，这样可以不影响用户做其他事情，如后台播放音乐，前台显示网页信息。AIDL 服务可以实现不同进程之间的通信，这也是 Service 的重要用途之一。

其他的应用程序组件一旦启动 Service，该 Service 将会一直运行，即使启动它的组件跳转到其他页面或销毁。此外，组件还可以与 Service 绑定，从而与之进行交互，甚至执行一些进程内通信。例如，服务可以在后台执行网络连接、播放音乐、执行文件操作或者是与内容提供者交互等。

5.1.2 启动 Service 的两种方式

在 Android 系统中，常采用以下两种方式启动 Service。

（1）通过 Context 的 startService()启动 Service。启动后，访问者与 Service 之间没有关联，该 Service 将一直在后台执行，即使调用 startService 的进程结束了，Service 仍然还存在，直到有进程调用 stopService()，或者 Service 自杀（stopSelf()）。这种情况下，Service 与访问者之间无法进行通信和数据交换，往往用于执行单一操作，并且没有返回结果。例如通过网络上传、下载文件，操作一旦完成，服务应该自动销毁。

（2）通过 Context 的 bindService()绑定 Service。绑定后，Service 就和调用 bindService()的组件"同生共死"了，也就是说当调用 bindService()的组件销毁了，它绑定的 Service 也要跟着结束，当然期间也可以调用 unbindService()让 Service 提前结束。

注意：一个 Service 可以与多个组件绑定，只有当所有的组件都与之解绑后，该 Service 才会被销毁。

以上两种方式也可以混合使用，即一个 Service 既可以启动也可以绑定，只需要同时实现 onStartCommand()（用于启动）和 onBind()（用于绑定）方法，那么只有当调用 stopService()，并且调用 unbindService()方法后，该 Service 才会被销毁。

注意：Service 运行在它所在进程的主线程。Service 并没有创建它自己的线程，也没有运行在一个独立的进程上（单独指定的除外），这意味着，如果 Service 做一些消耗 CPU 或者阻塞的操作，应该在服务中创建一个新的线程去处理。通过使用独立的线程，就会降低程序出现 ANR(Application No Response，程序没有响应)风险的可能，程序的主线程仍然可以保持与用户的交互。

5.1.3 Service 中常用方法

与开发其他 Android 组件类似，开发 Service 组件需要先开发一个 Service 子类，该类需继承系统提供的 Service 类，系统中 Service 类包含的方法主要有以下几种。

（1）abstractIBinder onBind(Intent intent)：该方法是一个抽象方法，因此所有 Service 的子类必须实现该方法。该方法将返回一个 IBinder 对象，应用程序可通过该对象与 Service 组件通信。

（2）void onCreate()：当 Service 第一次被创建时，将立即回调该方法。

（3）void onDestroy()：当 Service 被关闭之前，将回调该方法。

（4）void onStartCommand(Intent intent, int flags, int startId)：该方法的早期版本是 void onStart(Intent intent, int startId)，每次客户端调用 startService(Intent intent)方法启动该 Service 时都会回调该方法。

（5）boolean onUnbind(Intent intent)：当该 Service 上绑定的所有客户端都断开连接时将会回调该方法。

定义的 Service 子类必须实现 onBind()方法，然后还需在 AndroidManifest.xml 文件中对该 Service 子类进行配置，配置时可通过＜intent-filter.../＞元素指定它可被哪些 Intent 启动。下面具体来创建一个 Service 子类并对它进行配置，代码如下。

程序清单：codes\ch05\ServiceTest\app\src\main\java\
iet\jxufe\cn\servicetest\MyService.java

```
1   public class MyService extends Service {              →自定义服务类
2       private static final String TAG = "MyService";    →定义字符串常量
3       public IBinder onBind(Intent arg0) {              →重写 onBind()方法
4           Log.i(TAG, "MyService onBind invoked!");      →打印日志信息
5           return null;
6       }
7       public void onCreate() {                          →重写 onCreate()方法
8           super.onCreate();                             →调用父类方法
9           Log.i(TAG, "MyService onCreate invoked!");    →打印日志信息
10      }
11      public void onDestroy() {                         →重写 onDestroy()方法
12          super.onDestroy();                            →调用父类方法
13          Log.i(TAG, "MyService onDestroy invoked!");   →打印日志信息
14      }
15      public int onStartCommand(Intent intent, int flags, int startId) {
                                                          →重写方法
16          Log.i(TAG, "MyService onStartCommand invoked!"); →打印日志信息
17          return super.onStartCommand(intent, flags, startId); →返回结果
18      }
19  }
```

上述代码中创建了自定义的 MyService 类，该类继承了 Android.app.Service 类，并重写了 onBind()、onCreate()、onStartCommand()、onDestroy()等方法，在每个方法中，通过 LOG 语句测试和查看该方法是否被调用。

定义 Service 之后，还需在项目的 AndroidManifest.xml 文件中配置该 Service，增加配置片段如下。

```
1   <service android:name=".MyService">                   →Service 标签
2       <intent-filter>                                   →过滤条件
3           <action android:name="iet.jxufe.cn.MY_SERVICE"/>
4       </intent-filter>
5   </service>
```

虽然目前 MyService 已经创建并注册了，但系统仍然不会启动 MyService，要想启动这个服务，必须显式地调用 startService()方法。如果想停止服务，需要显式地调用 stopService()方法。下面的代码使用 Activity 作为 Service 的启动者，分别定义了"启动服务"和"关闭服务"两个按钮，并为它们添加了事件处理。

程序清单：codes\ch05\FirstService\src\iet\jxufe\cn\android\MainActivity.java

```
1   public class MainActivity extends AppCompatActivity {
2       private Intent intent;                            →声明 Intent
```

```
 3        @Override
 4        protected void onCreate(Bundle savedInstanceState) {
 5            super.onCreate(savedInstanceState);
 6            setContentView(R.layout.activity_main);      →加载布局文件
 7            intent=new Intent(this,MyService.class);      →创建 Intent 对象
 8        }
 9        public void start(View view){                →按钮事件处理
10            startService(intent);                    →启动服务
11        }
12        public void stop(View view){                 →按钮事件处理
13            stopService(intent);                     →停止服务
14        }
15   }
```

运行本节的例子后,第一次单击"启动服务"按钮后,LogCat 视图下的输出如图 5-1 所示。

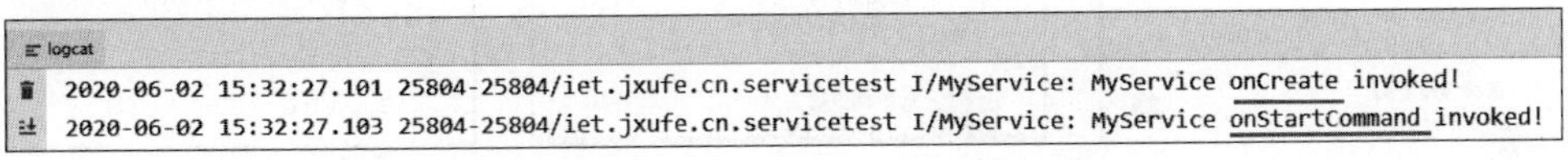

图 5-1　启动 Service LogCat 控制台打印信息

然后单击"停止服务"按钮,LogCat 视图有如图 5-2 所示的输出。

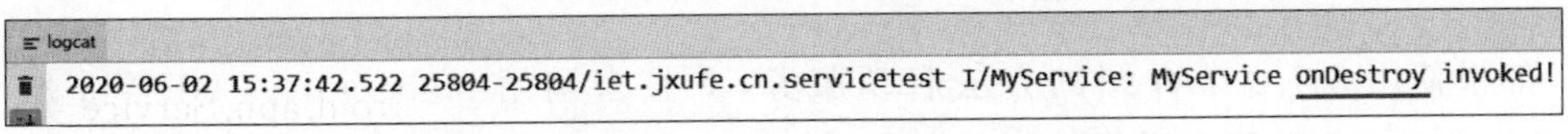

图 5-2　关闭 Service LogCat 控制台打印信息

下面按如下的单击按钮顺序的重新测试一下本例。
"启动服务"→"启动服务"→"启动服务"→"停止服务"
测试程序完成,查看 LogCat 控制台输出信息如图 5-3 所示。系统只在第一次单击"启动服务"按钮时调用 onCreate()和 onStartCommand()方法,再单击该按钮时,系统只会调用 onStartCommand()方法,而不会重复调用 onCreate()方法。

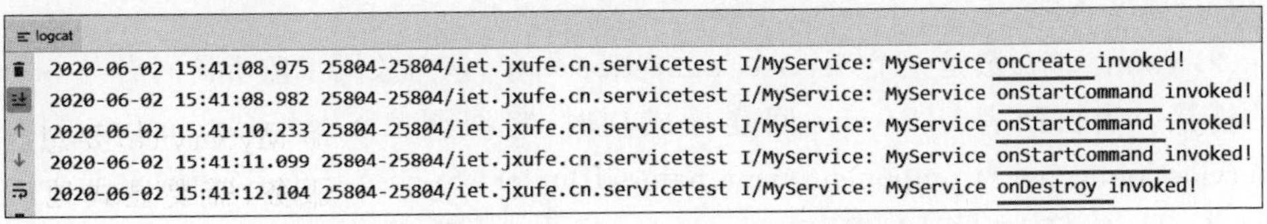

图 5-3　连续启动 Service LogCat 控制台打印信息

启动服务后退出该程序,查看 LogCat 控制台输出信息,发现并没有打印 onDestroy()方法被调用的信息,即服务并没有销毁,可以通过查看系统服务,查看该服务是否正在运行,具体操作为:打开模拟器功能清单中的"设置",选择"关于模拟设备",然后**连续单击版本号 7 次进入开发者模式**,接着退出"关于模拟设备",进入"系统选项",选择"高级"下面的

"**开发者选项**",即可看到正在运行的服务,如图 5-4 所示。

图 5-4　查看系统正在运行的服务

5.1.4　绑定 Service 过程

如果使用 5.1.2 节介绍的方法启动服务,并且未调用 stopService()来停止服务,Service 将会一直驻留在手机的服务之中。Service 会在 Android 系统启动后一直在后台运行,直到 Android 系统关闭后 Service 才停止。但这往往不是我们所需要的结果,我们希望在启动服务的 Activity 关闭后 Service 会自动关闭,这就需要将 Activity 和 Service 绑定。在 Context 类中专门提供了一个用于绑定 Service 的 bindService()方法,Context 的 bindService()方法的完整方法签名为:bindService(Intent service,ServiceConnection conn,int flags),该方法的三个参数解释如下。

(1) service:该参数表示与服务类相关联的 Intent 对象,用于指定所绑定的 Service 应该符合哪些条件。

(2) conn:该参数是一个 ServiceConnection 对象,该对象用于监听访问者与 Service 间的连接。当访问者与 Service 间连接成功时,将回调该 ServiceConnection 对象的 onServiceConnected(ComponentName name,IBinder service)方法;当访问者与 Service 之间断开连接时将回调该 ServiceConnection 对象的 onServiceDisconnected (ComponentName name)方法。

(3) flags:指定绑定时是否自动创建 Service(如果 Service 还未创建),该参数可指定 BIND_AUTO_CREATE(自动创建)。

当定义 Service 类时,该 Service 类必须提供一个 onBind()方法,在绑定本地 Service 的情况下,onBind()方法所返回的 IBinder 对象将会传给 ServiceConnection 对象里

onServiceConnected(ComponentName name,IBinder service)方法的 service 参数,这样访问者就可以通过 IBinder 对象与 Service 进行通信。

在上述示例中,添加两个按钮,一个用于绑定 Service,一个用于解绑,然后分别为其添加事件处理。在绑定 Service 时,需要传递一个 ServiceConnection 对象,所以先创建该对象。在 MainActivity.java 中添加如下代码。

```
1   private ServiceConnection conn=new ServiceConnection() {
2       public void onServiceDisconnected(ComponentName name) {
3           Log.i(TAG,"MainActivity onServiceDisconnected invoked!");
4       }
5       public void onServiceConnected(ComponentName name, IBinder service) {
6           Log.i(TAG,"MainActivity onServiceConnected invoked!");
7       }
8   };
```

然后在 MyService 中添加两个与绑定 Service 相关的方法 onUnbind()和 onRebind(),与其他方法类似,只在方法体中打印出该方法被调用了的信息,代码如下。

```
1   public boolean onUnbind(Intent intent) {
2       Log.i(TAG, "MyService onUnbind invoked!");       →打印日志信息
3       return super.onUnbind(intent);                   →调用父类方法
4   }
5   public void onRebind(Intent intent) {
6       super.onRebind(intent);                          →调用父类方法
7       Log.i(TAG, "MyService onRebind invoked!");       →打印日志信息
8   }
```

最后在 MainActivity 中为"绑定服务"和"解绑服务"按钮添加事件处理,代码如下。

```
1   public void bind(View view){                                →绑定服务事件处理
2       bindService(intent,conn, Service.BIND_AUTO_CREATE);     →绑定服务
3   }
4   public void unbind(View view){                              →解绑服务事件处理
5       unbindService(conn);                                    →解绑服务
6   }
```

程序执行后,单击"绑定服务"按钮,LogCat 控制台打印信息如图 5-5 所示,首先调用 onCreate()方法,然后调用 onBind()方法。

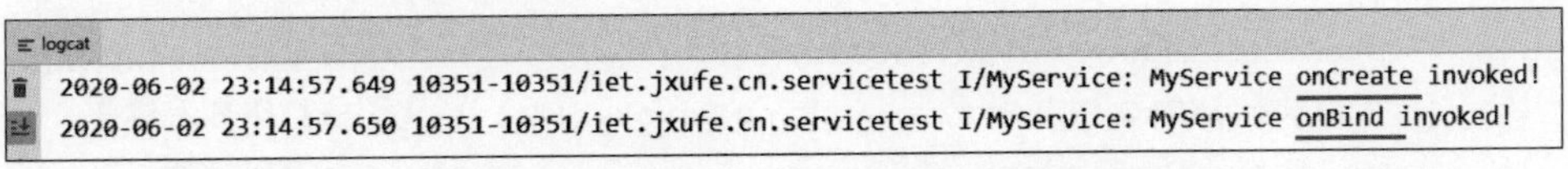

```
logcat
2020-06-02 23:14:57.649 10351-10351/iet.jxufe.cn.servicetest I/MyService: MyService onCreate invoked!
2020-06-02 23:14:57.650 10351-10351/iet.jxufe.cn.servicetest I/MyService: MyService onBind invoked!
```

图 5-5 绑定服务 LogCat 控制台打印信息

单击"解绑服务"按钮,LogCat 控制台打印信息如图 5-6 所示,首先调用 onUnbind()方法,然后调用 onDestroy()方法。

```
2020-06-02 23:16:05.347 10351-10351/iet.jxufe.cn.servicetest I/MyService: MyService onUnbind invoked!
2020-06-02 23:16:05.348 10351-10351/iet.jxufe.cn.servicetest I/MyService: MyService onDestroy invoked!
```

图 5-6　解绑服务 LogCat 控制台打印信息

程序运行后,单击"绑定服务"按钮,然后退出程序,LogCat 控制台打印信息如图 5-7 所示。可以看出,程序退出后,Service 会自动销毁。

```
2020-06-02 23:16:52.458 10351-10351/iet.jxufe.cn.servicetest I/MyService: MyService onCreate invoked!
2020-06-02 23:16:52.459 10351-10351/iet.jxufe.cn.servicetest I/MyService: MyService onBind invoked!
2020-06-02 23:17:06.663 10351-10351/iet.jxufe.cn.servicetest I/MyService: MyService onUnbind invoked!
2020-06-02 23:17:06.663 10351-10351/iet.jxufe.cn.servicetest I/MyService: MyService onDestroy invoked!
```

图 5-7　绑定服务直接退出程序 LogCat 控制台打印信息

当单击"绑定服务"按钮后,再重复多次单击"绑定服务"按钮,查看控制台打印信息,发现程序并不会多次调用 onBind() 方法。

采用绑定服务的另一个优势是组件可以与 Service 之间进行通信,传递数据。这主要是通过 IBinder 对象进行的,因此需在 Service 中创建一个 IBinder 对象,然后让其作为 onBind() 方法的返回值返回,对数据的操作是放在 IBinder 对象中的。修改 MyService 类,添加一个内部类 MyBinder,同时在 onCreate() 方法中启动一个线程,模拟后台服务,该线程主要做数据递增操作,在 MyBinder 类中,提供一个方法,可以获取当前递增的值(count 的值),具体代码如下。

```
1   public class MyService extends Service {
2       private static final String TAG ="MyService";
3       private int count=0;
4       private boolean quit=false;                    →是否退出的标志
5       private MyBinder myBinder=new MyBinder();      →创建对象
6       public class MyBinder extends Binder {
7           public MyBinder() {                        →构造方法
8               Log.i(TAG, "MyBinder Constructure invoked!")→打印日志信息
9           }
10          public int getCount() {                    →获取数据方法
11              return count;                          →返回数据
12          }
13      }
14      public IBinder onBind(Intent arg0) {           →重写 onBind 方法
15          Log.i(TAG, "MyService onBind invoked!");   →打印日志信息
16          return myBinder;                           →返回对象
17      }
18      public void onCreate() {
19          Log.i(TAG, "MyService onCreate invoked!");
20          super.onCreate();
```

```
21          new Thread(){                           →创建线程
22              public void run(){
23                  while(!quit){                   →判断是否退出
24                      try{
25                          Thread.sleep(500);      →休眠 0.5s
26                          count++;                →数据递增
27                      }catch (Exception e) {     →捕获异常
28                          e.printStackTrace();   →打印异常信息
29                      }
30                  }
31              }
32          }.start();                              →启动线程
33      }
34      public void onDestroy() {                   →重写方法
35          Log.i(TAG, "MyService onDestroy invoked!"); →打印日志信息
36          super.onDestroy();                      →调用父类方法
37          quit=true;                              →修改退出标志
38      }
39  }
```

接着在 MainActivity 中添加一个"获取数据"的按钮,获取数据的前提是要绑定服务,所以先绑定服务,在 ServiceConnection()对象的 onServiceConnected()方法中,获取绑定服务时返回的 IBinder 对象,然后将该对象强制类型转换成 MyBinder 对象,最后利用 MyBinder 对象获取服务中的数据信息。

首先改写创建 ServiceConnection 对象的方法,将绑定服务中的 IBinder 对象强制类型转换成 MyService.MyBinder 对象,关键代码如下。

```
1   private ServiceConnection conn=new ServiceConnection() {
2       public void onServiceDisconnected(ComponentName name) {
3           Log.i(TAG,"MainActivity onServiceDisconnected invoked!");
4       }
5       public void onServiceConnected(ComponentName name, IBinder service) {
6           Log.i(TAG,"MainActivity onServiceConnected invoked!");
7           myBinder=(MyService.MyBinder)service;
8       }
9   };
```

然后,为"获取数据"按钮添加事件处理方法,关键代码如下。

```
1   public void getData(View view){                 →事件处理方法
2       Toast.makeText(MainActivity.this, "Count="+myBinder.getCount(),
            Toast.LENGTH_SHORT).show();             →弹出显示数据
3   }
```

此时,单击"绑定服务"后,LogCat 控制台打印信息如图 5-8 所示,首先创建

MyBinder 对象,因为该对象是作为 MyService 的成员变量进行创建的,完成 MyService 的初始化工作,然后调用 onCreate()方法,再调用 onBind()方法,该方法返回一个 IBinder 对象,因为 IBinder 对象不为空,表示有服务连接,所以会调用 ServiceConnection 接口的 onServiceConnected()方法,并将 IBinder 对象作为它的第二个参数。

```
2020-06-02 23:23:28.406  10689-10689/iet.jxufe.cn.servicetest I/MyService: MyBinder Constructure invoked!
2020-06-02 23:23:28.406  10689-10689/iet.jxufe.cn.servicetest I/MyService: MyService onCreate invoked!
2020-06-02 23:23:28.407  10689-10689/iet.jxufe.cn.servicetest I/MyService: MyService onBind invoked!
2020-06-02 23:23:28.426  10689-10689/iet.jxufe.cn.servicetest I/MainActivity: MainActivity onServiceConnected invoked!
```

图 5-8　绑定 Service LogCat 控制台打印信息

单击"绑定服务"按钮后,后台服务就开始执行,此时单击"获取数据"按钮,得到如图 5-9 所示结果。多次单击时,得到的数据不一致,从而可以动态获取后台服务状态。

 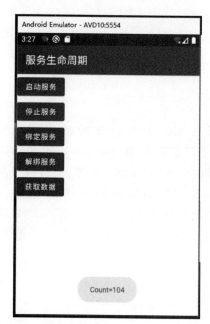

图 5-9　单击"获取数据"按钮的运行效果

当混合使用这两种运行 Service 方式时,它的执行效果又将是怎么样的呢?下面我们以不同的顺序来运行服务,观察 LogCat 控制台打印的信息。

(1) 先启动 Service,然后绑定 Service。测试步骤为单击"启动服务"→"绑定服务"→"启动服务"→"停止服务"→"绑定服务"→"解绑服务"。LogCat 控制台打印信息如图 5-10 所示。

总结:调用顺序为 onCreate()→[onStartCommand()　1～N 次]→onBind()→onServiceConnected()→onUnbind()[→onServiceConnected()→onRebind()　0～N 次]→onDestroy()。

(2) 先绑定 Service,后启动 Service。测试步骤为单击"绑定服务"→"启动服务"→"绑定

```
logcat
2020-06-02 23:29:35.413 10769-10769/iet.jxufe.cn.servicetest I/MyService: MyBinder Constructure invoked!
2020-06-02 23:29:35.413 10769-10769/iet.jxufe.cn.servicetest I/MyService: MyService onCreate invoked!
2020-06-02 23:29:35.415 10769-10769/iet.jxufe.cn.servicetest I/MyService: MyService onStartCommand invoked!
2020-06-02 23:29:36.754 10769-10769/iet.jxufe.cn.servicetest I/MyService: MyService onBind invoked!
2020-06-02 23:29:36.766 10769-10769/iet.jxufe.cn.servicetest I/MainActivity: MainActivity onServiceConnected invoked!
2020-06-02 23:29:41.279 10769-10769/iet.jxufe.cn.servicetest I/MyService: MyService onStartCommand invoked!
2020-06-02 23:29:46.488 10769-10769/iet.jxufe.cn.servicetest I/MyService: MyService onUnbind invoked!
2020-06-02 23:29:46.488 10769-10769/iet.jxufe.cn.servicetest I/MyService: MyService onDestroy invoked!
```

图 5-10　先启动 Service 后绑定 Service 的运行结果

服务"→"解绑服务"→"启动服务"→"停止服务"。LogCat 控制台打印信息如图 5-11 所示。

```
logcat
2020-06-02 23:33:07.984 10769-10769/iet.jxufe.cn.servicetest I/MyService: MyBinder Constructure invoked!
2020-06-02 23:33:07.984 10769-10769/iet.jxufe.cn.servicetest I/MyService: MyService onCreate invoked!
2020-06-02 23:33:07.985 10769-10769/iet.jxufe.cn.servicetest I/MyService: MyService onBind invoked!
2020-06-02 23:33:07.987 10769-10769/iet.jxufe.cn.servicetest I/MainActivity: MainActivity onServiceConnected invoked!
2020-06-02 23:33:10.739 10769-10769/iet.jxufe.cn.servicetest I/MyService: MyService onStartCommand invoked!
2020-06-02 23:33:14.537 10769-10769/iet.jxufe.cn.servicetest I/MyService: MyService onUnbind invoked!
2020-06-02 23:33:16.336 10769-10769/iet.jxufe.cn.servicetest I/MyService: MyService onStartCommand invoked!
2020-06-02 23:33:18.502 10769-10769/iet.jxufe.cn.servicetest I/MyService: MyService onDestroy invoked!
```

图 5-11　先绑定 Service 后启动 Service 的运行结果

总结：调用顺序如下：onCreate（）→onBind（）→onServiceConnected（）→[onStartCommand（）1～N 次]→onUnBind[→onServiceConnected（）→onRebind（）　0～N 次→onUnBind]→onDestroy（）。

注意：

（1）未启动 Service 而直接停止 Service 则程序无任何响应，但未绑定 Service 而先解绑 Service 则程序出错，强制退出。

（2）若该 Service 处于绑定状态下，该 Service 不会被停止，即单击"停止服务"按钮不起作用，当单击"解绑服务"按钮时，它会先解除绑定随后直接销毁。

（3）若在解除之前，没有单击"停止服务"，则只解绑而不会销毁。

5.1.5　Service 生命周期

Service 与 Activity 一样，也有一个从启动到销毁的过程，但 Service 的这个过程比 Activity 简单得多。随着启动 Service 方式的不同，Service 的生命周期也有所差异。如图 5-12 所示为启动和绑定 Service 的生命周期。

不管采用哪种方式运行 Service，Service 第一次被创建时都会回调 onCreate()方法，当 Service 被启动时，会回调 onStartCommand()方法。多次启动一个已有的 Service 组件时，将不会重复调用 onCreate()方法，但每次启动都会回调 onStartCommand()方法。除非调用 stopService()方法，或 Service 自己调用 stopSelf()方法进行销毁，否则，该 Service 将会一直在后台执行。

当采用绑定方式运行 Service 时，系统会调用 onBind()方法，获取 IBinder 对象，然后判断 IBinder 对象是否为空，如果不为空，将会调用 ServiceConnection 的 onServiceConnected()方法。多次绑定服务时，并不会重复执行 onBind()方法，一旦解绑

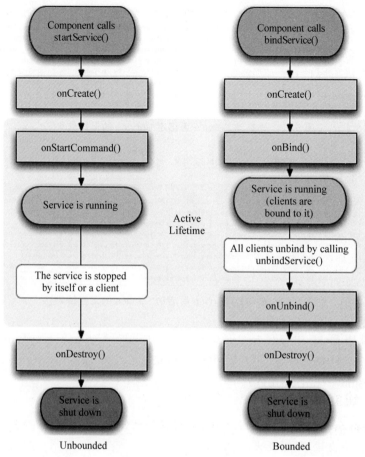

图 5-12　Service 生命周期

或绑定该 Service 的组件销毁时，系统将会自动调用 onUnbind（ ）方法，然后再调用 onDestroy（ ）方法自动销毁。

绑定服务的执行过程：执行单击事件方法→根据 Intent 找到相应的 Service 类，并初始化该类→调用 Service 的 onCreate 方法→再调用该类的 onBind 方法→最后调用 Activity 的 onServiceConnected 方法。多次单击"绑定服务"按钮，并不会重复执行绑定方法。一旦解绑，调用 onUnbind（ ）方法，然后自动调用 onDestroy（ ）方法销毁。

5.2　跨进程调用 Service

Android 系统中的进程之间不能共享内存，各应用程序都运行在自己的进程中。因此，需要提供一些机制在不同进程之间进行数据交换，其中通过 AIDL 服务进行跨进程数据访问就是一种有效方式。

5.2.1　什么是 AIDL 服务

本章前面的部分介绍了如何启动服务以及获取服务的运行状态信息，但这些服务并不能被其他的应用程序访问。为了使其他的应用程序也可以访问本应用程序提供的服务，Android 系统采用了远程过程调用（Remote Procedure Call，RPC）方式来实现。Android 的远程服务调用使用一种接口定义语言（Interface Definition Language，IDL）来公开服务的接口。因此，可以将这种跨进程访问的服务称为 AIDL（Android Interface Definition Language）服务。

AIDL（Android 接口定义语言），用于约束两个进程间通信规则，供编译器生成代码，实现 Android 设备上的两个进程间通信（IPC）。进程之间的通信信息首先会被转换成 AIDL 协议消息，然后发送给对方，对方收到 AIDL 协议消息后再转换成相应的对象。由于进程之间的通信信息需要双向转换，所以 Android 采用代理类在背后实现了信息的双向转换，代理类由 Android 编译器生成，对开发人员来说是透明的。

客户端访问 Service 时，Android 并不是直接返回 Service 对象给客户端，Service 只是将一个回调对象（IBinder 对象）通过 onBind()方法回调给客户端。因此 Android 的 AIDL 远程接口的实现类就是 IBinder 实现类。

与绑定本地 Service 不同的是，本地 Service 的 onBind()方法会直接把 IBinder 对象本身传给客户端的 ServiceConnection 的 onServiceConnected()方法的第二个参数。但远程 Service 的 onBind()方法只是将 IBinder 对象的代理传给该参数。

当客户端获取了远程的 Service 的 IBinder 对象的代理之后，接下来可通过该 IBinder 对象去回调远程 Service 的属性或方法。

5.2.2 建立 AIDL 文件

AIDL 文件创建和 Java 接口定义相类似，但在编写 AIDL 文件时，需注意以下几点。

（1）AIDL 定义接口的源代码必须以.aidl 结尾，接口名和 AIDL 文件名相同。

（2）接口和方法前不得加访问权限修饰符 public、private、protected 等，也不能用 final、static 等修饰符。

（3）AIDL 默认支持的类型包括 Java 基本类型（int、long、boolean 等）和引用类型（String、List、Map、CharSequence），使用这些类型时不需要 import 声明。对于 List 和 Map 中的元素类型必须是 AIDL 支持的类型。如果使用自定义类型作为参数或返回值，自定义类型必须实现 Parcelable 接口。

（4）自定义类型和 AIDL 生成的其他接口类型在 AIDL 描述文件中，应该显式 import，即便该类和定义的包在同一个包中。

（5）在 AIDL 文件中所有非 Java 基本类型参数必须加上 in、out、inout 标记，以指明参数是输入参数、输出参数还是输入输出参数。

（6）Java 原始类型默认的标记为 in，不能为其他标记。

Android Studio 中提供了创建 AIDL 文件方式，首先选中程序的包名，然后单击右键选择 New→AIDL，输入 AIDL 文件名称（例如 Song），即可生成 AIDL 接口，默认包含一个 basicTypes 方法。定义好 AIDL 接口之后，Android Studio 集成开发工具会自动生成 aidl 文件夹，同时会在在 build 文件夹下生成相应的包，并生成一个 Song.java 接口。如果没有生成，可选择菜单栏中的 build→Clean Project 清理项目。在 Song.java 接口里包含一个 Stub 内部类,该内部类实现了 IBinder、Song 两个接口,并会作为远程 Service 的回调类。由于它实现了 IBinder 接口,因此可作为 Service 的 onBind()方法的返回值。在此定义一个 Song.aidl 文件,里面包含两个方法,分别用于获取歌曲名称和演唱者,关键代码如下。

> 程序清单:codes\ch05\AIDLServer\app\src\main\aidl\iet\jxufe\cn\aidlserver\Song.aidl

```
1    package iet.jxufe.cn.aidlserver;
2    interface Song {
3        void basicTypes(int anInt, long aLong, boolean aBoolean, float aFloat,
                double aDouble, String aString);
4        String getName();
5        String getAuthor();
6    }
```

5.2.3 建立 AIDL 服务端

远程 Service 的编写和本地 Service 很相似,只是远程 Service 中 onBind()方法返回的 IBinder 对象不同。后台服务主要执行定时操作,每隔 1s 随机生成一个 0~3 之间的数,然后根据这个数字获取到对应的歌曲名称和演唱者信息。SongBinder 对象主要就是获取歌曲名称和演唱者信息。关键代码如下。

> 程序清单:codes\ch05\AIDLServer\app\src\main\java\iet\jxufe\cn\aidlserver\AIDLServer.java

```
1    public class AIDLServer extends Service {                    →服务类
2        private String[] names=new String[]{"老男孩","春天里","在路上"};
                                                                    →歌曲名
3        private String[] authors=new String[]{"筷子兄弟","汪峰","刘欢"};
                                                                    →演唱者
4        private String name,author;
5        private SongBinder songBinder;
6        private Timer timer=new Timer();                          →定时器
7        public class SongBinder extends Song.Stub {
8            @Override
9            public void basicTypes(int anInt, long aLong, boolean aBoolean,
      float aFloat, double aDouble, String aString) throws RemoteException {
10           }
11           public String getName() throws RemoteException {      →获取歌曲名
12               return name;
13           }
14           public String getAuthor() throws RemoteException {    →获取演唱者
15               return author;
16           }
17       }
```

```
18      public IBinder onBind(Intent intent) {          →重写父类方法
19          return songBinder;                          →返回结果
20      }
21      public void onCreate() {
22          super.onCreate();
23          songBinder=new SongBinder();                →创建对象
24          timer.schedule(new TimerTask() {            →指定定时任务
25              public void run() {                     →任务体
26                  int rand=(int)(Math.random() * 3);  →随机生成数
27                  name=names[rand];
28                  author=authors[rand];
29              }
30          }, 0,1000);                                 →1s更新一次
31      }
32      public void onDestroy() {
33          super.onDestroy();
34          timer.cancel();
35      }
36  }
```

通过上面的程序可以看出，在远程 Service 中定义了一个 SongBinder 类，且该类继承 Song.Stub 类，而 Song.Stub 类继承了 Binder 类，并实现了 Song 接口，Binder 类实现了 IBinder 接口。因此，与本地 Service 相比，开发远程 Service 要多定义一个 AIDL 接口。另外，程序中 onBind() 方法返回 SongBinder 类的对象实例，以便客户端获得服务对象，SongBinder 对象的创建放在 onCreate() 方法中，因为 onBind() 方法在 onCreate() 方法之后被调用，因此 onBind() 方法的返回值不会为空。

接下来在 AndroidManifest.xml 文件中配置该 Service 类，配置 Service 类的代码如下。

```
1   <service android:name=".AIDLServer">
2       <intent-filter>
3           <action android:name="iet.jxufe.cn.android.AIDLServer"/>
4       </intent-filter>
5   </service>
```

5.2.4 建立 AIDL 客户端

开发客户端的第一步就是将 Service 端的 AIDL 接口文件复制到客户端应用中，复制到客户端后，Android Studio 集成开发工具会自动生成 aidl 文件夹，同时会在在 build 文件夹下生成相应的包，并生成一个 Song.java 接口。

注意：复制时请切换到 project 视图下，然后把整个 aidl 文件夹复制过来。

客户端绑定远程 Service 与绑定本地 Service 的区别不大，同样只需要以下几步。

（1）创建一个 ServiceConnection 对象，需要实现 ServiceConnection 接口的两个方法。

（2）将传给 onServiceConnected()方法的 IBinder 对象的代理类转换成 IBinder 对象，从而利用 IBinder 对象调用 Service 中的相应方法。

（3）将创建好的 ServiceConnection 对象作为参数，传给 Context 的 bindService()方法绑定远程 Service。

以下程序通过一个按钮来获取远程 Service 的状态，并显示在两个文本框中。

程序清单：codes\ch05\AIDLClient\app\src\main\java\iet\jxufe\cn\aidlclient\MainActivity.java

```
1   public class MainActivity extends AppCompatActivity {
2       private EditText name,author;                          →声明变量
3       private Song songBinder;
4       @Override
5       public void onCreate(Bundle savedInstanceState) {
6           super.onCreate(savedInstanceState);                →调用父类方法
7           setContentView(R.layout.activity_main);            →加载布局文件
8           name=(EditText)findViewById(R.id.name);            →根据 ID 找到控件
9           author=(EditText)findViewById(R.id.author);        →根据 ID 找到控件
10          Intent intent=new Intent();                        →创建一个 Intent 对象
11          intent.setAction("iet.jxufe.cn.android.AIDLServer");
                                                               →指定 Intent 的动作
12          intent.setPackage("iet.jxufe.cn.aidlserver");
                                                               →指定 Service 的包名
13          bindService(intent, conn, Service.BIND_AUTO_CREATE);
                                                               →绑定 Service
14      }
15      public void getData(View view){                        →单击事件处理
16          try{
17              name.setText(songBinder.getName());            →显示获取的数据
18              author.setText(songBinder.getAuthor());        →显示获取的数据
19          }catch(Exception ex){
20              ex.printStackTrace();
21          }
22      }
23      private ServiceConnection conn=new ServiceConnection() {
24          public void onServiceDisconnected(ComponentName name) {
25              songBinder=null;
26          }
27          public void onServiceConnected(ComponentName name, IBinder service) {
28              songBinder=Song.Stub.asInterface(service);
                                                               →将代理类转换成 IBinder 对象
29          }
30      };
31      protected void onDestroy() {
32          super.onDestroy();
```

33	`        unbindService(conn);`	→销毁时解绑 Service
34	`    }`	
35	`}`	→解绑 Service

客户端通过"Song.Stub.asInterface(service);"来得到对象代理,从而获取 AIDL 接口。运行该程序,单击"获取其他应用信息"按钮,可以看到如图 5-13 所示的输出。

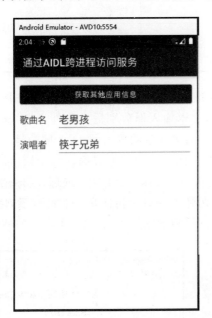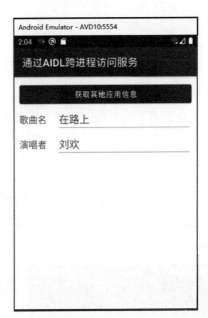

图 5-13　获取其他应用信息运行效果

5.3　调用系统服务

在 Android 系统中提供了很多内置服务类,通过它们提供的系列方法,可以获取系统相关信息。本节将通过调用系统的短信服务来介绍调用系统服务的一般步骤和流程,帮助读者理解和使用系统提供的服务。

发送短信需要调用系统的短信服务,主要用到 SmsManager 管理类,该类可以实现短信的管理功能,通过 sendXxxMessage() 方法进行短信的发送操作,例如 sendTextMessage() 方法用于发送文本信息,该类中包含若干常量,如表 5-1 所示,用于反映短信的状态。

表 5-1　SmsManager 类常用常量

序号	常　　量	类型	描　　述
1	RESULT_ERROR_GENERIC_FAILURE	常量	普通错误
2	RESULT_ERROR_NO_SERVICE	常量	当前没有可用服务
3	RESULT_ERROR_NULL_PDU	常量	没有 PDU 提供者
4	RESULT_ERROR_RADIO_OFF	常量	关闭无线广播

续表

序号	常量	类型	描述
5	STATUS_ON_ICC_FREE	常量	免费
6	STATUS_ON_ICC_READ	常量	短信已读
7	STATUS_ON_ICC_SENT	常量	短信已发送
8	STATUS_ON_ICC_UNREAD	常量	短信未读
9	STATUS_ON_ICC_UNSENT	常量	短信未发送

下面以一个简单的短信发送示例讲解系统服务的调用，程序运行结果如图 5-14 所示。界面中包含两个文本输入框和一个按钮，文本输入框分别输入收件人的号码以及要发送的信息。单击"发送"按钮即可发送短信。与第 4 章的练习题 14 不同的是，此时短信直接发送出去了，而第 4 章中的练习题只是跳转到发送短信的界面。由于短信涉及用户隐私，因此需要用户授权，对应的权限为 android.permission.SEND_SMS。第一次发送短信时，会提示可能产生费用，如图 5-14 所示，在弹出窗口中再次单击"发送"后，才真正发送成功。此时，打开系统中的短信应用，将可以看到刚刚发送的短信，如图 5-15 所示。

图 5-14　发送短信提示

图 5-15　短信应用查看已发送短信

界面布局关键代码如下。

> 程序清单：codes\ch05\SendMessage\app\src\main\res\layout\activity_main.xml

```
1    <TableLayout xmlns:android="http://schemas.android.com/apk/res/android"
                                                                        →表格布局
2        xmlns:tools="http://schemas.android.com/tools"
```

```
3       android:layout_width="match_parent"
4       android:layout_height="match_parent">
5   <EditText                                          →文本输入框
6       android:hint="请输入收件人号码"                    →提示信息
7       android:id="@+id/number"                       →添加ID属性
8       android:inputType="phone"/>                    →输入类型
9   <EditText                                          →文本编辑框
10      android:hint="请输入信息内容"                     →提示信息
11      android:id="@+id/content"/>                    →添加ID属性
12  <Button                                            →按钮
13      android:text="发送"                            →显示文本
14      android:onClick="send"/>                       →事件处理方法
15  </TableLayout>                                     →表格布局结束
```

接下来，在 MainActivity 中根据 ID 找到相关控件，获取用户的输入，然后为"发送"按钮添加事件处理方法，关键代码如下。

程序清单：codes\ch05\SendMessage\app\src\main\java\iet\jxufe\cn\sendmessage\MainActivity.java

```
1   public class MainActivity extends AppCompatActivity {
2       private EditText numberText,contentText;                      →变量声明
3       @Override
4       protected void onCreate(Bundle savedInstanceState) {
5           super.onCreate(savedInstanceState);
6           setContentView(R.layout.activity_main);                   →加载布局文件
7           numberText=(EditText)findViewById(R.id.number);           →根据ID找到控件
8           contentText=(EditText)findViewById(R.id.content);         →根据ID找到控件
9       }
10      public void send(View view){                                  →按钮事件处理
11          if (ContextCompat.checkSelfPermission(this,
    Manifest.permission.SEND_SMS) !=
    PackageManager.PERMISSION_GRANTED) {                              →判断是否授权
12              ActivityCompat.requestPermissions(this, new
    String[]{Manifest.permission.SEND_SMS}, 1);                       →请求授权
13          } else {
14              send();                                               →发送短信
15          }
16      }
17      public void send(){                                           →发送短信
18          String number=numberText.getText().toString();            →获取收件人号码
19          String content=contentText.getText().toString();          →获取短信内容
20          SmsManager smsManager =SmsManager.getDefault();           →创建短信管理器
21          PendingIntent sentIntent =PendingIntent.getActivity(
22              MainActivity.this, 0, new Intent(), 0);
23          List<String>msgs =smsManager.divideMessage(content);      →划分短信
```

```
24          for (String msg : msgs) {                          →循环发送短信
25              smsManager.sendTextMessage(number, null, msg,
    sentIntent,null);                                          →发送短信
26          }
27          Toast.makeText(this,"信息发送成功!",
    Toast.LENGTH_SHORT).show();                                →弹出提示信息
28      }
29      public void onRequestPermissionsResult(int requestCode, String[]
    permissions, int[] grantResults) {
30          if(requestCode==1){
31              if(grantResults.length>0 && grantResults[0]
                ==PackageManager.PERMISSION_GRANTED){          →如果授权
32                  send();                                     →发送短信
33              }else{
34                  Toast.makeText(this, "你拒绝了相关权限授权,无法发送短信!",
                    Toast.LENGTH_SHORT).show();                →弹出提示信息
35      }
36          }
37  }
```

上面程序中用到了一个 PendingIntent 对象,该对象是对 Intent 的封装,表示即将执行的意图,一般通过调用 Pendingintent 的 getActivity()、getService()、getBroadcastReceiver()静态方法来获取 PendingIntent 对象。与 Intent 对象不同的是:PendingIntent 通常会传给其他应用组件,从而由其他应用程序来执行 PendingIntent 所包装的 Intent。

注意:本程序调用了系统的短信服务,因此,还需要在 AndroidManifest.xml 文件中添加相应的操作权限,代码如下。

```
1   <uses-permission android:name="android.permission.SEND_SMS"/>
```
→发送短信的权限

5.4 本章小结

本章主要介绍了 Service 的相关知识。Service 是 Android 中的四大组件之一,它与 Activity 非常类似,都是从 Context 类派生而来,主要区别是 Service 没有用户界面,主要是在后台运行,执行一些比较耗时的操作,而不影响用户体验。本章讲解了 Service 的创建、配置、启动以及生命周期,介绍了两种不同的运行 Service 方式之间的差别,以及如何在 Activity 中获取 Service 执行的状态信息。在此基础上学习了如何通过 Service 实现跨进程的信息访问,其主要是通过 AIDL 服务来完成的,因此读者应熟悉 AIDL 文件的创建以及其跨进程访问信息的步骤。

课后练习

1. 运行服务的两种方式是_____和_____。
2. 简述运行服务的两种方式的区别。
3. 简述绑定服务执行的过程。
4. 下列不属于Service生命周期的回调方法是（　　）。
   A. onCreate()　　　B. onBind()　　　C. onStart()　　　D. onStop()
5. 在创建Service子类时，必须重写父类的（　　）方法。
   A. onCreate()　　　　　　　　　　　B. onBind()
   C. onStartCommand()　　　　　　　 D. onDestroy()
6. ServiceConnection接口中onServiceConnected()方法触发条件描述正确的是（　　）。
   A. bindService()方法执行成功后
   B. bindService()方法执行成功同时onBind()方法返回非空IBinder对象
   C. Service的onCreate()方法和onBind()方法执行成功后
   D. Service的onCreate()和onStartCommand()方法启动成功后
7. 以下关于startService()与bindService()运行Service的说法不正确的是（　　）。
   A. startService()运行的Service启动后与访问者没有关联，而bindService()运行的Service将于访问者共存亡
   B. startService()运行的Service将回调onStartCommand()方法，而bindService运行的Service将回调onBind()方法
   C. startService()运行的Service无法与访问者进行通信、数据传递，bindService()运行Service可在访问者与Service之间进行通信、数据传递
   D. bindService运行的Service必须实现onBind()方法，而startService()运行的Service则没有这个要求
8. 下列关于使用AIDL完成远程Service方法调用的说法不正确的是（　　）。
   A. AIDL定义接口的源代码必须以.aidl结尾，接口名和文件名可相同也可以不相同
   B. AIDL文件的内容类似Java代码
   C. 创建一个Service，在Service的onBind()方法中返回实现了AIDL接口的对象。
   D. AIDL的接口和方法前不能加访问权限修饰符public、private等
9. AIDL的全称是什么？该文件有什么作用？
10. 简述跨进程访问数据的一般步骤。

Android 广播接收器（BroadcastReceiver）

本章要点

- BroadcastReceiver 的创建
- BroadcastReceiver 的注册
- 发送广播的两种方式
- 普通广播与有序广播
- 简易音乐播放器程序开发

本章知识结构图

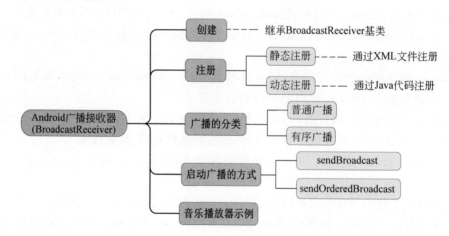

本章示例

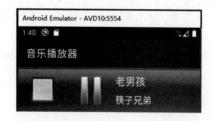

第 5 章中讲解了 Service，可以将一些比较耗时的操作放在 Service 中执行，通过调用相应的方法来获取 Service 中数据的状态。如果需要得到某一特定的数据状态，则需要每隔一段时间调用一次该方法然后判断是否达到预期状态，非常不方便。如果 Service 执行

中能够在数据状态满足一定条件时主动通知用户,那就非常人性化了。Android 中提供了这样一个组件:BroadcastReceiver(广播接收者),该组件也是 Android 四大组件之一,它本质上就是一个全局的监听器,一直监听着某一消息,一旦收到该消息则触发相应的方法进行处理,因此可以非常方便地在不同组件间通信。最典型的应用就是电量提醒,当手机电量低于某一设定值时,则发出通知信息。

本章我们将实现一个音乐播放器的示例,当单击"播放"按钮时,界面中按钮发生变化,并显示当前正在播放的歌曲名和演唱者,音乐播放在 Service 中执行,当一首歌曲播放结束后,自动播放下一首,同时界面显示也会有相应变化。本程序需要在 Activity 和 Service 之间进行双向交互,需要使用 BroadcastReceiver 作为中介,通知何时更新。

6.1 BroadcastReceiver 介绍

广播是一种广泛运用在应用程序之间传输信息的机制,而 BroadcastReceiver 是对发送出来的广播进行过滤接收并响应的一类组件。它本质上是一种全局监听器,用于监听系统全局的广播消息,因此它可以非常方便地实现系统中不同组件之间的通信。BroadcastReceiver 用于接收广播 Intent,广播 Intent 的发送是通过调用 Context.sendBroadcast()、Context.sendOrderedBroadcast()来实现的。通常一个广播 Intent 可以被订阅了该 Intent 的多个 BroadcastReceiver 所接收,如同一个广播台可以被多位听众收听一样。

BroadcastReceiver 自身并不实现图形用户界面,但是当它收到某个消息后,可以启动 Activity 作为响应,或者通过 NotificationManager 提醒用户,或者启动 Service 等。启动 BroadcastReceiver 与启动 Activity、Service 非常相似,需要以下两步。

(1) 创建需要启动的 BroadcastReceiver 的 Intent。

(2) 调用 Context 的 sendBroadcast()(发送普通广播)或 sendOrderedBroadcast()(发送有序广播)方法来启动指定的 BroadcastReceiver。

当应用程序发出一个广播 Intent 之后,所有匹配该 Intent 的 BroadcastReceiver 都有可能被启动。

BroadcastReceiver 是 Android 四大组件之一,开发一个 BroadcastReceiver 与开发其他组件一样,只需要继承 Android 中的 BroadcastReceiver 基类,然后实现里面的相关方法即可。

```
1    public class MyBroadcastReceiver extends BroadcastReceiver {
                                         →继承 BroadcastReceiver 基类
2        public void onReceive(Context context, Intent intent) {
                                         →实现该类的抽象方法
3            …                           →具体方法的业务处理
4        }
5    }
```

在上面的 onReceive()方法中,接收了一个 Intent 的参数,通过它可以获取广播的数据。BroadcastReceiver 创建完毕后,并不能马上被使用,在使用前必须为它注册一个指定的广播地址,就如同有了收音机后还必须选择收听哪个频道一样。在 Android 中为 BroadcastReceiver 注册广播地址有两种方式:静态注册和动态注册。

静态注册:是指在 AndroidManifest.xml 文件中进行注册,代码如下。

```
1   <receiver android:name=".MyBroadcastReceiver">        →广播接收者对应的类名
2       <intent-filter >                                   →设定过滤条件
3           <action android:name="iet.jxufe.cn.android.myBroadcastReceiver">
            </action>
4       </intent-filter>
5   </receiver>
```

注意:Android 8.0(API 级别 26 或更高级别)之后,无法再在清单文件中注册用于隐式广播的广播接收器。

动态注册:需要在代码中动态的指定广播地址并注册,通常是在 Activity 或 Service 中调用 ContextWrapper 的 registerReceiver(BroadcastReceiver receiver, IntentFilter filter)方法进行注册,代码如下。

```
1   MyBroadcastReceiver myBroadcastReceiver=new MyBroadcastReceiver();
                                                              →创建广播接收者
2   IntentFilter filter=new IntentFilter("iet.jxufe.cn.android
        .myBroadcastReceiver");                              →设定过滤条件
3   registerReceiver(myBroadcastReceiver, filter);           →注册广播接收者
```

注册完成后,即可接收相应的广播消息。一旦广播事件发生后,系统就会创建对应的 BroadcastReceiver 实例,并自动触发它的 onReceive()方法,onReceive()方法执行完后,BroadcastReceiver 的实例就会被销毁。

如果 BroadcastReceiver 的 onReceive()方法不能在 10s 内执行完成,Android 会认为该程序无响应。所以不要在广播接收者的 onReceive()方法里执行一些耗时的操作,否则会弹出 ANR 对话框。

如果确实需要根据广播来完成一项比较耗时的操作,则可以考虑通过 Intent 启动 Service 来完成该操作。不应考虑使用新线程去完成耗时的操作,因为 BroadcastReceiver 本身的生命周期极短,可能出现的情况是子线程可能还没有结束,BroadcastReceiver 就已经退出了。

如果广播接收者所在的进程结束了,虽然该进程内还有用户启动的新线程,但由于该进程内不包含任何活动组件,因此系统可能在内存紧张时优先结束线程。这样就可能导致 BroadcastReceiver 启动的子线程不能执行完成。

6.2 发送广播的两种方式

广播接收者注册完毕以后,并不会直接运行,必须在接收广播后才会被调用,因此,必须首先发送广播。在 Android 中提供了两种发送广播的方式:调用 Context 的

sendBroadcast()或 sendOrderedBroadcast()方法。

（1）sendBroadcast(Intent intent)：用于发送普通广播，其中 intent 参数表示该广播接收者所需要满足的条件，以及广播所传递的数据。

（2）sendOrderedBroadcast(Intent intent，String receiverPermission)：用于发送有序广播，intent 参数同上，receiverPermission 表示接收该广播的许可权限。

普通广播和有序广播有什么区别呢？

普通广播（Normal Broadcast）：对于多个接收者来说是完全异步的，可以在同一时刻（逻辑上）被所有接收者接收到，消息传递的效率比较高，接收者相互之间不会有影响。接收者无法中止广播，即无法阻止其他接收者的接收动作。

有序广播（Ordered Broadcast）：有序广播的接收者将按预先声明的优先级依次接收广播。例如：A、B、C 三个广播接收者可以接收同一广播，并且 A 的级别高于 B，B 的级别高于 C，那么当广播发送时，将先传给 A，再传给 B，最后传给 C。有序广播接收者可以通过调用 abortBroadcast()方法中止广播的传播，广播的传播一旦中止，后面的接收者就无法接收到广播。另外，广播的接收者可以通过 setResultExtras(Bundle bundle)方法将数据传递给下一个接收者。例如，A 得到广播后，可以往它的结果对象中存入数据；当广播传给 B 时，B 可以从 A 的结果对象中得到 A 存入的数据。

下面以一个简单的示例讲解有序广播的传递机制。该程序中有三个广播接收者，它们都能够接收同一个广播，但它们的优先级有所不同。三个广播接收者的业务处理方法类似，只是显示该广播接收者执行了信息。例如 A 广播接收者的代码如下，其他广播接收者类似，不再列出。

```
1    public class ABroadcastReceiver extends BroadcastReceiver {
                                                          →A 广播接收者对应的类
2        public void onReceive(Context context, Intent intent) {
                                                          →接收广播后执行的方法
3            System.out.println("A is Invoked!");
4        }
5    }
```

然后在代码中动态注册广播接收者，三个广播接收者接受同一个广播，即对应的 IntentFilter 对象的 Action 相同，然后通过 IntentFilter 对象的 setPriority()方法设置相应的优先级，优先级的取值范围为－1000~1000，值越大优先级越高。接着为按钮添加事件处理，发送有序广播。关键代码如下：

程序清单：codes\ch06\ OrderedBroadcastTest\app\src\main\java\iet\jxufe\cn\orderedbroadcasttest\MainActivity.java

```
1    public class MainActivity extends AppCompatActivity {
2        @Override
3        protected void onCreate(Bundle savedInstanceState) {
4            super.onCreate(savedInstanceState);
5            setContentView(R.layout.activity_main);
```

```
6       ABroadcastReceiver a_receiver =new ABroadcastReceiver();
                                                            →创建 A 广播接收器
7       BBroadcastReceiver b_receiver =new BBroadcastReceiver();
                                                            →创建 B 广播接收器
8       CBroadcastReceiver c_receiver =new CBroadcastReceiver();
                                                            →创建 C 广播接收器
9       IntentFilter filter =new IntentFilter();            →创建意图过滤器
10      filter.addAction("iet.jxufe.cn.android.OrderedBroadcastTest");
                                                            →设置过滤条件
11      filter.setPriority(100);                            →设置优先级
12      registerReceiver(a_receiver, filter);               →注册 A 广播接收器
13      filter.setPriority(10);                             →设置优先级
14      registerReceiver(b_receiver, filter);               →注册 B 广播接收器
15      filter.setPriority(50);                             →设置优先级
16      registerReceiver(c_receiver, filter);               →注册 C 广播接收器
17    }
18    public void sendBroadcast(View view){                 →按钮的事件处理方法
19       Intent intent=new Intent("iet.jxufe.cn.android
   .OrderedBroadcastTest");                                 →指定意图
20       sendOrderedBroadcast(intent,null);                 →发送广播
21    }
22 }
```

程序运行时,将会先后打印"A is Invoked!"→ "C is Invoked!"→ "B is Invoked!",如图 6-1 所示。

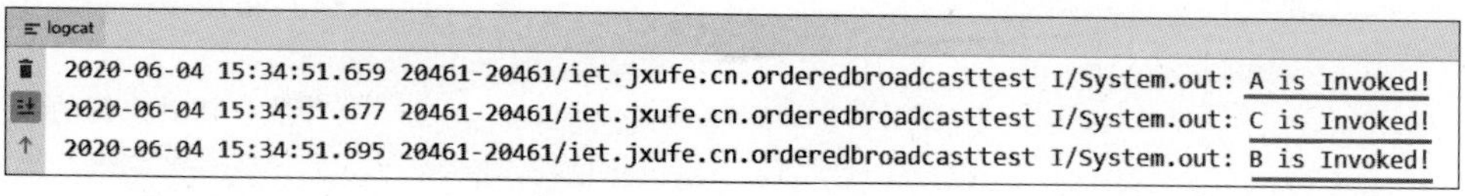

```
2020-06-04 15:34:51.659 20461-20461/iet.jxufe.cn.orderedbroadcasttest I/System.out: A is Invoked!
2020-06-04 15:34:51.677 20461-20461/iet.jxufe.cn.orderedbroadcasttest I/System.out: C is Invoked!
2020-06-04 15:34:51.695 20461-20461/iet.jxufe.cn.orderedbroadcasttest I/System.out: B is Invoked!
```

图 6-1 有序广播运行时效果

如果在 ABroadcastReceiver 的 onReceive()方法中调用 abortBroadcast()方法,则将中止广播的传播,C 和 B 将接收不到该广播;A 广播接收者接收广播后还可以向其中写入内容,代码如下。

```
1    public void onReceive(Context context, Intent intent) {
2       System.out.println("A is Invoked!");            →打印信息
3       Bundle bundle=new Bundle();                     →创建 Bundle 对象
4       bundle.putString("A", "the message of A");      →存放数据
5       setResultExtras(bundle);                        →传递数据
6    }
```

C 广播接收器接收到广播后,可以通过 getResultExtras()方法获取其他广播接收器传递过来的数据,同时可以中止广播,C 广播接收器中的代码如下。

```
1  public void onReceive(Context context, Intent intent) {
2      System.out.println("C is Invoked!");                    →打印信息
3      Bundle bundle=getResultExtras(true);                    →获取 Bundle 对象
4      System.out.println("C 从 A 中获取的数据:"+bundle.get("A"));
                                                               →存放数据
5      abortBroadcast();                                       →中止广播
6  }
```

程序运行时,控制台打印的结果如图 6-2 所示。B 广播接收器没有执行,因为 B 广播接收器的优先级小于 C 广播接收器,而在 C 广播接收器中中止了广播的传递。

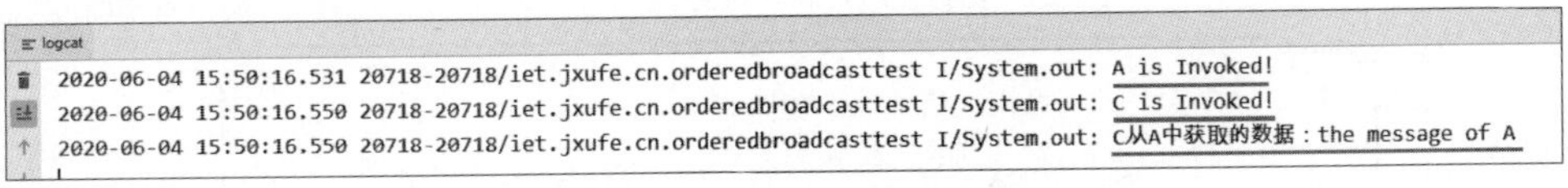

```
logcat
2020-06-04 15:50:16.531 20718-20718/iet.jxufe.cn.orderedbroadcasttest I/System.out: A is Invoked!
2020-06-04 15:50:16.550 20718-20718/iet.jxufe.cn.orderedbroadcasttest I/System.out: C is Invoked!
2020-06-04 15:50:16.550 20718-20718/iet.jxufe.cn.orderedbroadcasttest I/System.out: C从A中获取的数据: the message of A
```

图 6-2　有序广播传值时的运行效果

6.3　音乐播放器

本程序实现简单音乐播放功能,能够播放、暂停和停止音乐,一首歌播放结束后能够自动播放下一首歌,并且界面显示会根据用户操作进行相应更新。程序运行效果如图 6-3 所示。当单击"播放"按钮时,会显示正在播放的歌曲,并且"播放"按钮变为"暂停"按钮,界面如图 6-4 所示;当一首歌曲播放结束后,会自动播放下一首,界面如图 6-5 所示;当单击"停止"按钮后,音乐停止播放,并且"暂停"按钮会变为"播放"按钮,如图 6-6 所示。

图 6-3　音乐播放器运行界面

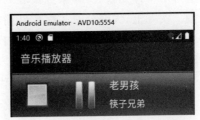

图 6-4　单击"播放"按钮后的界面

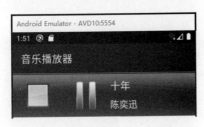

图 6-5　自动播放下一首音乐

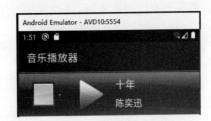

图 6-6　停止播放音乐

本程序涉及的关键知识点包括 Service 服务、Activity 的界面显示、BroadcastReceiver 广播接收者以及音乐播放、事件处理等。因为音乐播放是一个比较耗时的操作,并且用户往往在音乐播放时做其他事,例如一边听音乐一边浏览网页等,因此将音乐播放放在后台执行。这将带来一个问题,即后台服务如何获取用户的操作信息,如对单击按钮事件进行响应,以及前台界面如何实时更新以匹配后台执行的进度,这就需要通过发送广播来进行交互。当用户进行了某种操作后,就向后台服务发送广播,后台服务里的广播接收者接收到广播后,就可以做出相应的操作了,例如播放音乐或暂停音乐等,后台服务执行完某一操作后,即向前台发送一个广播,前台的广播接收者收到广播后,即可对界面进行实时更新,从而达到前后台一致的目的。

程序的整个执行调用流程如图 6-7 所示。

图 6-7　音乐播放器程序的执行调用流程

由于音乐文件比较大,如果直接放到应用程序中将会导致最终的应用程序过大,运行也比较慢。实际上,大部分音乐播放器播放的都是手机上已有的音乐或者在线音乐。如果要获取手机上的音乐,可通过 ContentProvider 进行操作,在此为了简化操作,直接指定音乐的路径。如果手机或模拟器上没有音乐,需要预先准备几首,本例中在 SD 卡中存放了三首音乐进行测试(SD 卡中文件的操作可参考第 7 章相关内容)。如果希望在模拟器上运行,在准备音乐时需注意音乐的路径中尽量不要包含汉字,且导入音乐后要重启模拟器。

下面详细分析程序的编写过程,首先是界面布局,整体采用的是水平线性布局,里面又嵌套了一个垂直线性布局,详细代码如下。

程序清单:codes\ch06\MusicPlayer\app\src\main\res\layout \activity_main.xml

```
1    < LinearLayout  xmlns: android =" http://schemas. android. com/apk/res/
     android"                                                →线性布局
2        xmlns:tools="http://schemas.android.com/tools"
3        android:layout_width="match_parent"
4        android:layout_height="wrap_content"
5        android:background="@drawable/bg"        →设置背景
6        android:orientation="horizontal"         →方向水平
```

```
7         android:gravity="center_vertical">              →垂直居中
8     <ImageButton
9         android:onClick="stop"                          →事件处理方法
10        android:layout_width="wrap_content"
11        android:layout_height="wrap_content"
12        android:background="@drawable/selector_btn"     →背景图片
13        android:src="@drawable/stop" />                 →按钮上的图片
14    <ImageButton
15        android:id="@+id/play"                          →添加 ID 属性
16        android:layout_width="wrap_content"
17        android:layout_height="wrap_content"
18        android:background="@drawable/selector_btn"
19        android:src="@drawable/play"                    →按钮上的图片
20        android:onClick="play"/>                        →事件处理方法
21    <LinearLayout
22        android:layout_width="wrap_content"
23        android:layout_height="wrap_content"
24        android:orientation="vertical" >                →垂直线性布局
25        <TextView
26            android:id="@+id/title"                     →添加 ID 属性
27            android:layout_width="wrap_content"
28            android:layout_height="wrap_content"
29            android:textColor="#ffffff"                 →字体颜色
30            android:textSize="20sp"                     →字体大小
31            android:layout_marginBottom="10dp"/>
32        <TextView
33            android:id="@+id/singer"
34            android:layout_width="wrap_content"
35            android:layout_height="wrap_content"
36            android:textColor="#ffffff"                 →字体颜色
37            android:textSize="18sp" />                  →字体大小
38    </LinearLayout>
39 </LinearLayout>
```

其中两个按钮都添加了背景颜色,该背景颜色会随着按钮状态而变化,在单击或获得焦点时是一种颜色,普通状态下是另外一种颜色。selector_btn.xml 文件内容如下。

```
1 <selector xmlns:android="http://schemas.android.com/apk/res/android">
2     <item android:state_focused="true" android:drawable="@drawable/shape_btn" />
3     <item android:state_pressed="true" android:drawable="@drawable/shape_btn" />
4 </selector>
```

其中 shape_btn.xml 是自定义的形状,关键代码如下。

```
1   <shape xmlns:android="http://schemas.android.com/apk/res/android"
2       android:shape="rectangle">                              →形状为矩形
3       <gradient                                               →渐变色
4           android:angle="270"                                 →角度
5           android:centerColor="#202020"                       →中间颜色
6           android:endColor="#ffa000"                          →结束颜色
7           android:startColor="#ffa000" />                     →开始颜色
8       <corners android:radius="5dp" />                        →圆角半径
9   </shape>
```

界面布局完成后,对 MainActivity 进行一些初始化操作,由于要读取 SD 卡中的音乐,因此需要用户进行授权。如果用户授权,则执行初始化操作,否则什么都不做。关键代码如下。

程序清单:codes\ch06\MusicPlayer\app\src\main\java\iet\jxufe\cn\musicplayer\MainActivity.java

```
1   public class MainActivity extends AppCompatActivity {
2       public static final String Broadcast_Activity="iet.jxufe.cn.activity";
                                                            →Activity 发送的广播
3       public static final String Broadcast_Service="iet.jxufe.cn.service";
                                                            →Service 发送的广播
4       private TextView titleText,singerText;              →变量声明
5       private boolean isPlaying=false;                    →是否正在播放
6       private ServiceReceiver mReceiver;                  →接收来自 Service 的
                                                              广播
7       private IntentFilter mFilter;                       →过滤器
8       private ImageButton playBtn;                        →"播放"按钮
9       private String title,singer;                        →记录歌名和歌手
10      protected void onCreate(Bundle savedInstanceState) {
11          super.onCreate(savedInstanceState);
12          setContentView(R.layout.activity_main);         →加载布局文件
13          titleText=(TextView)findViewById(R.id.title);   →根据 ID 找到控件
14          singerText=(TextView)findViewById(R.id.singer);
15          playBtn=(ImageButton)findViewById(R.id.play);
16          if (ContextCompat.checkSelfPermission(this,
                Manifest.permission.READ_EXTERNAL_STORAGE) !=
                PackageManager.PERMISSION_GRANTED) {         →判断是否授权
17              ActivityCompat.requestPermissions(this, new String[]
                {Manifest.permission.READ_EXTERNAL_STORAGE}, 1);  →请求授权
18          } else{
19              init();                                     →执行初始化操作
20          }
21      }
22      public void init(){                                 →执行初始化操作
23          Intent intent=new Intent(this,MusicService.class);  →创建 Intent
```

```
24              startService(intent);                           →启动服务
25              mReceiver=new ServiceReceiver();                →创建广播接收器
26              mFilter=new IntentFilter(MainActivity.Broadcast_Service);
                                                                →创建过滤器
27              registerReceiver(mReceiver,mFilter);            →注册广播接收器
28          }
29      public void onRequestPermissionsResult(int requestCode,
                String[] permissions, int[] grantResults) {     →接收授权结果
30          if(requestCode==1){
31              if(grantResults.length>0 && grantResults[0] ==
                    PackageManager.PERMISSION_GRANTED){          →如果授权
32                  init();                                      →执行初始化操作
33              }else{
34                  Toast.makeText(this, "你拒绝了相关权限授权,无法播放音乐!",
    Toast.LENGTH_SHORT).show();                                 →弹出提示信息
35              }
36          }
37      }
```

MainActivity 初始化的过程中会启动 MusicService,对其进行初始化,主要是注册广播接收器以及创建媒体播放器(MediaPlayer)。播放手机内、外存储器上的音频文件的主要流程为：①创建 MediaPlayer 对象,并调用 MediaPlayer 对象的 setDataSource(String path)方法装载指定的音频文件；②调用 MediaPlayer 对象的 prepare()方法准备音频；③调用 MediaPlayer 的 start()、pause()、stop()等方法控制音频播放。代码如下。

程序清单：codes\ch06\MusicPlayer\app\src\main\java\iet\jxufe\cn\musicplayer\MusicService.java

```
1   public class MusicService extends Service{
2       private MediaPlayer mPlayer;                            →媒体播放器
3       private ActivityReceiver mReceiver;                     →声明广播接收者
4       private IntentFilter mFilter;                           →过滤器
5       private int current=0;                                  →当前音乐的序号
6       private String[] titles={"老男孩","春天里","十年"};       →歌名
7       private String[] singers={"筷子兄弟","汪峰","陈奕迅"};    →歌手
8       private String[] paths={"storage/emulated/0/music/ old_boy.mp3",
                    "storage/emulated/0/music/ in_spring.mp3",
                    "storage/emulated/0/music/ ten_years.mp3"};
                            →歌曲的路径,不同版本 SD 卡的路径可能不同
9       private boolean isNew=true;                             →是否是一首新音乐
10      public void onCreate() {                                →创建时调用
11          super.onCreate();                                   →调用父类方法
12          mReceiver=new ActivityReceiver();                   →创建广播接收者对象
13          mFilter=new IntentFilter(MainActivity.Broadcast_Activity);
                                                                →创建 IntentFilter
```

```
14        registerReceiver(mReceiver,mFilter);        →注册广播接收者
15        mPlayer=new MediaPlayer();                  →创建媒体播放器
16    }
17 }
```

初始化完成后,下面为按钮添加相应的事件处理器。首先是"播放""暂停"以及"停止"按钮的事件处理,代码如下。

```
1  public void play(View view){                              →播放或暂停处理
2      Intent intent=new Intent(MainActivity.Broadcast_Activity);
3      if(isPlaying){                                        →如果当前为播放
4          isPlaying=false;                                  →暂停
5          intent.putExtra("type",2);                        →传递参数
6          playBtn.setImageResource(R.drawable.play);        →改变图片显示
7      }else{
8          intent.putExtra("type",1);                        →传递参数
9          isPlaying=true;                                   →播放
10         playBtn.setImageResource(R.drawable.pause);       →改变图片显示
11     }
12     sendBroadcast(intent);                                →发送广播
13 }
14 public void stop(View view){                              →"停止"按钮事件处理
15     Intent intent=new Intent(MainActivity.Broadcast_Activity);
16     intent.putExtra("type",3);                            →传递参数
17     sendBroadcast(intent);                                →发送广播
18     playBtn.setImageResource(R.drawable.play);            →改变图片显示
19     isPlaying=false;                                      →暂停
20 }
```

不管是播放、暂停还是停止,都需要发送广播,但用户操作的不同,也会导致后台处理有所不同,在此通过传递一个 type 类型参数来表示用户操作的类型,如果 type 值为 1,表示播放,type 值为 2 则表示暂停,type 值为 3 则表示停止。

为媒体播放器添加"是否播放结束"事件监听器,一旦播放结束自动播放下一首,如果当前是最后一首,则重新从第一首开始播放。

```
1  mPlayer.setOnCompletionListener(new MediaPlayer.OnCompletionListener() {
2      public void onCompletion(MediaPlayer mp) {
3          current=(current+1)%paths.length;              →下一首音乐序号
4          mPlayer.stop();                                →停止
5          mPlayer.reset();                               →重置
6          start();                                       →开始播放
7      }
8  });
9  public void start(){
10     try {
```

```
11        mPlayer.setDataSource(paths[current]);        →音乐路径
12        mPlayer.prepare();                            →准备
13        mPlayer.start();                              →播放
14        Intent intent=new Intent(MainActivity.Broadcast_Service);
15        intent.putExtra("title",titles[current]);     →传递歌名
16        intent.putExtra("singer",singers[current]);   →传递歌手名
17        sendBroadcast(intent);                        →发送广播
18    } catch (IOException e) {
19        e.printStackTrace();
20    }
21 }
```

下面介绍广播接收器接收到广播后具体如何处理。首先是Activity中的广播接收器根据接收到的广播,动态地更新界面显示,更新正在播放的音乐名和歌曲的演唱者,代码如下。

```
1  class ServiceReceiver extends BroadcastReceiver{
2      @Override
3      public void onReceive(Context context, Intent intent) {
                                                          →接收到广播时调用
4          title=intent.getStringExtra("title");          →获取歌名
5          singer=intent.getStringExtra("singer");        →获取歌手
6          titleText.setText(title);                      →更新界面显示
7          singerText.setText(singer);                    →更新界面显示
8      }
9  }
```

Service中的广播接收者主要根据用户操作对音乐的播放、暂停、停止做相应处理,代码如下。

```
1  class ActivityReceiver extends BroadcastReceiver{
                                                          →接收来自Activity的广播
2      @Override
3      public void onReceive(Context context, Intent intent) {
                                                          →接收到广播时调用
4          int type=intent.getIntExtra("type",-1);        →获取操作类型参数
5          switch (type){                                 →根据判断
6              case 1:                                    →如果是播放
7                  if(isNew){                             →如果是第一次播放
8                      start();                           →播放一首新音乐
9                      isNew=false;                       →不再是第一次播放
10                 }else{
11                     mPlayer.start();                   →直接播放
12                 }
13                 break;
```

```
14              case 2:                            →如果是暂停
15                  mPlayer.pause();               →直接暂停
16                  break;
17              case 3:                            →如果是停止
18                  mPlayer.stop();                →停止播放
19                  mPlayer.reset();               →重置
20                  isNew=true;                    →准备播放一首新音乐
21                  break;
22              default: break;
23          }
24      }
25  }
```

注意：

（1）需在 Androidmanifest.xml 文件中注册 MusicService，代码如下。

```
<service android:name=".MusicService"/>
```

（2）需声明访问 SD 卡的权限，代码如下。

```
<uses-permission
    android:name="android.permission.READ_EXTERNAL_STORAGE"/>
```

（3）Android Q 中更改了应用对设备外部存储中文件的访问方式，引入了分区存储功能，需要在＜Application＞标签中添加 android：requestLegacyExternalStorage＝"true"属性，否则无法读取 SD 卡中的音乐文件。

6.4　本章小结

　　BroadcastReceiver 是 Android 中四大组件之一，本质上是一种全局的监听器，用于监听广播消息，一旦收到广播后，自动调用广播接收者的方法进行处理。通过 BroadcastReceiver 可以方便地在不同组件之间进行通信，只需在事件发生时发送广播，在其他组件中创建内部广播接收者并接收广播，然后进行相应方法的调用。通过本章的学习，读者应该掌握 BroadcastReceiver 的创建方式，两种注册 BroadcastReceiver 的方法以及在程序中发送广播的方法，熟悉普通广播和有序广播的区别。除此之外，本章还详细讲解了简易音乐播放器开发，讲解了 Activity 与 Service 之间如何通过 BroadcastReceiver 进行交互。通过本章的学习，读者应能自主开发出简易音乐播放器程序。

课后练习

1. 注册广播接收器有哪两种方式？
2. 有序广播有什么特点？
3. 下列关于有序广播的说法错误的是（　　）。

A. 发送有序广播时，符合要求的广播接收者是根据优先级来排序进行接收的
B. 优先级高的广播接收者可向优先级低的广播接收者传值
C. 优先接收到广播的接收者可以中止广播，优先级低的则无法接收
D. 优先级低的广播接收者只能得到它前一个广播接收者传递的值，而无法得到更前面的广播接收者传递的值

4. 在原有音乐播放器基础之上，为其添加两个按钮用于控制播放上一首和下一首音乐。尝试添加拖动条(SeekBar)来控制音乐播放的进度。

第 7 章

Android 文件与本地数据库（SQLite）

本章要点

- 读、写 Android 手机中存储的普通文件
- 读、写 SharedPreferences（以 XML 存储的配置文件）内容
- SQLite 数据库的使用

本章知识结构图

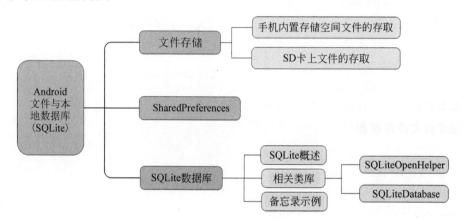

本章示例

一个比较好的应用程序,应该能够为用户提供一些个性化的设置,能够保存用户的使用记录,而这些都离不开数据的存储。Android 系统提供了多种数据存储方式,开发者可根据具体情景选择合适的存储方式,例如数据是仅限于本应用程序访问还是允许其他应用程序访问,以及数据所需要的空间等。Android 的数据存储主要有以下 5 种方式:

(1) 文件存储:以流的方式读取数据。

(2) SharedPreferences:以键值对的形式存储私有的简单数据。

(3) SQLite 数据库:在一个私有的数据库中存储结构化数据。

(4) ContentProvider(内容提供者):用于在应用程序间共享数据。

(5) 网络文件存取:从网络中读取数据,上传数据。

如果应用程序只有少量数据需要保存,那么使用普通文件存储就可以;如果应用程序只需保存一些简单类型的配置信息,那么使用 SharedPreferences 就可以;如果想从网络上下载一些资源,则需要用到网络存取。

如果应用程序需要保存结构比较复杂的数据时,就需要借助于数据库,Android 系统内置了一个轻量级的 SQLite 数据库,它没有后台进程,整个数据库就对应一个文件。Android 为访问 SQLite 数据库提供了大量便捷的 API。

为了在应用程序之间交互数据,Android 提供了一种将私有数据暴露给其他应用程序的方式 ContentProvider,ContentProvider 是 Android 的组件之一,是不同应用程序之间进行数据交换的标准 API。

本章和第 8 章将详细讲解各种数据存取方式的使用,这两章知识可以为 Android 应用实现普通文件存取和个性化设置参数等操作。

7.1 文件存储

Android 是基于 Java 语言的,在 Java 中提供了一套完整的输入输出流操作体系,与文件相关的有 FileInputStream、FileOutputStream 等,通过这些类可以非常方便地访问磁盘上的文件内容。Android 系统还提供了一些专门的输入输出 API 和 Java 输入输出流操作方法,使得 Android 文件处理更加方便。Android 手机中的文件有两个存储位置:内置存储空间和外部 SD 卡,针对不同位置的文件存储有所不同,下面分别讲解对它们的操作。

7.1.1 手机内部存储空间文件的存取

Android 中文件的读取操作主要是通过 Context 类来完成的,该类提供了如下两个方法来打开本应用程序的数据文件夹里的文件 I/O 流。

(1) openFileInput(String name):打开 App 数据文件夹(data)下 name 文件对应的输入流。

(2) openFileOutput(String name, int mode):打开应用程序的数据文件夹下的 name 文件对应输出流。name 参数用于指定文件名称,不能包含路径分隔符"\",如果文件不存在,Android 会自动创建,mode 参数用于指定操作模式,Context 类中定义了 4 种操作模式常量,分别介绍如下。

(1) Context.MODE_PRIVATE=0:为默认操作模式,代表该文件是私有数据,只能被应用本身访问,在该模式下,写入的内容会覆盖原文件的内容。

(2) Context.MODE_APPEND=32768:模式会检查文件是否存在,存在就往文件追加内容,否则创建新文件再写入内容。

(3) Context.MODE_WORLD_READABLE=1:表示当前文件可以被其他应用读取。

(4) Context.MODE_WORLD_WRITEABLE=2:表示当前文件可以被其他应用写入。

提示:如果希望文件能被其他应用读写,可以传入 Context.MODE_WORLD_READABLE + Context.MODE_WORLD_WRITEABLE 或者直接传入数值3,四种模式中除了 Context.MODE_APPEND 会将内容追加到文件末尾以外,其他模式都会覆盖掉原文件的内容。

注意:在 Android 高版本中已经废弃了 MODE_WORLD_READABLE 和 MODE_WORLD_WRITEABLE 两种模式,因为让其他应用访问具体的文件是一件很危险的事情,容易导致安全漏洞。建议采用更完善的机制,例如通过 ContentProvider 暴露访问接口,或者通过服务或广播。

在手机上创建文件和向文件中追加内容的步骤如下。

(1) 调用 openFileOutput() 方法,传入文件的名称和操作的模式,该方法将会返回一个文件输出流。

(2) 调用文件输出流的 write() 方法,向文件中写入内容。

(3) 调用文件输出流的 close() 方法,关闭文件输出流。

读取手机上文件的一般步骤如下。

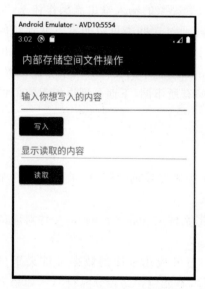

图 7-1 读取手机文件运行界面图

(1) 调用 openFileInput() 方法,传入需要读取数据的文件名,该方法将会返回一个文件输入流对象。

(2) 调用文件输入流的 read() 方法读取文件的内容。

(3) 调用文件输入流的 close() 方法,关闭文件输入流。

下面以一个简单的示例来演示文件读取的操作,程序运行界面如图 7-1 所示,界面中包含两个文本输入框,一个用于向文件中写入内容,一个用于显示从文件中读取的内容。当多次写入内容时,内容将会不断地附加拼接在一起。如图 7-2 所示,当第一次输入"Hello World!",第二次输入"I love Android!",最终读取的内容是"Hello World! I love Android!"。

第 7 章　Android 文件与本地数据库（SQLite）

图 7-2　单击"读取"按钮后效果

界面布局文件如下。

程序清单：codes\ch07\FileTest\app\src\main\res\layout\activity_main.xml

```
1   <?xml version="1.0" encoding="utf-8"?>
2   <LinearLayout xmlns:android="http://schemas.android.com/apk/res/android"
                                                                          →线性布局
3       xmlns:tools="http://schemas.android.com/tools"
4       android:layout_width="match_parent"
5       android:layout_height="match_parent"
6       android:orientation="vertical">                                   →方向垂直
7       <EditText                                                         →文本编辑框
8           android:id="@+id/writeText"                                   →添加 ID 属性
9           android:layout_width="match_parent"
10          android:layout_height="wrap_content"
11          android:minLines="2"                                          →最低为 2 行
12          android:hint="输入你想写入的内容"/>                            →提示信息
13      <Button
14          android:layout_width="wrap_content"
15          android:layout_height="wrap_content"
16          android:text="写入"                                           →按钮文本
17          android:onClick="write"/>                                     →单击事件处理
18      <EditText
19          android:id="@+id/readText"                                    →添加 ID 属性
20          android:layout_width="match_parent"
21          android:layout_height="wrap_content"
```

```
22        android:enabled="false"              →默认不可用
23        android:hint="显示读取的内容"/>      →提示信息
24    <Button
25        android:layout_width="wrap_content"
26        android:layout_height="wrap_content"
27        android:text="读取"                   →按钮文本
28        android:onClick="read"/>              →单击事件处理
29 </LinearLayout>                              →线性布局结束
```

在 MainActivity.java 中分别为"写入"和"读取"按钮添加事件处理，代码如下。

程序清单：codes\ch07\FileTest\app\src\main\java\cn\jxufe\iet\filetest\MainActivity.java

```
1  public class MainActivity extends AppCompatActivity {
2      private EditText readText,writeText;                    →变量声明
3      private String fileName="content.txt";                  →文件名
4      @Override
5      protected void onCreate(Bundle savedInstanceState) {
6          super.onCreate(savedInstanceState);
7          setContentView(R.layout.activity_main);             →加载布局文件
8          readText=(EditText)findViewById(R.id.readText);     →根据ID找到控件
9          writeText=(EditText)findViewById(R.id.writeText);   →根据ID找到控件
10     }
11     public void write(View view){                           →写入事件处理
12         try {                                               →捕获异常
13             FileOutputStream fos=openFileOutput(fileName,
   Context.MODE_APPEND);                                       →获取文件输出流
14             fos.write(writeText.getText().toString().getBytes());
                                                               →写入内容
15             writeText.setText("");                          →清空输入框
16             fos.close();                                    →关闭输出流
17         } catch (Exception e) {
18             e.printStackTrace();                            →打印异常信息
19         }
20     }
21     public void read(View view){                            →读取事件处理
22         try {
23             FileInputStream fis=openFileInput(fileName);    →获取文件输入流
24             StringBuffer sBuffer=new StringBuffer("");      →保存读取内容
25             byte[] buffer=new byte[256];                    →定义缓存数组
26             int hasRead=0;                                  →记录读取量
27             while((hasRead=fis.read(buffer))!=-1){          →循环读取
28                 sBuffer.append(new String(buffer,0,hasRead));
                                                               →不断拼接内容
29             }
```

```
30              readText.setText(sBuffer.toString());    →显示读取结果
31              fis.close();                              →关闭输入流
32          } catch (Exception e) {                      →捕获异常
33              e.printStackTrace();                      →打印堆栈信息
34          }
35      }
36  }
```

当第一次在第一个文本编辑框中写入一些内容,单击"写入"按钮后,系统会首先查找手机上是否存在该文件,如果不存在则创建该文件。**应用程序的数据文件默认保存在\data\data\<package name>\files 目录下,其中 package name 为当前应用的包名**,文件的后缀名由开发人员设定。生成的文件如何查看呢?单击菜单栏中的 View 弹出下拉列表,单击 Tool Windows→Device File Explorer 打开 Android 设备文件浏览面板,可浏览设备中的所有文件,如图 7-3 所示。

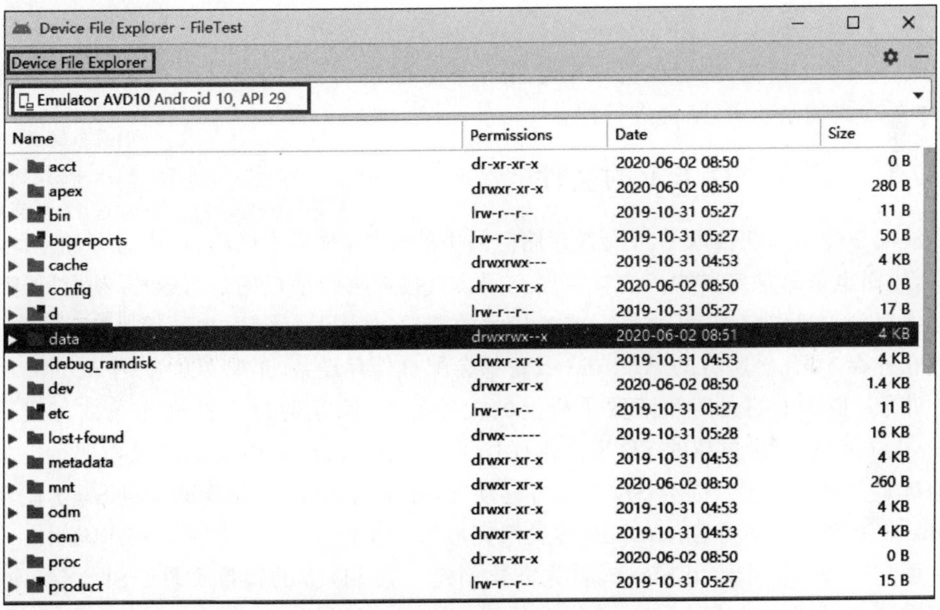

图 7-3 Device File Explorer 面板

运行程序后,会发现在模拟器的\data\data\iet.jxufe.cn.filetest\files 目录下多了一个 context.txt 文件,如图 7-4 所示。可以直接双击该文件将其打开,也可以先下载到本地计算机上再查看里面的内容。方法是选中文件,单击右键弹出快捷菜单,选择 Save As 菜单项,再选择保存的路径即可。

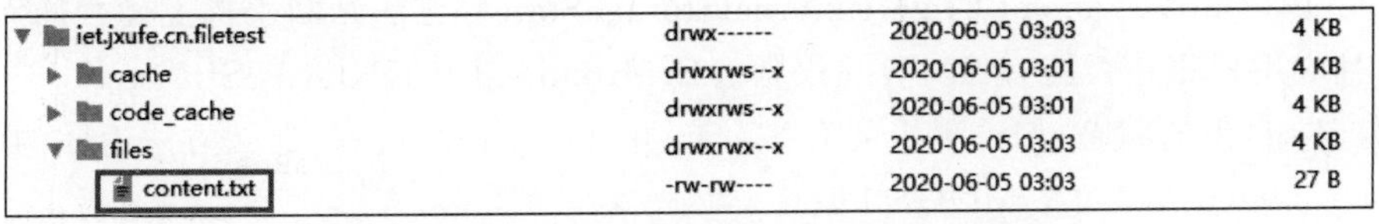

图 7-4 Device File Explorer 中文件生成的位置

默认情况下，内存中的文件只属于当前应用程序，其他应用程序是不能访问的，当用户卸载了该应用程序时，这些文件也会被移除。

问题与讨论：

（1）**问题**：当手机上不存在该文件时，我们先写后读与先读后写有区别吗？程序会不会出错？

答：有区别。可尝试将手机上的 context.txt 文件删除，重新启动程序，然后分别进行先写后读与先读后写操作，观察效果。

若手机上不存在该文件，当向该文件中写入内容时，系统会自动创建该文件，而未写先读时，读出的内容为空，系统会生成 files 文件夹，但并不会生成该文件。只有在写的时候才会生成该文件。实际上，此时系统会在控制台打印出警告信息，提示找不到该文件，但程序不会强制退出。

（2）**问题**：不同操作模式的区别，当多次执行写入操作时，观察到的是文件里的内容被覆盖还是不断地在文件末尾附加新数据？

答：可尝试修改 openFileOutput()方法的第二个参数，再观察运行效果。

若采用附加模式，则多次写入时会在文件末尾添加新写的内容，不会覆盖以前的内容；如果改成其他模式，则会进行覆盖。

7.1.2 读写 SD 卡上的文件

前面学习了如何读取手机内置存储空间中的文件，对于手机而言，内置存储空间相对较小，故而也是非常宝贵的。内置存储空间会直接影响到手机的运行速度，通常不建议将数据保存到手机内存中，特别是一些比较大的资源，如图片、音频、视频等。这些资源通常存放在外存上，几乎所有的 Android 设备都会配有外存设备，最常见的就是 SD 卡。

读取 SD 卡上的文件和读取手机上的文件类似，都是通过文件操作流的方式读取，Android 中没有提供单独的 SD 卡文件操作类，直接使用 Java 中的文件操作即可，关键是如何确定文件的位置。因为 SD 卡的可移动性，在访问之前，需要验证手机 SD 卡的状态，Android 为我们提供了 Environment 类来完成这一操作。

要想在模拟器中使用 SD 卡，首先需要创建一张 SD 卡的镜像文件。SD 卡镜像文件可以在创建模拟器时随同创建，也可以使用 Android 提供的命令在命令行进行创建。如果之前的模拟器没有 SD 卡，可以在模拟器管理界面选中该模拟器单击"编辑"选项，将弹出模拟器信息对话框，单击 Show Advanced Settings 按钮显示更多信息，然后即可设置 SD 卡的大小，如图 7-5 所示，设置模拟器 SD 卡大小为 512MB。

SD 卡中的数据涉及用户的隐私，访问时需要声明相关的权限，需要使用前面介绍到的运行时权限，即在使用时提示用户进行授权。读、写 SD 卡上文件的主要步骤如下。

（1）调用 Environment 的 getExternalStorageState()方法判断手机上是否插入了 SD 卡，并且应用程序是否具有 SD 卡的权限。Environment.getExternalStorageState()方法用于获取 SD 卡的状态，如果手机装有 SD 卡，并且可以进行读写，那么方法返回的状态等于 Environment.MEDIA_MOUNTED。

（2）判断用户是否授权，如果没有授权则请求授权，如果已授权则执行下一步。

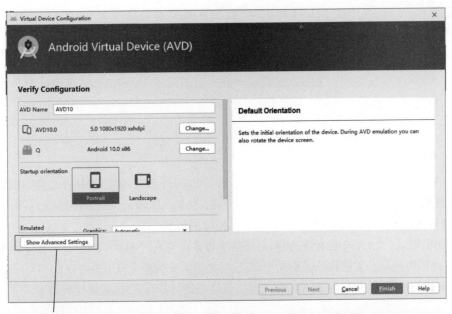

显示高级设置

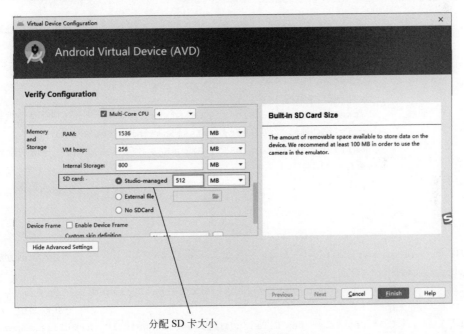

分配 SD 卡大小

图 7-5　为模拟器添加 SD 卡

（3）调用 Environment 的 getExternalStorageDirectory()方法来获取外部存储器的目录，即 SD 卡的目录（也可以使用绝对路径表示，但不提倡，因为不同版本的绝对路径可能不一样）。

（4）使用 FileInputStream、FileOutputStream、FileReader、FileWriter 读、写 SD 卡里的文件。

注意：为了读、写 SD 卡上的数据，必须在应用程序的清单文件（AndroidManifest.xml）中添加读、写 SD 卡的许可权限，如下所示。

```
1  <!--从 SD 卡中读取文件权限 -->
2  <uses-permission android:name="android.permission.READ_EXTERNAL_
   STORAGE"/>
3  <!--向 SD 卡写入数据权限 -->
4  <uses-permission android:name="android.permission.WRITE_EXTERNAL_
   STORAGE"/>
```

在 Android 的高版本中（Android 9.0 以后），访问外部存储空间中的文件，还需要在清单文件的＜Application＞标签中添加 android：requestLegacyExternalStorage＝"true"属性，否则无法打开对应的文件，并提示没有相应的权限。

下面仍然以 7.1.1 节中的程序为例，只是这次将数据写入到 SD 卡上的文件，程序界面布局一致，在此不再列出。关键代码区别在于，在读写之前需先判断手机上是否存在 SD 卡，然后判断是否有相关权限，最后运用 Java 的输入输出流技术进行读写操作，关键代码如下。

程序清单：codes\ch07\SDFileTest\app\src\main\java\iet\jxufe\cn\sdfiletest\MainActivity.java

```
1   public void write(View view) {                                    →写入事件处理
2       if (Environment.getExternalStorageState().equals(
              Environment.MEDIA_MOUNTED)) {                           →判断 SD 卡状态
3           if (ContextCompat.checkSelfPermission(this,
                Manifest.permission.WRITE_EXTERNAL_STORAGE) !=
                PackageManager.PERMISSION_GRANTED) {                  →判断是否授权
4               ActivityCompat.requestPermissions(this, new String[]{
                  Manifest.permission.WRITE_EXTERNAL_STORAGE}, 1);    →请求授权
5           } else {
6               write();                                              →写入数据
7           }
8       }
9   }
10  public void write() {                                             →写入数据方法
11      try {
12          File sdCardDir =Environment.getExternalStorageDirectory();
                                                                      →获取路径
13          File destFile = new File(sdCardDir.getCanonicalPath()+ File.separator
              +fileName);                                             →定义文件
14          RandomAccessFile raf =new RandomAccessFile(destFile, "rw");
                                                                      →随机读取文件
15          raf.seek(destFile.length());                              →定位到文件最后
16          raf.write(writeText.getText().toString().getBytes());     →写入数据
17          raf.close();                                              →关闭文件流
18      } catch (Exception e) {                                       →捕获异常
19          e.printStackTrace();                                      →打印异常信息
```

```
20        }
21   }
22   public void read(View view) {                    →读取事件处理
23       if (Environment.getExternalStorageState().equals(
                 Environment.MEDIA_MOUNTED)) {        →判断 SD 卡状态
24           if (ContextCompat.checkSelfPermission(this,
                 Manifest.permission.READ_EXTERNAL_STORAGE) !=
                 PackageManager.PERMISSION_GRANTED) {  →判断是否授权
25               ActivityCompat.requestPermissions(this, new String[]{
                     Manifest.permission.READ_EXTERNAL_STORAGE}, 2);  →请求授权
26           } else {
27               read();                               →直接读取文件
28           }
29       }
30   }
31   public void read() {                              →读取文件
32       StringBuffer sBuffer =new StringBuffer("");   →保存读取结果
33       try {
34           File sdCard =Environment.getExternalStorageDirectory();
                                                       →获取文件路径
35           File destFile =new File(sdCard.getCanonicalPath()+File.separator
     +fileName);
36
37           FileInputStream fis =new FileInputStream(destFile); →文件输入流
38           byte[] buffer =new byte[64];              →缓存数组
39           int hasRead=0;                            →读取的字节数
40           while ((hasRead =fis.read(buffer)) !=-1) { →循环读取内容
41               sBuffer.append(new String(buffer, 0, hasRead));  →将内容不断附加
42           }
43           fis.close();                              →关闭文件输入流
44           readText.setText(sBuffer.toString());     →显示读取内容
45       } catch (Exception e) {
46           e.printStackTrace();                      →打印堆栈信息
47       }
48   }
49   public void onRequestPermissionsResult(int requestCode,
                 String[] permissions, int[] grantResults) { →获取授权结果
50       if (requestCode ==1) {                        →如果是,写入授权
51           if (grantResults.length >0 && grantResults[0] ==
                 PackageManager.PERMISSION_GRANTED) {  →用户授权
52               write();                              →写入内容
53           } else {
54               Toast.makeText(this, "你拒绝了相关权限授权,无法执行写入操作!",
     Toast.LENGTH_SHORT).show();                      →弹出提示信息
55           }
56       } else if (requestCode ==2) {                 →如果是,读取授权
```

```
57          if (grantResults.length > 0 && grantResults[0] ==
                    PackageManager.PERMISSION_GRANTED) {        →用户授权
58              read();                                          →读取内容
59          } else {
60              Toast.makeText(this, "你拒绝了相关权限授权,无法执行读取操作!",
        Toast.LENGTH_SHORT).show();                              →弹出提示信息
61          }
62      }
63  }
```

上面代码中,向文件中写入内容时使用到了 Java 的 RandomAccessFile 类,该类支持随机访问文件内容,主要是通过 seek 方法来设定文件指针的位置,每次读写内容时,都是从该指针处开始读取的,从而实现了随机访问该文件内容的功能。该类还有一个特点,就是既可以读也可以写,创建时需指定它的模式。详细用法可查看 Java 帮助文档。

注意:程序中 raf.seek(destFile.length()) 用于将文件的指针定位到文件的末尾,从而实现将新内容附加到文件的目的。如果没有这句代码,多次向文件中写入内容时,后写的内容会替换前面的内容。读取操作时,采用的是简单的文件输入输出流,每次都是读取整个文件内容。

注意:在程序运行前,切记在 AndroidManifest.xml 文件中添加读写 SD 卡的许可权限。程序运行后,打开 File Explorer,可以在 \storage\emulated\0 目录下找到读取的文件,它是在第一次写入时由系统自动创建的,如图 7-6 所示。

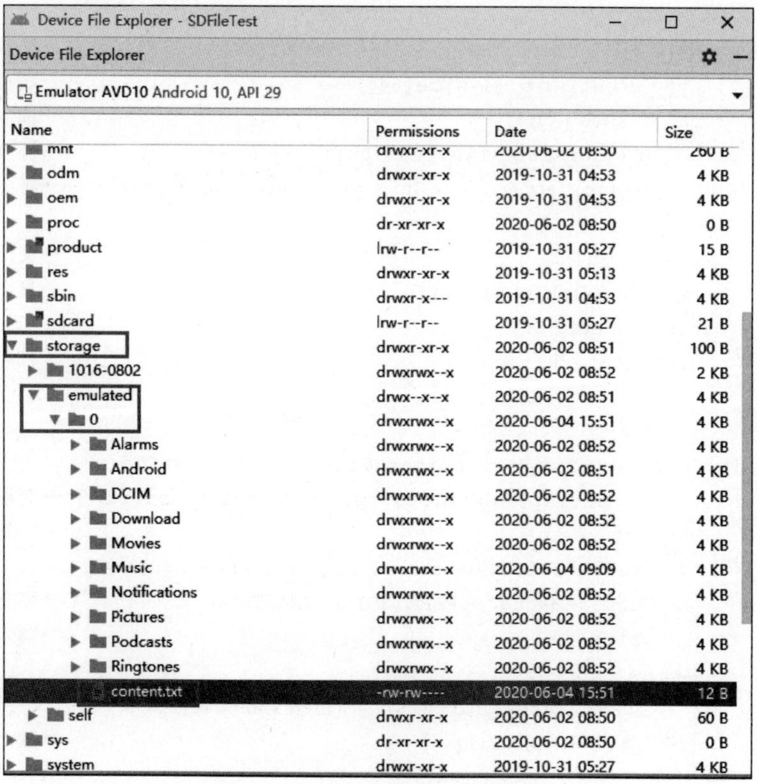

图 7-6 SD 卡中文件的存储位置

7.2 SharedPreferences

通常用户在使用 Android 应用时,都会根据自己的偏好进行简单的设置,例如设置背景颜色、用户名和密码、登录状态等,为了使用户下次打开应用时不需要重复设置,Android 应用应该保存这些设置信息。对于软件配置参数的保存,如果是 Windows 软件,通常会采用 ini 文件进行保存;在 Java 中,可以采用 properties 属性文件或者 XML 文件进行保存。类似地,Android 提供了一个 SharedPreferences 接口,来保存配置参数,它是一个轻量级的存储类。

应用程序使用 SharedPreferences 接口可以快速而高效的以键值对的形式保存数据,非常类似于 Bundle。信息以 XML 文件的形式存储在 Android 设备上。SharedPreferences 本身是一个接口,不能直接实例化,但 Android 中 Context 类提供了一个 getSharedPreferences(String name, int mode)方法来获取 SharedPreferences 实例,该方法需要传递两个参数:第一个参数表示保存信息的文件名,不需要后缀,在同一个应用中可以使用多个文件保存不同的信息;第二个参数表示 SharedPreferences 的访问权限,和前面读取应用程序中的文件类似,包括只能被本应用程序读、写,能被其他应用程序读或写。

得到 SharedPreference 对象后,即可调用它的一系列 getXxx()方法,获取相应关键字对应的值,例如 getInt(),getString()等,该方法需要传递两个参数:第一个参数为关键字,即保存的时候使用的关键字;第二个参数为默认值,即如果没有该关键字时返回的值。SharedPreference 中只能保存 int、float、long、boolean、String、Set＜String＞等少数比较简单的类型数值。

SharedPreferences 接口本身只提供了读取数据的功能,并没有提供写入数据的功能,如果需要实现写入功能,则需通过 SharedPreferences 的内部接口 Editor 来实现。SharedPreferences 调用 edit()方法即可获取它对应的 Editor 对象,然后调用该对象的一系列的 putXxx()方法保存数据,最后调用 Editor 对象的 commit()方法提交数据。

注意:当程序所读取的 SharedPreferences 文件不存在时,程序也会返回默认值,并不会抛出异常。SharedPreferences 数据总是保存在 \data\data\＜package_name＞\shared_prefs 目录下,并且总是以 XML 格式保存。

下面以一个简单的示例来讲解 SharedPreferences 的使用方法,并实现保存用户登录信息的功能。实际应用中几乎所有需要登录的应用都提供了这一功能,每次登录时提示使用该程序的次数。程序运行界面如图 7-7 所示,用户第一次登录时,可设置是否记住密码和是否

图 7-7 第一次运行时界面效果

自动登录,以避免用户每次登录时都需重新输入。如果用户勾选"记住密码"复选框,则下次登录时,会直接显示用户名和密码,用户只需单击"登录"按钮 即可,界面如图 7-8 所示。如果用户勾选"自动登录"复选框,则每次打开应用时都会直接跳转到欢迎界面,并显示当前用户名称,如图 7-9 所示。

图 7-8　记住密码后界面效果

图 7-9　登录成功后界面效果

登录界面布局文件代码如下。

| 程序清单:codes\ch07\SaveLoginInfo\app\src\main\res\layout\activity_login.xml |

```
1   <TableLayout xmlns:android="http://schemas.android.com/apk/res/android"    →表格布局
2       xmlns:tools="http://schemas.android.com/tools"
3       android:layout_width="match_parent"
4       android:layout_height="match_parent"
5       android:padding="20dp"                                                 →边距为 20dp
6       android:stretchColumns="1">                                            →第二列为扩展列
7       <TableRow>                                                             →表格行开始
8           <TextView                                                          →文本显示框
9               android:layout_marginRight="10dp"                              →右边距为 10dp
10              android:text="账号"                                             →文本内容
11              android:textSize="18sp" />                                     →文本大小
12          <EditText                                                          →文本编辑框
13              android:id="@+id/name"                                         →添加 ID 属性
14              android:hint="请输入用户名" />                                    →提示信息
15      </TableRow>                                                            →表格行结束
16      <TableRow>                                                             →表格行开始
17          <TextView                                                          →文本显示框
```

18	`            android:layout_marginRight="10dp"`	→右边距为 10dp
19	`            android:text="密码"`	→文本内容
20	`            android:textSize="18sp" />`	→文本大小
21	`        <EditText`	→文本编辑框
22	`            android:id="@+id/psd"`	→添加 ID 属性
23	`            android:hint="请输入密码"`	→提示信息
24	`            android:inputType="textPassword" />`	→输入类型
25	`    </TableRow>`	
26	`    <LinearLayout`	
27	`        android:gravity="center_horizontal"`	→水平居中
28	`        android:orientation="horizontal">`	→方向为水平
29	`        <CheckBox`	→"记住密码"复选框
30	`            android:id="@+id/rememberPsd"`	→添加 ID 属性
31	`            android:layout_width="wrap_content"`	
32	`            android:layout_height="wrap_content"`	
33	`            android:layout_marginRight="10dp"`	→右边距为 10dp
34	`            android:text="记住密码" />`	→显示内容
35	`        <CheckBox`	→"自动登录"复选框
36	`            android:id="@+id/autoLogin"`	→添加 ID 属性
37	`            android:layout_width="wrap_content"`	
38	`            android:layout_height="wrap_content"`	
39	`            android:layout_marginRight="10dp"`	→右边距为 10dp
40	`            android:text="自动登录" />`	→显示内容
41	`        <Button`	
42	`            android:layout_width="wrap_content"`	
43	`            android:layout_height="wrap_content"`	
44	`            android:onClick="login"`	→单击事件处理
45	`            android:text="登录" />`	→显示内容
46	`    </LinearLayout>`	
47	`</TableLayout>`	

下面做业务逻辑处理，由于并不是每一次都会进入登录界面，因此需在加载界面布局前进行判断，如果保存的登录信息中，自动登录为 true，那么就直接显示欢迎界面，否则才会显示登录界面。本应用程序是通过改变界面布局来改变显示内容的，整个应用仍然只有一个 Activity，只是该 Activity 在不同布局间切换，而不是在不同 Activity 间相互跳转。详细代码如下。

程序清单：codes\ch07\SaveLoginInfo\app\src\main\java\iet\jxufe\cn\savelogininfo\MainActivity.java

```
1  public class MainActivity extends AppCompatActivity {
2      private SharedPreferences loginPreferences;
3      private SharedPreferences.Editor loginEditor;
4      private String userName,userPsd;
```

```
5     private boolean isSavePsd,isAutoLogin;
6     protected void onCreate(Bundle savedInstanceState) {
7         super.onCreate(savedInstanceState);
8         loginPreferences =getSharedPreferences("login", Context.MODE_
    PRIVATE);                                                    →获取配置文件
9         isSavePsd=loginPreferences.getBoolean("isSavePsd",false);
                                                                  →是否记住密码
10        isAutoLogin=loginPreferences.getBoolean("isAutoLogin", false);
                                                                  →是否自动登录
11        userName =loginPreferences.getString("name", null);     →用户名
12        userPsd =loginPreferences.getString("psd", null);       →密码
13        if(isAutoLogin){                                        →如果自动登录
14            loadWelcome();                                      →加载欢迎页面
15        }else{                                                  →否则
16            loadLogin();                                        →加载登录页面
17        }
18    }
19 }
```

欢迎界面中仅包含一个文本显示框,用于显示用户的界面信息,加载欢迎页面的关键代码如下。

```
1  public void loadWelcome(){                                    →加载欢迎界面
2      setContentView(R.layout.activity_welcome);                →加载布局文件
3      userInfo= (TextView)findViewById(R.id.userInfo);          →根据ID找到控件
4      userInfo.setText("欢迎您,"+userName+" 登录成功!");          →显示欢迎信息
5  }
```

当显示登录界面时,需要进一步判断是否记住密码,如果记住密码,则在文本输入框中显示以往保存的密码信息。加载登录界面的关键代码如下。

```
1  public void loadLogin(){                                      →加载登录信息
2      setContentView(R.layout.activity_login);                  →加载布局文件
3      nameText=(EditText)findViewById(R.id.name);               →根据ID找到控件
4      psdText=(EditText)findViewById(R.id.psd);                 →根据ID找到控件
5      rememberPsdBox=(CheckBox)findViewById(R.id.rememberPsd);
                                                                 →根据ID找到控件
6      autoLoginBox=(CheckBox)findViewById(R.id.autoLogin);
                                                                 →根据ID找到控件
7      if(isSavePsd){                                            →如果记住密码
8          nameText.setText(userName);                           →显示初始信息
9          psdText.setText(userPsd);                             →显示初始信息
10         rememberPsdBox.setChecked(true);                      →"记住密码"为选中
11     }
12     autoLoginBox.setOnCheckedChangeListener(new
            CompoundButton.OnCheckedChangeListener() {           →为复选框添加状态
                                                                  变化监听器
```

```
13        @Override
14        public void onCheckedChanged(CompoundButton
              buttonView, boolean isChecked) {
15            if(isChecked){                              →自动登录
16                rememberPsdBox.setChecked(true);        →记住密码
17            }
18        }
19    });
20 }
```

接着为登录界面中的"登录"按钮添加事件处理,关键代码如下:

```
1  public void login(View view){                                   →登录事件处理
2      loginEditor=loginPreferences.edit();                        →获取编辑器
3      userName=nameText.getText().toString();                     →获取用户名
4      userPsd=psdText.getText().toString();                       →获取密码
5      loginEditor.putString("name", userName);                    →保存用户名
6      loginEditor.putString("psd", userPsd);                      →保存密码
7      loginEditor.putBoolean("isSavePsd", rememberPsdBox.isChecked());
                                                                   →保存是否记住密码
8      loginEditor.putBoolean("isAutoLogin", autoLoginBox.isChecked());
                                                                   →保存是否自动登录
9      loginEditor.commit();                                       →提交信息
10     loadWelcome();                                              →显示欢迎界面
11 }
```

当程序所读取的 SharedPreferences 文件不存在时,程序也会返回默认值,并不会抛出异常。运行上面的程序,登录后将得到如图 7-9 所示效果,打开 Device File Explorer 面板,展开文件浏览目录,在\data\data\iet.jxufe.cn.savelogininfo\shared_prefs 目录下可以找到上面定义的文件 login.xml,如图 7-10 所示。

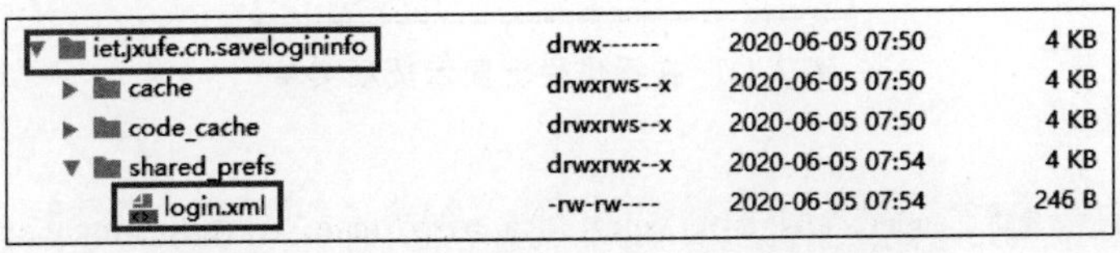

图 7-10 SharedPreferences 生成文件的存储位置

双击打开 login.xml 文件,内容如下。

```
1  <?xml version='1.0' encoding='utf-8' standalone='yes' ?>    →XML 文件声明
2  <map>                                                       →根元素
3      <boolean name="isSavePsd" value="true" />               →布尔类型变量
4      <string name="psd">123456</string>                      →String 类型变量
5      <string name="name">ZhangSan</string>                   →String 类型变量
6      <boolean name="isAutoLogin" value="true" />             →布尔类型变量
7  </map>                                                      →根元素结束
```

提示：SharedPreferences 内部使用 XML 文件保存数据，getSharedPreferences (name,mode)方法的第一个参数用于指定该文件的名称，**名称不用带后缀**，后缀会由 Android 自动添加。并且，该 XML 文件以 map 为根元素，map 元素的每个子元素代表一个 key-value 对，子元素名称为 value 对应的类型名，SharedPreferences 只能保存几种简单类型的数据。

到此，保存登录信息的功能就实现了，但是存在一个问题，勾选"自动登录"复选框后，每次都会直接跳转到欢迎界面，如果想用另一个账号登录怎么办？此处我们为应用程序添加了选项菜单，包含"注销"和"退出"两个菜单项，将两个菜单项显示在操作栏上，最终运行效果如图 7-11 所示（菜单的详细介绍查看第 10 章内容）。单击"注销"菜单项则会跳转到用户登录界面，要求用户输入相应登录信息；单击"退出"菜单项，则退出程序。菜单的资源文件如下。

图 7-11　在操作栏上显示选项菜单

程序清单：codes\ch07\SaveLoginInfo\app\src\main\res\menu\main.xml

```
1    <?xml version="1.0" encoding="utf-8"?>
2    <menu xmlns:android="http://schemas.android.com/apk/res/android"
                                                    →菜单根元素
3        xmlns:app="http://schemas.android.com/apk/res-auto">
4        <item android:title="注销"                  →菜单显示内容
5            android:id="@+id/invalidate"           →为菜单项添加 ID
6            app:showAsAction="always"/>            →在操作栏上显示菜单
7        <item android:title="退出"                  →菜单显示内容
8            android:id="@+id/exit"                 →为菜单项添加 ID
9            app:showAsAction="always"/>            →在操作栏上显示菜单
```

```
10      </menu>
```

接着将菜单添加到应用程序中,并为相应的菜单项添加事件处理方法。

```
1    public boolean onCreateOptionsMenu(Menu menu) {        →创建上下文菜单方法
2         getMenuInflater().inflate(R.menu.main,menu);      →绑定菜单资源文件
3         return super.onCreateOptionsMenu(menu);
4    }
5    public boolean onOptionsItemSelected(MenuItem item) {
                                                            →为菜单项添加事件处理
6         switch (item.getItemId()){
7             case R.id.invalidate:                         →"注销"菜单项的事件处理
8                 loadLogin();                              →重新加载登录页面
9                 break;
10            case R.id.exit:                               →"退出"菜单项事件处理
11                this.finish();                            →结束当前 Activity
12                break;
13            default: break;
14        }
15        return super.onOptionsItemSelected(item);
16   }
```

7.3 SQLite 数据库

SharedPreferences 存储的只是一些简单的 key-value 对,如果想存储结构有些复杂的数据,则不能满足其要求,需要用数据库来保存。在 Android 平台上,嵌入了一个轻量级的关系型数据库——SQLite。SQLite 并没有包含大型客户/服务器数据库(如 Oracle、SQL Server)的所有特性,但它包含了操作本地数据的所有功能,简单易用、反应快。

7.3.1 SQLite 数据库简介

SQLite 内部只支持 NULL、INTEGER、REAL(浮点数)、TEXT(字符串文本)和 BLOB(二进制对象)这 5 种数据类型,但实际上 SQLite 也接受 varchar(n)、char(n)、decimal(p,s)等数据类型,只不过在运算或保存时会转成上面对应的数据类型。

SQLite 最大的特点是可以把各种类型的数据保存到任何字段中,而不用关心字段声明的数据类型是什么。例如,可以把字符串类型的值存入 INTEGER 类型字段中,或者在布尔型字段中存放数值类型等。但有一种情况例外,**定义为 INTEGER PRIMARY KEY 的字段只能存储 64 位整数,当向这种字段保存除整数以外的数据时,SQLite 会产生错误**。

由于 SQLite 允许存入数据时忽略底层数据列实际的数据类型,因此 SQLite 在解析建表语句时,会忽略建表语句中跟在字段名后面的数据类型信息,如下面语句会忽略 name 字段的类型信息:

```
create table person_tb (id integer primary key autoincrement, name varchar(20))
```

因此在编写建表语句时可以省略数据列后面的类型声明。

　　SQLite 数据库支持绝大部分 SQL92 语法,也允许开发者使用 SQL 语句操作数据库中的数据,但 SQLite 数据库不需要安装、启动服务进程,其底层只是一个数据库文件。从本质上看,SQLite 的操作方式只是一种更为便捷的文件操作。常见 SQL 标准语句示例如下。

查询语句:

select * from 表名 where　条件子句 group by 分组子句 having ... order by 排序子句

例如:

select * from person　　　　　　　　　→查询 person 表中所有记录
select * from person order by id desc;　→查询 person 表中所有记录,按 ID 降序排列
select name from person group by name having count(*)>1;
→查询 person 表中 name 字段值出现超过 1 次的 name 字段的值

分页 SQL:

select * from 表名 limit 显示的记录数 offset 跳过的记录数

例如:

select * from person limit 5 offset 3 或者 select * from person limit 3,5
→从 person 表获取 5 条记录,跳过前面 3 条记录

插入语句:

insert into 表名(字段列表) values(值列表)

例如:

insert into person(name, age) values('张三',26)→向 person 表插入一条记录

更新语句:

update 表名 set 字段名=值 where 条件子句

例如:

update person set name='李四' where id=10;　　→将 ID 为 10 的人的姓名改为"李四"

删除语句:

delete from 表名 where 条件子句

例如:

delete from person where id=10;　　　　　　→删除 person 表中 ID 为 10 的记录

7.3.2　SQLite 数据库相关类

　　为了操作和管理数据库,Android 系统中提供了一些相关类,常用的有 SQLiteOpenHelper、SQLiteDataBase、Cursor,其他的可查看 Android 帮助文档的

android.database.sqlite 包和 android.database 包。

SQLiteOpenHelper 是 Android 提供的管理数据库的工具类,主要用于数据库的创建、打开和版本更新。一般用法是创建 SQLiteOpenHelper 类的子类,并重写父类的 onCreate()和 onUpgrade()方法(**这两个方法是抽象的,必须重写**),选择性地重写 onOpen()方法。

SQLiteOpenHelper 包含如下常用方法。

(1) SQLiteDatabase **getReadableDatabase**():以读写的方式打开数据库对应的 SQLiteDatabase 对象,该方法内部调用 getWritableDatabase()方法,返回对象与 getWritableDatabase()返回对象一致,除非数据库的磁盘空间满了,此时,getWritableDatabase()打开数据库就会出错,当打开失败后,getReadableDatabase()方法会继续尝试以只读方式打开数据库。

(2) SQLiteDatabase **getWritableDatabase**():以写的方式打开数据库对应的 SQLiteDatabase 对象,一旦打开成功,将会缓存该数据库对象。

(3) abstract void **onCreate**(SQLiteDatabase db):当数据库第一次被创建的时候调用该方法。

(4) abstract void **onUpgrade**(SQLiteDatabase db,int oldVersion,int newVersion):当数据库需要更新的时候调用该方法。

(5) void **onOpen**(SQLiteDatabase db):当数据库打开时调用该方法。

当调用 SQLiteOpenHelper 的 getWritableDatabase()或者 getReadableDatabase()方法获取 SQLiteDatabase 实例的时候,如果数据库不存在,Android 系统会自动生成一个数据库,然后调用 onCreate()方法,在 onCreate()方法里可以生成数据库表结构及添加一些应用需要的初始化数据。onUpgrade()方法在数据库的版本发生变化时会被调用,一般在软件升级时才需改变版本号,而数据库的版本是由开发人员控制的,假设数据库现在的版本是1,由于业务的变更,需要修改数据库表结构,为了实现这一目的,可以把数据库版本设置为2,并在 onUpgrade()方法里实现表结构的更新。onUpgrade()方法可以根据原版本号和目标版本号进行判断,然后作出相应的表结构及数据更新。

SQLiteDatabase 是 Android 提供的代表数据库的类(底层就是一个数据库文件),该类封装了一些操作数据库的 API,使用该类可以完成对数据进行添加(create)、查询(retrieve)、更新(update)和删除(delete)操作。对 SQLiteDatabase 的学习应该重点掌握 execSQL()和 rawQuery()方法。execSQL()方法可以执行 insert、delete、update 和 create table 之类有更改行为的 SQL 语句;而 rawQuery()方法用于执行 select 语句。

(1) execSQL(String sql,Object[] bindArgs):执行带占位符的 SQL 语句,如果 SQL 语句中没有占位符,则第二个参数可传 null。

(2) execSQL(String sql):执行 SQL 语句。

(3) rawQuery(String sql,String[] selectionArgs):执行带占位符的 SQL 查询。

除了 execSQL()和 rawQuery()方法,SQLiteDatabase 还专门提供了对应于添加、删除、更新、查询的操作方法:insert()、delete()、update()和 query()。这些方法主要是给那些不太了解 SQL 语法的人员使用,这些方法的内部也是执行 SQL 语句,由系统根据这些参数拼接一个完整的 SQL 语句。

例如，Cursor query（String table，String[] columns，String selection，String[] selectionArgs，String groupBy，String having，String orderBy，String limit）方法各参数的含义如下。

（1）table：表名，相当于 select 语句 from 关键字后面的部分。如果是多表联合查询，可以用逗号将两个表名分开。

（2）columns：要查询的列名，可以是多列，相当于 select 语句 select 关键字后面的部分。

（3）selection：查询条件子句，相当于 select 语句 where 关键字后面的部分，在条件子句中允许使用占位符"?"。

（4）selectionArgs：对应于 selection 语句中占位符的值，值在数组中的位置与占位符在语句中的位置必须一致，否则就会有异常。

（5）groupBy：相当于 select 语句 group by 关键字后面的部分。

（6）having：相当于 select 语句 having 关键字后面的部分。

（7）orderBy：相当于 select 语句 order by 关键字后面的部分，如：personid desc，age asc。

（8）limit：指定偏移量和获取的记录数，相当于 select 语句 limit 关键字后面的部分。

Cursor 接口主要用于存放查询记录的接口，Cursor 是结果集游标，用于对结果集进行随机访问。如果熟悉 JDBC，可发现 Cursor 与 JDBC 中的 ResultSet 作用很相似，提供了如下方法来移动查询结果的记录指针。

（1）**move（int offset）**：将记录指针向上或向下移动指定的行数。若 offset 为正数则向下移动，为负数就向上移动。

（2）**moveToNext（）**：将游标从当前记录移动到下一记录，如果已经移过了结果集的最后一条记录，返回结果为 false，否则为 true。

（3）**moveToPrevious（）**：将游标从当前记录移动到上一记录，如果已经移过了结果集的第一条记录，返回值为 false，否则为 true。

（4）**moveToFirst（）**：将游标移动到结果集的第一条记录，如果结果集为空，返回值为 false，否则为 true。

（5）**moveToLast（）**：将游标移动到结果集的最后一条记录，如果结果集为空，返回值为 false，否则为 true。

使用 SQLiteDatabase 进行数据库操作的步骤如下。

（1）定义一个数据库操作辅助类，从 SQLiteOpenHelper 继承，重写 onCreate（）和 onUpgrade（）方法，在 onCreate（）方法中执行建表语句和初始化数据。

（2）创建 SQLiteOpenHelper 类对象，指定数据库的名称和版本后，调用该类的 getReadableDatabase（）或者 getWritableDatabase（）方法，获取 SQLiteDatabase 对象，该对象代表了与数据库的连接。

（3）调用 SQLiteDatabase 对象的相关方法来执行增删查改操作。

（4）对 SQLiteDatabase 操作的结果进行处理，例如判断是否插入、删除或者更新成功，将查询结果记录转化成列表显示等。

（5）关闭 SQLiteDatabase，回收资源。

注意：Android 系统会根据数据库名判断是否需要创建数据库，如果数据库名已存在，则不会再执行 onCreate()方法。因此当需要对 onCreate()中的代码进行修改时，一定要删除原有数据库文件或者修改数据库名，再重新运行才有效。

SQLite 数据库本质上就是一个文件，当数据库创建成功后，会在手机的\data\data\应用程序所在包\databases 文件夹下生成相应的数据库文件。可通过 Device File Explorer 面板查看并导出该数据库，然后借助一些图形化工具或者命令行中相关命令查看具体表中的内容。

7.3.3　SQLite 数据库应用举例

下面以一个简单的示例讲解数据库的操作，以及 SQLite 数据库相关类的用法。该程序实现备忘录功能，用于记录生活中的一些重要事项，并提供查询功能，可按条件进行模糊查询。运行效果如图 7-12 所示。

该程序可输入主题、相关内容以及选择时间。单击"时间"按钮后，弹出日期选择对话框，如图 7-13 所示，选择日期并单击"确定"按钮后会将选择的时间显示在文本编辑框内。单击"添加"按钮时，会将相关数据写入数据库，单击"查询"按钮时，会根据主题、内容以及时间进行精确和模糊查询，查询时，可指定零或多个条件，当没有指定任何条件时，会显示所有的记录，查询结果如图 7-14 所示。下面详细分析其具体实现，首界面布局文件如下。

图 7-12　程序运行首界面　　　　图 7-13　选择时间对话框

图 7-14　查询结果显示界面

程序清单：codes\ch07\Memento\app\src\main\res\layout\activity_main.xml

1	`<TableLayout xmlns:android="http://schemas.android.com/apk/res/android"`	→表格布局
2	`    xmlns:tools="http://schemas.android.com/tools"`	
3	`    android:layout_width="match_parent"`	
4	`    android:layout_height="match_parent"`	
5	`    android:stretchColumns="1"`	→第 2 列扩展
6	`    android:padding="10dp">`	→内边距为 10dp
7	`    <TableRow>`	→表格行
8	`        <TextView`	→文本显示框
9	`            android:text="主题"`	→文本内容
10	`            android:textSize="20sp" />`	→文本大小
11	`        <EditText android:id="@+id/subject" />`	→文本编辑框
12	`    </TableRow>`	
13	`    <TableRow>`	
14	`        <TextView`	
15	`            android:text="内容"`	→文本内容
16	`            android:textSize="20sp" />`	→文本大小
17	`        <EditText`	
18	`            android:id="@+id/body"`	→添加 ID 属性
19	`            android:minLines="2" />`	→最少 2 行
20	`    </TableRow>`	

```xml
21      <TableRow>
22          <Button
23              android:onClick="chooseDate"           →单击事件处理
24              android:text="时间" />
25          <EditText
26              android:id="@+id/date"                 →添加 ID 属性
27              android:enabled="false" />
28      </TableRow>
29      <LinearLayout android:gravity="center_horizontal">   →内容水平居中
30          <Button
31              android:onClick="add"                  →单击事件处理
32              android:layout_width="wrap_content"
33              android:layout_height="wrap_content"
34              android:layout_marginRight="20dp"      →右边距为 20dp
35              android:text="添加" />
36          <Button
37              android:onClick="query"                →单击事件处理
38              android:layout_width="wrap_content"
39              android:layout_height="wrap_content"
40              android:text="查询" />
41      </LinearLayout>
42      <LinearLayout
43          android:id="@+id/title"
44          android:layout_width="match_parent"
45          android:layout_height="wrap_content"
46          android:orientation="horizontal">          →方向为水平
47          <TextView
48              style="@style/TextView"                →使用样式
49              android:layout_weight="1"              →权重为 1
50              android:text="编号"/>
51          <TextView
52              style="@style/TextView"                →使用样式
53              android:layout_weight="1"              →权重为 1
54              android:text="主题" />
55          <TextView
56              style="@style/TextView"                →使用样式
57              android:layout_weight="3"              →权重为 3
58              android:text="内容"/>
59          <TextView
60              style="@style/TextView"                →使用样式
61              android:layout_weight="3"              →权重为 3
62              android:text="时间"/>
63      </LinearLayout>
```

```
64      <ListView                                            →列表控件
65          android:id="@+id/result"                         →添加ID属性
66          android:layout_width="wrap_content"
67          android:layout_height="wrap_content" />
68  </TableLayout>
```

此布局使用到了样式,样式定义如下。

程序清单:codes\ch07\Memento\app\src\main\res\values\styles.xml

```
1   <resources xmlns:android="http://schemas.android.com/apk/res/android">
2   <style name="TextView">
3       <item name="android:layout_height">wrap_content</item>   →设定高度
4       <item name="android:layout_width">0dp</item>             →设定宽度
5       <item name="android:gravity">center_horizontal</item>
                                                                 →设定对齐方式
6       <item name="android:textSize">18sp</item>                →设定文本大小
7       <item name="android:textColor">#000000</item>            →设定文本颜色
8   </style>
9   </resources>
```

界面布局设计完毕后,对相关按钮添加事件监听。单击"时间"按钮,能够弹出日期选择对话框,选择好日期后,日期将显示在文本编辑框内,关键代码如下。

**程序清单:codes\ch07\Memento\app\src\main\
java\iet\jxufe\cn\memento\MainActivity.java(见其中的 chooseDate 方法)**

```
1   public void chooseDate(View view){
2       Calendar c =Calendar.getInstance();                  →获取当前日期
3       new DatePickerDialog(MainActivity.this,              →日期选择器对话框
4           new DatePickerDialog.OnDateSetListener() {       →日期改变监听器
5               public void onDateSet(DatePicker view, int year, int
                    month, int day) {
6                   date.setText(year +"-" +(month +1) +"-"+day);→显示日期信息
7               }
8           }, c.get(Calendar.YEAR), c.get(Calendar.MONTH),
                c.get(Calendar.DAY_OF_MONTH)).show();
9   }
```

注意: 上述代码中,显示日期的月份时,需要使用 month+1,这是因为 month 从 0 开始。

下面为"添加"和"查询"两个按钮添加事件处理,所有的数据都已具备,下面将数据写入数据库。首先需要写一个自己的数据库工具类,该类继承于 SQLiteOpenHelper,并重写它的 onCreate() 和 onUpgrade() 方法,数据库创建时,会调用 onCreate() 方法,因此将建表语句放在里面,详细代码如下。

第 7 章 Android 文件与本地数据库（SQLite）

程序清单：codes\ch07\Memento\app\src\main\java\iet\jxufe\cn\memento\MyDatabaseHelper.java

```
1   public class MyDatabaseHelper extends SQLiteOpenHelper {
2       private String CREATE_TABLE_SQL ="create table memento_tb(_id
            integer primary key autoincrement,subject,body,date) ";      →建表语句
3       public MyDatabaseHelper(Context context, String
            name,CursorFactory factory, int version) {                   →构造方法
4           super(context, name, factory, version);
5       }
6       public void onCreate(SQLiteDatabase db) {                        →创建时调用
7           db.execSQL(CREATE_TABLE_SQL);                                →执行建表语句
8       }
9       public void onUpgrade(SQLiteDatabase db, int oldVersion, int
            newVersion) {                                                →更新时调用
10          System.out.println("-----"+oldVersion+"--->"+newVersion);
11      }
12  }
```

在 MainActivity 中，创建数据库辅助类对象，指定数据库名称和版本号，并执行一些初始化操作，加载布局文件，根据 ID 找到控件等的关键代码如下。

程序清单：codes\ch07\Memento\app\src\main\java\iet\jxufe\cn\memento\MainActivity.java

```
1   public class MainActivity extends AppCompatActivity {
2       private EditText date, subject, body;                            →声明变量
3       private ListView result;
4       private LinearLayout title;
5       private MyDatabaseHelper mHelper;
6       private SQLiteDatabase mDB;
7       public void onCreate(Bundle savedInstanceState) {
8           super.onCreate(savedInstanceState);
9           mHelper =new MyDatabaseHelper(this, "memento.db",null, 1);
                                                                         →指定数据库名称和版本
10          mDB =mHelper.getReadableDatabase();                          →获取数据库
11          setContentView(R.layout.activity_main);                      →加载布局文件
12          date =(EditText) findViewById(R.id.date);                    →根据 ID 找到控件
13          subject =(EditText) findViewById(R.id.subject);
14          body =(EditText) findViewById(R.id.body);
15          result =(ListView) findViewById(R.id.result);
16          title=(LinearLayout)findViewById(R.id.title);
17          title.setVisibility(View.INVISIBLE);                         →结果标题不可见
18      }
19      …
20      protected void onDestroy() {                                     →页面销毁时调用
```

```
21        if(mDB !=null){                               →如果不为空
22            mDB.close();                              →关闭数据库
23            mHelper.close();                          →关闭辅助类
24        }
25    }
26 }
```

当程序第一次调用 getReadableDatabase() 方法后，SQLiteOpenHelper 会缓存已创建的 SQLiteDatabase 实例，多次调用 getReadableDatabase() 方法得到的都是同一个 SQLiteDatabase 实例，即正常情况下，SQLiteDatabase 实例会维持数据库的打开状态，因此在结束前应关闭数据库，否则会占用内存资源。

"添加"按钮的事件处理的主要逻辑是将用户输入的信息插入到数据库，然后清空输入框的内容，同时不显示下方的查询结果信息，关键代码如下。

```
1  public void add(View view){                          →添加事件处理
2      mDB.execSQL("insert into memento_tb values(null,?,?,?)", new
   String[]{ subject.getText().toString(),
   body.getText().toString(),date.getText().toString() });   →执行插入 SQL 语句
3      this.subject.setText("");                        →清空输入框内容
4      this.body.setText("");                           →清空输入框内容
5      this.date.setText("");                           →清空输入框内容
6      title.setVisibility(View.INVISIBLE);             →标题不可见
7      Toast.makeText(MainActivity.this,"备忘录添加成功",
   Toast.LENGTH_SHORT).show();                          →弹出提示信息
8      result.setAdapter(null);                         →清空列表内容
9  }
```

"查询"按钮的事件处理逻辑为根据用户输入的信息进行模糊查询，然后将查询结果以列表的形式显示在下方。关键代码如下。

```
1  public void query(View view){                        →查询事件处理
2      title.setVisibility(View.VISIBLE);
3      Cursor cursor =mDB.rawQuery("select * from memento_tb where
       subject like ? and body like ? and date like ?", new String[]{ "%" +
       subject.getText().toString() +"%", "%" +body.getText().toString
       () +"%", "%" +date.getText().toString() +"%" });
                                                        →模糊查询
4      SimpleCursorAdapter resultAdapter =new SimpleCursorAdapter(this,
   R.layout.item, cursor, new String[]{ "_id", "subject", "body", "date" }, new
   int[]{ R.id.memento_num, R.id.memento_subject, R.id.memento_body, R.id.
   memento_date }, CursorAdapter.FLAG_REGISTER_CONTENT_OBSERVER);
                        →构建 SimpleCursorAdapter 对象,指定数据显示样式
5      result.setAdapter(resultAdapter);
6  }
```

在上面程序中，我们使用了 SimpleCursorAdapter 封装 Cursor，从而在下拉列表中显示结果记录信息，这里需注意，SimpleCursorAdatper 封装 Cursor 时要求底层数据表的主键列名为_id，因为 SimpleCursorAdapter 只能识别列名为_id 的主键，否则会出现"java.lang.IllegalArgumentException：column '_id' does not exist"错误信息。SimpleCursorAdapter 的使用和第 10 章将要介绍的 SimpleAdapter 的使用类似，只是 SimpleAdapter 中 String[]数组表示的是 Map 对象中的关键字，而 SimpleCursorAdapter 中 String[]数组表示对应字段的字段名，根据字段名获取字段的值，然后将其显示在相应的控件上，int[]数组表示控件的 ID。

程序运行后，打开 Device File Explorer 面板，发现在我们应用程序的包下生成了一个 databases 文件夹，下面有一个 memento.db 文件，如图 7-15 所示，该文件即前面在程序中创建的数据库文件。

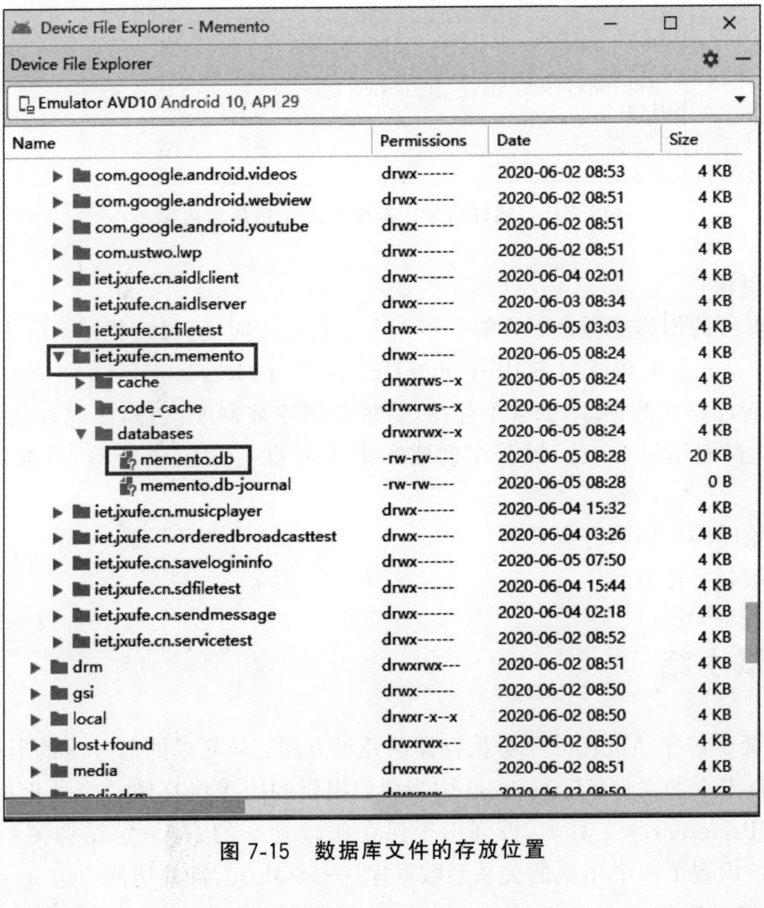

图 7-15　数据库文件的存放位置

数据库文件位于\data\data\应用程序所在包\databases 文件夹下，可通过 Device File Explorer 导出该文件夹下的数据库，然后下载具体的图形化界面进行查看。Android SDK 的 Platform-tools 目录提供了一个简单的数据库管理工具，类似于 MySQL 提供的命令行窗口。如果将 Platform-tools 目录添加到了环境变量，则只需通过命令行进入到数据库文件所在的目录，输入如下命令：

```
sqlite3 数据库名；
```

即可打开数据库。

如果先前没有将该目录添加到环境变量，则需要进入 Android SDK 安装目录下的 platform-tools 目录，然后输入如下命令：

```
sqlite3 数据库所在目录绝对路径\数据库名；
```

即可打开数据库，打开数据库后可执行相应的 SQL 语句进行增删查改，如图 7-16 所示。

注意：通过命令行查看数据库内容时，中文在命令行上会显示乱码。

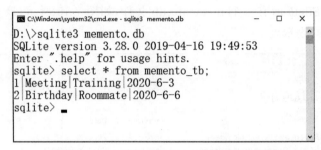

图 7-16　通过命令行查看 SQLite 数据库内容

问题与讨论

（1）数据库的创建过程是怎样的？当不存在数据库时，直接查找记录会不会出错？

答：Android 系统在调用 SQLiteOpenHelper 的 getReadableDatabase()方法时会判断系统中是否已存在数据库，如果不存在，系统会创建数据库文件，因此查找记录时不会出错，只不过查询结果为空。但若在创建数据库时没有指定表结构，添加或查询时会出错。

（2）数据库的后缀名有要求吗？

答：后缀名可任意。

7.4　本章小结

本章主要讲解了 Android 中数据存储的几种方式：从简单的通过流的形式读取手机内存以及 SD 卡上的文件，到 Android 中为我们提供的用于保存用户个性化设置、程序参数的 SharedPreferences 工具类，再到用于保存比较复杂的、有一定结构关系的数据库。Android 系统内置了一个小型的关系型数据库——SQLite，且为访问 SQLite 数据库提供了大量方便的工具类。

除此之外，为了方便应用程序之间的数据共享，而又不用知道应用程序内部操作数据的细节，Android 系统提供了不同应用程序之间交换数据的标准 API——ContentProvider(内容提供者)。ContentProvider 将在第 8 章中详细介绍。

课后练习

1. Android 中数据存储主要包含哪 5 种方式？

2. SQLite 允许把各种类型的数据保存到任何类型字段中，开发者可以不用关心声明该字段所使用的数据类型。（对 / 错）

3. 向手机内置存储空间内文件中写入新的内容时首先调用的方法是（　　）。
   A. openFileOutput()　　　　　　　　B. read()
   C. write()　　　　　　　　　　　　D. openFileInput()

4. 通过 openFileOutput(String name, int mode) 向手机上的文件写入内容时，若第二个参数传值为 3，表示该文件（　　）。
   A. 是私有数据，只能被应用本身访问
   B. 可以被其他应用读取
   C. 可以被其他应用写入
   D. 既可以被其他应用读取也能被其他应用写入

5. SharedPreferences 数据以（　　）格式保存在手机上。
   A. xml　　　　　　　　　　　　　　B. txt
   C. json　　　　　　　　　　　　　　D. 根据用户自定义

6. SharedPreferences 保存文件的路径和扩展名是（　　）。
   A. \data\data\shared_prefs\ *.txt
   B. \data\data/package name\shared_prefs\ *.xml
   C. \mnt\sdcard\指定文件夹. 指定扩展名
   D. 任意路径\任意扩展名

7. 对于一个已经存在的 SharedPreferences 对象 userPreference，如果向其中存入一个字符串"name"，userPreference 应该先调用（　　）方法。
   A. edit()　　B. save()　　C. commit()　　D. putString()

8. 在开发 Android 应用程序时，如果希望在本地存储一些结构化的数据，可以使用数据库，Android 系统中内嵌了一个小型的关系型数据库是（　　）。
   A. MySQL　　B. SQLite　　C. DB2　　D. Sybase

9. 以下数据类型中，哪个不是 SQLite 内部支持的类型（　　）。
   A. NULL　　B. INTEGER　　C. STRING　　D. TEXT

10. 下列关于 SQLiteOpenHelper 的描述不正确的是（　　）。
    A. SQLiteOpenHelper 是 Android 中提供的管理数据库的工具类，主要用于数据库的创建、打开、版本更新等，它是一个抽象类
    B. 继承 SQLiteOpenHelper 的类，必须重写它的 onCreate() 方法
    C. 继承 SQLiteOpenHelper 的类，必须重写它的 onUpgrade() 方法
    D. 继承 SQLiteOpenHelper 的类，可以提供构造方法也可以不提供构造方法

11. SQLiteOpenHelper 是 Android 中提供的管理数据库的工具类，创建该类的子类

时，以下方法中，（　　）不是必须要包含在子类中的。

  A. 构造方法　　　　　　　　　　　B. onCreate()

  C. onUpgrade()　　　　　　　　　　D. getReadableDatabase()

12. 设计程序实现简单的注册、登录功能，程序运行主界面如图 7-17 所示。单击"登录"按钮跳转到登录界面，界面效果如图 7-18 所示，单击"注册"按钮跳转到注册界面，界面效果如图 7-19 所示。

图 7-17　运行主界面效果

图 7-18　登录界面效果

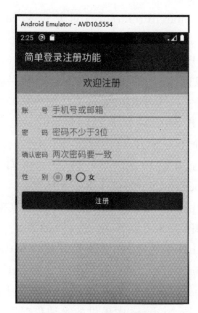
图 7-19　注册界面效果

单击登录界面中的"登录"按钮时会对用户输入进行简单判断,如果用户名为空或者用户密码少于三位则弹出"输入警告"对话框进行提示,如图 7-20 所示。如果用户输入合法,则查询本地数据库是否存在该用户名和密码,如果不存在则通过 Toast 发送一条信息,如图 7-21 所示;如果用户名和密码正确,则跳转到登录成功界面,如图 7-22 所示。

图 7-20 登录输入不合法提示

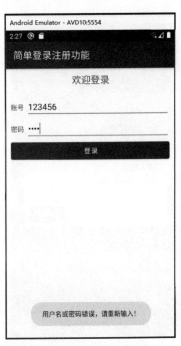
图 7-21 用户名或密码不正确提示

图 7-22 登录成功界面显示

单击注册界面中的"注册"按钮时会对用户输入进行简单判断,如果用户名为空、用户密码少于三位或两次密码不一致则弹出"输入警告"对话框进行提示,如图 7-23 所示。如果用户输入合法,则查询本地数据库该用户是否已注册,如果已注册则通过 Toast 发送一条信息,如图 7-24 所示。注册成功后,跳转到结果页面显示注册成功信息,如图 7-25 所示。

图 7-23 注册输入不合法提示

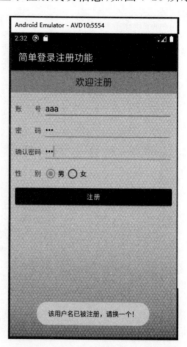
图 7-24 用户名或密码不正确提示

图 7-25 注册成功界面显示

提示：该示例一共包含四个页面：主页面、登录页面、注册页面、结果显示页面。用户信息保存在本地数据库 SQLite 中，数据库中只存在一张表 user_tb，该表中存在三个字段：name（用户名）、psd（密码）、gender（性别）。注册时将用户信息插入到数据库中，同一用户名不能重复注册，登录时从数据库中查找并对照用户名和密码是否相匹配。

第 8 章

Android 内容提供者（ContentProvider）应用

本章要点

- 统一内容提供者——ContentProvider 类及其应用
- 网络资源的读取

本章知识结构图

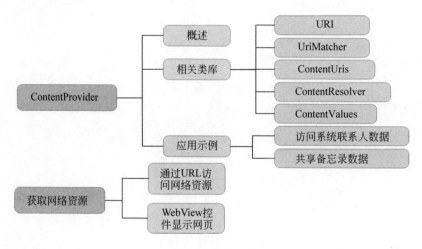

本章示例

随着人们手机上应用的增多，往往需要在不同的应用之间共享数据，比如在一个短信群发的应用中，用户需要选择收件人，逐个输入手机号码当然可以达到目的，但是比较麻烦，并且很少有人会记住所有联系人的号码。这时候就需要获取联系人应用的数据，然后从中选择收件人即可。应用之间数据的共享使得用户可以在一个应用中直接操作另一个应用中记录的数据，例如第 7 章中所学的文件、SharedPreferences 等。这不仅需要应用程序提供相应的权限，而且还必须知道应用程序中数据存储的细节，不同应用程序记录数据的方式差别也很大，不利于数据的交换。针对这种情况，Android 提供了 ContentProvider，它是不同应用程序间共享数据的标准 API，用统一的方法访问各类数据。

8.1 ContentProvider 简介

ContentProvider 是不同应用程序之间进行数据交换的标准 API，为存储和读取数据提供了统一的接口。通过 ContentProvider，应用程序可以实现数据共享。Android 内置的许多应用都使用 ContentProvider 向外提供数据，如视频、音频、图片、通讯录等，供开发者调用，其中最典型的应用就是通讯录。

那么 ContentProvider 是如何对外提供数据的呢，又是如何实现这一机制的呢？ContentProvider 以某种 URI 的形式对外提供数据，数据以类似数据库中表的方式开放，允许其他应用访问或修改数据，其他应用程序使用 ContentResolver 根据 URI 去访问操作指定的数据。每个 ContentProvider 都有一个唯一标识的 URI，其他应用程序的 ContentResolver 根据 URI 就知道具体解析的是哪个 ContentProvider，然后调用相应的操作方法，对于 ContentResolver 的方法内部实际上是调用该 ContentProvider 的对应方法，对于 ContentProvider 方法内部是如何实现的，其他应用程序不知道具体细节，只是知道有一个方法，这就达到了统一接口的目的。对于不同数据的存储方式，该方法内部的实现是不同的，而外部访问方法都是一致的。

ContentProvider 也是 Android 四大组件之一，如果要开发自己的 ContentProvider，必须实现 Android 系统提供的 ContentProvider 基类，并且需要在 AndroidManifest.xml 文件中进行配置。

ContentProvider 基类的常用方法有如下几种。

（1）public abstract boolean onCreate()：该方法在 ContentProvider 创建后调用，当其他应用程序第一次访问 ContentProvider 时，ContentProvider 会被创建，并立即调用该方法。

（2）public abstract Cursor query(Uri uri, String[] projection, String selection, String[] selectionArgs, String sortOrder)：根据 URI 查询符合条件的全部记录，其中 projection 是所需要获取的数据列。

（3）public abstract int update(Uri uri, ContentValues values, String select, String[] selectArgs)：根据 URI 修改 select 条件所匹配的全部记录。

（4）public abstract int delete(Uri uri, String selection, String[] selectionArgs)：根

据 URI 删除符合条件的全部记录。

（5）public abstract Uri insert(Uri uri, ContentValues values)：根据 URI 插入 values 对应的数据，ContentValues 类似于 map，存放的是键值对；

（6）public abstract String getType(Uri uri)：该方法返回当前 URI 所代表的数据的 MIME 类型。如果该 URI 对应的数据包含多条记录，则 MIME 类型字符串应该以 vnd.android.curor.dir/开头，如果该 URI 对应的数据只包含一条记录，则 MIME 类型字符串应该以 vnd.android.cursor.item/开头。

上面几个方法都是抽象方法，开发自己的 ContentProvider 时，必须重写这些方法，然后在 AndroidManifest.xml 文件中配置该 ContentProvider。为了能让其他应用找到该 ContentProvider，ContentProvider 采用了 authorities（主机名/域名）对它进行唯一标识，可以把 ContentProvider 看作是一个网站，authorities 就是它的域名，只需在＜application.../＞元素内添加以下代码即可。

```
1  <provider android:name=".MyProvider"      →指定 ContentProvider 类
2      android:exported="true"
3      android:authorities="iet.jxufe.cn.android.provider.myprovider">
                                              →域名
4  </provider>
```

注意：authorities 是必备属性，如果没有 authorities 属性会报错。

一旦某个应用程序通过 ContentProvider 开放了自己的数据操作接口，那么不管该应用程序是否启动，其他应用程序都可通过该接口来操作该应用程序的内部数据。

8.2 ContentProvider 操作常用类

8.1 节介绍 ContentProvider 时涉及几个知识点：URI、ContentResolver、ContentValues，本节将详细介绍这几个类的作用和用法。

8.2.1 URI 基础

URI 代表了要操作的数据，URI 主要包含了两部分信息：

（1）需要操作的 ContentProvider；

（2）对 ContentProvider 中的什么数据进行操作。一个 URI 的组成如图 8-1 所示。

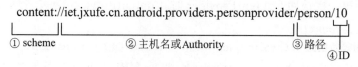

图 8-1 URI 的组成部分

① scheme：ContentProvider（内容提供者）的 scheme 已经由 Android 规定为：content://。

② 主机名（或 **Authority**）：用于唯一标识这个 ContentProvider，外部调用者可以根据

这个标识来找到它。

③ 路径（或资源）：用于确定要操作该 ContentProvider 中的什么数据，一个 ContentProvider 内可能包含多种数据，路径的构建应根据业务而定，例如操作通信录应用中的数据，可构建以下路径。

- 要操作 person 表中 ID 为 10 的记录，可以构建路径/person/10；
- 要操作 person 表中 ID 为 10 的记录的 name 字段，可以构建路径/person/10/name；
- 要操作 person 表中的所有记录，可以构建路径/person；
- 要操作 xxx 表中的记录，可以构建路径/xxx；

④ ID：该部分是可选的，用于指定操作的具体是哪条记录，如果没有设置，则操作的是所有记录。

要操作的数据不一定来自数据库，也可以是文件、XML 或网络等其他存储方式，例如要操作 XML 文件中 person 节点下的 name 节点，可以构建路径/person/name。

上面构建的都是字符串，如果要把一个字符串转换成 URI，可以使用 Uri 工具类中的 parse()静态方法，用法如下。

```
1  Uri uri = Uri.parse("content://iet.jxufe.cn.android.providers.personprovider/person");
```

8.2.2 URI 操作类 UriMatcher 和 ContentUris

由于 URI 代表了要操作的数据，所以我们经常需要解析 URI，并从 URI 中获取数据。Android 系统为我们提供了两个用于操作 URI 的工具类，分别为 **UriMatcher** 和 **ContentUris**。

UriMatcher 类用于匹配 URI，主要用法如下。

（1）注册所有需要匹配的 URI 路径，代码如下：

```
1  UriMatcher  myUri=new UriMatcher(UriMatcher.NO_MATCH);
2  →创建 UriMather 对象,常量 UriMatcher.NO_MATCH 表示不匹配任何路径的返回码
3  →该常量值为-1。
4  myUri.addURI("iet.jxufe.cn.providers.myprovider", "person", 1);
5  →添加需匹配的 Uri,如果 match()方法匹配 content://iet.jxufe.cn.providers.myprovider/person 路径,返回匹配码为 1
6
7  myUri.addURI("iet.jxufe.cn.providers.myprovider", "person/#", 2);
8  →添加需匹配的 Uri,#号为通配符,表示匹配任何 ID 的 Uri,如果匹配则返回 2,
9  →如果 match()方法匹配 content://iet.jxufe.cn.providers.myprovider/person/230 路径,返回匹配码为 2
```

（2）注册完需要匹配的 URI 后，就可以使用 myUri.match(uri)方法对输入的 URI 进行匹配，如果匹配就返回匹配码，匹配码是调用 addURI()方法传入的第三个参数，假设匹配 content://iet.jxufe.cn.providers.myprovider/person 路径，返回的匹配码为 1。

ContentUris 类用于获取 URI 路径后面的 ID 部分,它有两个比较实用的方法:

(1) withAppendedId(uri,id)方法可用于为路径加上 ID 部分,用法如下。

```
1  Uri uri =Uri.parse("content://iet.jxufe.cn.providers.myprovider/person")
2  Uri resultUri =ContentUris.withAppendedId(uri, 10);
3  →生成后的 Uri 为:content:// iet.jxufe.cn.providers.myprovider/person/10
```

(2) **parseId(uri)** 方法用于从路径中获取 ID 部分,用法如下。

```
1  Uri uri =Uri.parse("content:// iet.jxufe.cn.providers.myprovider/person/10")
2  long personid =ContentUris.parseId(uri);         →获取的结果为 10
```

8.2.3 ContentResolver 类

ContentProvider 的作用是暴露可供操作的数据,其他应用程序主要通过 ContentResolver 来操作 ContentProvider 所暴露的数据,ContentResolver 相当于我们的客户端。

ContentResolver 是一个抽象类,主要提供了以下几个方法。

(1) insert(Uri url,ContentValues values):向 URI 对应的 ContentProvider 中插入 values 对应的数据。

(2) delete(Uri url, String where, String[]selectionArgs):删除 URI 对应的 ContentProvider 中符合条件的记录。

(3) update(Uri uri,ContentValues values, String where, String[] selectionArgs):用 vaules 值更新 URI 对应的 ContentProvider 中符合条件的记录。

(4) query(Uri uri, String[] projection, String selection, String[]selectionArgs, String sortOrder):查询 URI 对应的 ContentProvider 中符合条件的记录。

ContentResolver 是一个抽象类,是不能直接实例化的,那么如何得到 ContentResolver 实例呢?Android 中 Context 类提供了 getContentResolver()方法用于获取 ContentResolver 对象,然后即可调用其增删查改方法进行数据操作。

一般来说,当多个应用程序通过 ContentResolver 来操作 ContentProvider 提供的数据时,ContentResolver 调用的数据操作将会委托给同一个 ContentProvider 对象(或者实例)处理。这种设计形式也被称为单例模式,即 ContentProvider 在整个过程中只有一个实例。

ContentValues 类和 Java 中的 Hashtable 类比较相似,都负责存储一些键值对,但是它存储的键值对当中的键是一个 String 类型,往往是数据库的某一字段名,而值都是一些简单的数据类型。当向数据库中插入一条记录时,可以将这条信息的各个字段值放入 ContentValues,然后将该 ContentValues 直接插入数据库,而不用拼接 SQL 语句或使用占位符——赋值。

8.3 ContentProvider 应用实例

8.3.1 用 ContentResolver 操纵 ContentProvider 提供的数据

Android 系统中内置了许多应用,部分应用也采用了 ContentProvider 向外提供数据,最典型的就是通讯录应用,下面演示如何通过 ContentResolver 获取通讯录应用的联系人信息,并向其中添加联系人。

Android 系统对联系人管理 ContentProvider 的 URI 如下。

(1) ContactsContract. Contacts. CONTENT_URI:管理联系人的 URI。

(2) ContactsContract.CommonDatakinds.Phone.CONTENT_URI:管理联系人电话的 URI。

有了这些 URI 后,就可以在应用程序中通过 ContentResolver 去操作系统的联系人数据了。程序运行效果如图 8-2 所示,单击"添加"按钮后,将输入的用户名和手机号添加到通讯录中,单击"显示所有联系人"按钮,能够读取所有的联系人信息,如图 8-3 所示,同时系统中通讯录中也添加了一个联系人信息,如图 8-4 所示。

图 8-2 程序运行首界面

图 8-3 显示所有联系人

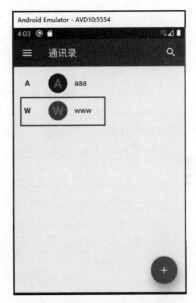

图 8-4 系统通讯录中的联系人

界面布局相对简单,在此不再列出,只列出两个按钮的事件处理的关键代码。

向通讯录中添加联系人的事件处理,由于通讯录中用户名和号码存放于不同的表中,是根据联系人 ID 号关联起来的,因此先向联系人中添加一个空的记录,产生新的 ID 号,然后根据 ID 号分别在两张表中插入相应的数据。由于通讯录对用户而言是比较隐私的,因此需要用户进行授权。具体代码如下。

程序清单：codes\ch07\AccessContacts\app\src\
main\java\iet\jxufe\cn\accesscontacts\MainActivity.java（见其中的 add 方法）

```
1   public void add(View view) {                                    →添加事件处理
2       if (ContextCompat.checkSelfPermission(this,
            Manifest.permission.WRITE_CONTACTS) !=
            PackageManager.PERMISSION_GRANTED) {                    →判断是否授权
3               ActivityCompat.requestPermissions(this, new
            String[]{Manifest.permission.WRITE_CONTACTS}, 1);
                                                                    →请求授权
4       } else {
5           add();                                                  →添加联系人
6       }
7   }
8   public void add() {                                             →添加的业务逻辑
9       String nameStr =name.getText().toString();                  →获取输入的姓名
10      String numStr =num.getText().toString();                    →获取输入的号码
11      ContentValues values =new ContentValues();
12      Uri rawContactUri =resolver.insert(
            ContactsContract.RawContacts.CONTENT_URI, values);      →插入空记录
13      long contactId =ContentUris.parseId(rawContactUri);         →得到 ID
14      values.clear();                                             →清空数据
15      values.put(ContactsContract.Contacts.Data.RAW_CONTACT_ID,
            contactId);                                             →保存 ID
16      values.put(ContactsContract.Contacts.Data.MIMETYPE,
            ContactsContract.CommonDataKinds.StructuredName.
            CONTENT_ITEM_TYPE);                                     →存放类型
17      values.put(ContactsContract.CommonDataKinds.StructuredName.
            GIVEN_NAME, nameStr);                                   →存放姓名
18      resolver.insert(android.provider.ContactsContract.Data.CONTENT_
            URI, values);                                           →插入数据
19      values.clear();                                             →清空数据
20      values.put(ContactsContract.Contacts.Data.RAW_CONTACT_ID, contactId);
                                                                    →存放 ID
21      values.put(ContactsContract.Contacts.Data.MIMETYPE, ContactsContract.
        CommonDataKinds.Phone.CONTENT_ITEM_TYPE);                   →存放类型
22      values.put(ContactsContract.CommonDataKinds.Phone.NUMBER, numStr);
                                                                    →存放号码
23      values.put(ContactsContract.CommonDataKinds.Phone.TYPE, ContactsContract.
        CommonDataKinds.Phone.TYPE_MOBILE);                         →号码类型
24      resolver.insert(android.provider.ContactsContract.Data.CONTENT_URI,
        values);                                                    →插入数据
```

```
25        Toast.makeText(this, "成功添加一个联系人!",
                  Toast.LENGTH_SHORT).show();              →弹出提示信息
26      }
```

获取通讯录中所有联系人的姓名和手机号时,首先查询出所有的联系人姓名和 ID 号,然后根据 ID 号查询电话号码表中的号码,再将每个人的信息放在同一个 map 对象中,最后将这个 map 对象添加到列表中,作为结果返回。程序得到列表后将其与下拉列表控件相关联,从而将数据有规律地显示在界面上。关键代码如下。

```
1     public void query(View view) {                        →查询事件处理
2         if (ContextCompat.checkSelfPermission(this,
              Manifest.permission.READ_CONTACTS) !=
              PackageManager.PERMISSION_GRANTED) {          →判断是否授权
3             ActivityCompat.requestPermissions(this, new
              String[]{Manifest.permission.READ_CONTACTS}, 2);  →请求授权
4         } else {
5             query();                                      →查询联系人
6         }
7     }
8     public void query() {                                 →查询的业务逻辑
9         title.setVisibility(View.VISIBLE);                →标题不可见
10        ArrayList<Map<String, String>>detail = new
                  ArrayList<Map<String, String>>();         →创建集合
11        Cursor cursor = resolver.query(ContactsContract.Contacts.
                  CONTENT_URI, null, null, null, null);     →查询所有联系人
12        while (cursor.moveToNext()) {                     →循环访问
13            Map<String, String>person = new HashMap<String, String>();
                                                            →保存联系人信息
14            String personId = cursor.getString(cursor.getColumnIndex(
                  ContactsContract.Contacts._ID));          →联系人 ID
15
16            String name = cursor.getString(cursor.getColumnIndex(
                  ContactsContract.Contacts.DISPLAY_NAME)); →联系人姓名
17            person.put("id", personId);                   →存放 ID
18            person.put("name", name);                     →存放姓名
19            Cursor nums = resolver.query( ContactsContract.
              CommonDataKinds.Phone.CONTENT_URI, null,
              ContactsContract.CommonDataKinds.
              Phone.CONTACT_ID +"="+personId, null, null);  →查询所有的号码
20            if (nums.moveToNext()) {                      →判断是否有
21                String num = nums.getString(nums.getColumnIndex
              (ContactsContract.CommonDataKinds.Phone.NUMBER));
                                                            →获取第一个号码
```

```
22              person.put("num", num);                    →存放号码
23          }
24          nums.close();
25          detail.add(person);                            →存放到集合
26      }
27      cursor.close();
28      SimpleAdapter adapter =new SimpleAdapter(this,
    detail, R.layout.result, new String[]{"id", "name", "num"}, new int[]
    {R.id.personId, R.id.personName, R.id.personNum});    →构建 Adapter 对象
29      result.setAdapter(adapter);                        →关联 Adapter
30  }
```

联系人列表显示的风格和 SQLite 数据库中备忘录的显示风格一致,在此不再列出布局代码。

注意:本程序需要读取、添加联系人信息,因此需要在 AndroidManifest.xml 文件中为该应用程序授权,授权代码如下。

```
1   <uses permission android:name="android.permission.READ_CONTACTS"/>
                                                          →读的权限
2   <uses permission android:name="android.permission.WRITE_CONTACTS"/>
                                                          →写的权限
```

8.3.2　开发自己的 ContentProvider

上面程序介绍了如何使用 ContentResolver 来操作系统 ContentProvider 提供的数据,下面继续学习如何开发自己的 ContentProvider,即将自己的应用数据通过 ContentProvider 提供给其他应用。

开发自己的 ContentProvider 主要经历如下两步。

(1) 开发一个 ContentProvider 子类,该子类需要实现增、删、查、改等方法。

(2) 在 AndroidManifest.xml 文件中配置该 ContentProvider。

下面以备忘录为示例演示如何创建一个 ContentProvider,使得其他应用程序可以访问和修改它的数据。

首先定义一个常量类,把备忘录的相关信息以及 URI 通过常量的形式进行公开,提供访问该 ContentProvider 的一些常用入口,代码如下。

> 程序清单:codes\ch08\MementoContent\app\src\
> main\java\iet\jxufe\cn\mementocontent\Mementos.java

```
1   public class Mementos {
2       public static final String AUTHORITY ="iet.jxufe.cn.providers.memento";
3       public static final class Memento implements BaseColumns {
4           public static final String _ID ="_id";        →memento_tb 表中_id 字段
5           public static final String SUBJECT ="subject";
```

```
                                         →memento_tb 表中 subject 字段
6        public static final String BODY = "body";    →memento_tb 表中 body 字段
7        public static final String DATE = "date";    →memento_tb 表中 date 字段
8        public static final Uri MEMENTOS_CONTENT_URI=Uri.parse("content://"
9              +AUTHORITY +"/mementos");      →提供操作备忘录集合的 URI
10       public static final Uri MEMENTO_CONTENT_URI=Uri.parse("content://"
11             +AUTHORITY +"/memento");       →提供操作单个备忘录的 URI
12   }
13 }
```

然后,为该应用添加 ContentProvider,继承系统中的 ContentProvider 基类,重写里面的抽象方法,具体代码如下。

程序清单：codes\ch08\MementoContent\app\src\main\java\iet\jxufe\cn\mementocontent\MementoProvider.java

```
1  public class MementoProvider extends ContentProvider {
2      private static UriMatcher matcher =new UriMatcher(UriMatcher.NO_MATCH);
3      private static final int MEMENTOS =1;   →定义两个常量,用于匹配 URI 的返回值
4      private static final int MEMENTO =2;
5      MyDatabaseHelper dbHelper;
6      SQLiteDatabase  db;
7      static {
8          matcher.addURI(Mementos.AUTHORITY, "mementos", MEMENTOS);
                                         →添加 URI 匹配规则,用于判断 URI 的类型
9          matcher.addURI(Mementos.AUTHORITY, "memento/#", MEMENTO);
10     }
11     public boolean onCreate() {
12         dbHelper =new MyDatabaseHelper(getContext(), "memento.db", null,1);
13         db =dbHelper.getReadableDatabase();
                                         →创建数据库工具类,并获取数据库实例
14         return true;
15     }
16     public Uri insert(Uri uri, ContentValues values) {    →添加记录
17         long rowID =db.insert("memento_tb", Mementos.Memento._ID, values);
18         if (rowID >0) {              →如果添加成功,则通知数据库记录发生更新
19             Uri mementoUri =ContentUris.withAppendedId(uri, rowID);
20             getContext().getContentResolver().notifyChange(mementoUri, null);
21             return mementoUri;
22         }
23         return null;
24     }
25     public int update(Uri uri, ContentValues values, String selection,
```

```java
26              String[] selectionArgs) {                    →更新记录
27         int num = 0;
28         switch (matcher.match(uri)) {
29         case MEMENTOS:
30             num = db.update("memento_tb", values, selection, selectionArgs);
31             break;
32         case MEMENTO:
33             long id = ContentUris.parseId(uri);
34             String where = Mementos.Memento._ID + "=" + id;
35             if (selection != null && !"".equals(selection)) {
36                 where = where + " and " + selection;
37             }
38             num = db.update("memento_tb", values, where, selectionArgs);
39             break;
40         default:
41             throw new IllegalArgumentException("未知 Uri:" + uri);
42         }
43         getContext().getContentResolver().notifyChange(uri, null);
44         return num;
45     }
46     public Cursor query(Uri uri, String[] projection, String selection,
47             String[] selectionArgs, String sortOrder) {
48         switch (matcher.match(uri)) {
49         case MEMENTOS:
50             return db.query("memento_tb", projection, selection, selectionArgs,
51                     null, null, sortOrder);
52         case MEMENTO:
53             long id = ContentUris.parseId(uri);
54             String where = Mementos.Memento._ID + "=" + id;
55             if (selection != null && !"".equals(selection)) {
56                 where = where + " and " + selection;
57             }
58             return db.query("memento_tb", projection, where, selectionArgs,
null, null, sortOrder);
59
60         default:
61             throw new IllegalArgumentException("未知 Uri:" + uri);
62         }
63     }
64
65     public String getType(Uri uri) {
66         switch (matcher.match(uri)) {
67         case MEMENTOS:
```

```
68                return "vnd.android.cursor.dir/mementos";
69            case MEMENTO:
70                return "vnd.android.cursor.item/memento";
71            default:
72                throw new IllegalArgumentException("未知 Uri:" +uri);
73        }
74    }
75 }
```

至此，ContentProvider 就已经开发好了，下面将该 ContentProvider 在 AndroidManifest.xml 文件中进行注册，代码如下。

```
1  <provider android:name=".MementoProvider"              →provider 类名
2       android:exported="true"                            →可以被其他应用调用
3       android:authorities="iet.jxufe.cn.providers.memento">   →访问域名
4  </provider>
```

现在就可以写一个应用程序来访问我们开发的 ContentProvider 了。应用程序运行后，单击"显示所有备忘录"按钮，效果如图 8-5 所示。在界面中添加一条备忘信息，内容如图 8-6 所示。此时，打开原有备忘录应用，查询所有备忘录信息，可以看到新添加的备忘录信息，如图 8-7 所示。程序运行界面与前面备忘录的界面类似，在此不再详述。

图 8-5　显示所有记录的效果图

图 8-6　插入一条新记录的效果图

本应用程序并没有创建自己的备忘录数据库，而是访问 MementoContent 通过 ContentProvider 所提供的数据，事件处理的关键代码如下。

图 8-7　显示所有记录（插入新记录后）的效果图

程序清单：codes\ch08\MementoResolver\app\src\
main\java\iet\jxufe\cn\mementoresolver\MainActivity.java

```
1   public void add(View view) {                        →添加事件处理
2       ContentValues values =new ContentValues();      →创建一个 ContentValues
                                                         对象,并向其中存值
3       values.put(Mementos.Memento.SUBJECT, subject.getText().toString());
4       values.put(Mementos.Memento.BODY, body.getText().toString());
5       values.put(Mementos.Memento.DATE, date.getText().toString());
6       contentResolver.insert(Mementos.Memento.MEMENTOS_CONTENT_URI,values);
7       Toast.makeText(MainActivity.this, "备忘录添加成功!", 1000).show();
8   }
9
10  public void query(View view) {                      →查询事件处理
11      Cursor cursor =contentResolver.query(           →调用查询方法
12      Mementos.Memento.MEMENTOS_CONTENT_URI, null, null,null, null);
                                                        →指定查询内容
13      SimpleCursorAdapter resultAdapter =new
            SimpleCursorAdapter(MainActivity.this, R.layout.result, cursor,
            MainActivity.this, R.layout.result, cursor, new String[] {
            Mementos.Memento._ID, Mementos.Memento.SUBJECT,
            Mementos.Memento.BODY, Mementos.Memento.DATE },
            new int[] {R.id.memento_num, R.id.memento_subject,
            R.id.memento_body,R.id.memento_date });     →设置查询结果显示样式
```

```
14            result.setAdapter(resultAdapter);          →显示查询结果
15    }
```

8.4 获取网络资源

由于手机的计算能力、存储能力都比较有限，所以通常作为移动终端来使用，而具体的数据处理是交给网络服务器来进行的，因此，获取网络资源非常重要。Android 完全支持 JDK 本身的 TCP、UDP 网络通信，也支持 JDK 提供的 URL、URLConnection 等通信 API。除此之外，Android 还内置了 HttpClient，可方便地发送 HTTP 请求，并获取 HTTP 响应。本节简单介绍通过 URL 如何获取网络资源。

URL（Uniform Resource Locator）对象代表统一资源定位器，用于指定网络上某一资源，该资源既可以是简单的文件或目录，也可以是对复杂对象的引用。通常 URL 由协议名、主机、端口和资源组成，格式为 protocol://host：port/resourceName，如 http://iet.jxufe.cn/index.html。

URL 类提供了获取协议、主机名、端口号、资源名等方法，详细描述可查看 API，此外还提供了 openStream（）方法，可以读取该 URL 资源的 InputStream，通过该方法可以非常方便地读取远程资源。

下面通过一个简单的例子示范如果通过 URL 类读取远程资源。该示例用于获取网络上的一张图片并显示在 ImageView 中，程序运行效果如图 8-8 所示。

图 8-8 获取网络图片运行效果

程序清单：codes\ch08\AccessURL\app\src\main\java\iet\jxufe\cn\accessurl\MainActivity.java

```
1   public class MainActivity extends AppCompatActivity {
2       private ImageView mImageView;
3       private Handler mHandler;
4       private Bitmap bitmap;
5       public void onCreate(Bundle savedInstanceState) {
6           super.onCreate(savedInstanceState);
7           setContentView(R.layout.activity_main);          →加载布局文件
8           mImageView = (ImageView) findViewById(R.id.mImageView);
9           mHandler=new Handler(){                          →创建 Handler 对象
10              public void handleMessage(Message msg) {
11                  if(msg.what==0x11){
12                      mImageView.setImageBitmap(bitmap);   →显示图片
13                  }
14              }
15          };
```

```
16          new Thread(){                                          →创建线程
17              public void run(){                                 →线程执行体
18                  try{
19                      URL url = new URL("https://ss0.bdstatic.com/5aV1bjqh_
    Q23odCf/static/superman/img/logo/bd_logo1_31bdc765.png");
20                      InputStream is = url.openStream();         →打开输入流
21                      bitmap = BitmapFactory.decodeStream(is);   →得到位图
22                      is.close();                                →关闭输入流
23                  }catch(Exception ex){                          →捕获异常
24                      ex.printStackTrace();                      →打印异常信息
25                  }
26                  mHandler.sendEmptyMessage(0x11);               →发送消息
27              }
28          }.start();                                             →启动线程
29      }
30  }
```

注意：访问网络时需要添加网络权限，添加权限的代码如下：

`<uses-permission android:name="android.permission.INTERNET"/>`

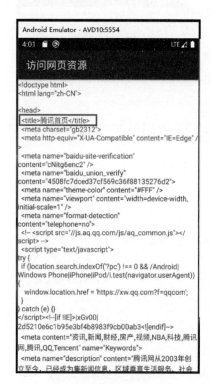

图 8-9 TextView 显示的
         HTML 源代码

提示：Android 2.3 以后开始提供了一个新的类 StrictMode，该类可以用于捕捉发生在应用程序主线程中耗时的磁盘、网络访问或函数调用，可以帮助开发者改进程序，使主线程处理 UI 和动画在磁盘读写和网络操作时变得更平滑，避免主线程被阻塞。Android 2.3 以下版本则不支持该类。如果直接在主程序中处理网络连接操作，在 2.3 版本及以后会抛出 NetworkOnMainThreadException 异常，而在之前的版本则不会。因此，本程序采用子线程来处理一些网络连接操作，这样所有版本都适用。

同样，通过这种方式还可以获取网页等其他资源，也是通过流的方式获取的，但需注意的是通过这种方式获取的网页是 HTML 的源代码，这并不是我们所想要的。Android 提供了一个 WebView 控件，可解析 HTML 源代码，也可直接加载网页。下面演示如何获取网页资源，程序运行结果使用 TextView 显示如图 8-9 所示，使用 WebView 显示如图 8-10 所示。

第 8 章　Android 内容提供者（ContentProvider）应用

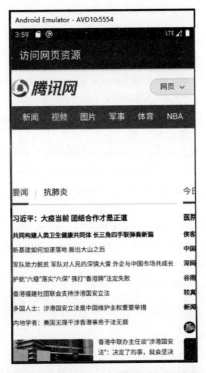

图 8-10　WebView 显示的 HTML 网页

程序关键代码如下。

| 程序清单：codes\ch08\AccessHtml\app\src\main\java\ |
| iet\jxufe\cn\accesshtml\MainActivity.java |

```
1   public class MainActivity extends AppCompatActivity {
2       private WebView show;
3       private TextView result_show;
4       private Handler myHandler;
5       private String result;
6       public void onCreate(Bundle savedInstanceState) {
7           super.onCreate(savedInstanceState);
8           setContentView(R.layout.activity_main);            →加载布局文件
9           show =(WebView) findViewById(R.id.show);
10          result_show=(TextView)findViewById(R.id.result);
11          //show.loadUrl("https://www.qq.com/");              →以网页形式显示
12          myHandler =new Handler() {                         →创建 Handler 对象
13              public void handleMessage(Message msg) {
14                  if (msg.what ==0x11) {
15                      result_show.setText(result);           →显示字符串结果
16                  }
17              }
```

```
18              };
19          new Thread() {                                          →创建线程
20              public void run() {                                 →线程执行体
21                  try {
22                      URL httpUrl = new URL("https://www.qq.com/");   →网址
23                      HttpURLConnection conn =
                            (HttpURLConnection) httpUrl.openConnection();
                                                                    →打开链接
24                      conn.setConnectTimeout(5 * 1000);           →设置请求时长
25                      conn.setRequestMethod("GET");               →设置请求方式
26                      InputStream iStream = conn.getInputStream();
                                                                    →获取结果输入流
27                      result = readData(iStream, "gbk");          →读取结果内容
28                      myHandler.sendEmptyMessage(0x11);           →发送消息
29                  } catch (Exception ex) {                        →捕获异常
30                      ex.printStackTrace();
31                  }
32              }
33          }.start();                                              →启动线程
34      }
35      public static String readData(InputStream inSream,
                String charsetName) throws Exception {              →读取输入流内容
36          StringBuffer sBuffer=new StringBuffer("");              →保存结果
37          byte[] buffer = new byte[1024];                         →定义缓存数组
38          int hasRead=-1;                                         →记录读取字节数
39          while ((hasRead = inSream.read(buffer)) != -1) {        →循环读取
40              sBuffer.append(new String(buffer, 0, hasRead, charsetName));
                                                                    →拼接结果
41          }
42          inSream.close();                                        →关闭输入流
43          return sBuffer.toString();                              →返回结果
44      }
45  }
```

使用WebView控件，只需要调用loadUrl()即可显示对应的网页内容，非常方便，此外，WebView中也提供了相应的方法解析HTML源代码，例如loadData()、loadDataWithBaseURL()等，具体用法可查看帮助文档。

注意：将字节数组转换成字符串时，需指定编码格式，如果网页中包含中文而编码格式不正确，则会出现中文乱码。编码格式可通过查看网页中编码方式来指定，本程序中，腾讯首页采用的是GBK的编码格式。

提示：Android 8.0以后默认是禁止所有的HTTP请求的，如果确实需要发送HTTP请求，需要在清单文件中的＜Application＞元素中添加属性android：usesCleartextTraffic="true"，才可以正常访问相关资源。

8.5 本章小结

本章在第 7 章 Android 文件存取与 SQLite 数据库存取的基础上,讲解了数据提供者 ContentProvider 的使用方法。

ContentProvider 帮助应用程序之间实现数据共享,可对应用程序内部操作数据的细节进行封装。ContentProvider 是 Android 四大组件之一,开发者只需要继承系统的 ContentProvider 基类,然后重写里面的部分方法即可开发自己的 ContentProvider,最后将 ContentProvider 在 AndroidManifest.xml 文件中进行配置,其他应用程序即可通过 ContentResolver 来访问或修改该应用的数据。

同时,本章还简单地介绍了如何获取网络上的资源,包括网页以及图片等。通过本章的学习,读者可以进一步熟悉 SQLite 的操作,以及 ContentProvider 的原理和开发。

课后练习

1. 注册 ContentProvider 组件时,必须指定 android:authorities 属性的值。(对/错)

2. ContentProvider 是 Android 中的四大组件之一,写好 ContentProvider 后,需要在清单文件中进行配置。配置＜provider＞标签时,以下(　　)属性是必须的。

  A. android:name   B. android:authorities

  C. android:exported   D. A 和 B

3. ContentProvider 的作用是暴露可供操作的数据,其他应用则通过(　　)来操作 ContentProvider 所暴露的数据。

  A. ContentValues   B. ContentResolver

  C. URI   D. Context

4. 关于 ContentValues 类说法正确的是(　　)。

  A. 它和 Hashtable 比较类似,也是负责存储一些键值对,但是它存储的名值对当中的名是 String 类型,而值都是基本类型

  B. 它和 Hashtable 比较类似,也是负责存储一些键值对,但是它存储的名值对当中的名是任意类型,而值都是基本类型

  C. 它和 Hashtable 比较类似,也是负责存储一些键值对,但是它存储的名值对当中的名,可以为空,而值都是 String 类型

  D. 它和 Hashtable 比较类似,也是负责存储一些键值对,但是它存储的名值对当中的名是 String 类型,而值也是 String 类型

Android 图形图像处理

本章要点

- 图片资源概述
- BitmapDrawable 位图
- ShapeDrawable 自定义形状
- StateListDrawable 随状态变化的图片
- AnimationDrawable 逐帧动画
- 自定义控件实现绘图
- Canvas 与 Paint
- 使用 Path 绘制路径
- 使用 Shader 进行渲染
- 使用 PathEffect 改变路径效果

本章知识结构图

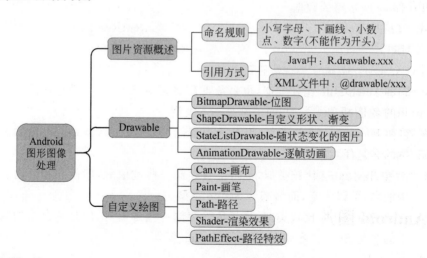

本章示例

一款注重用户体验的应用程序离不开图形、图像的支持。Android 中对图形、图像提供了较好的支持,既包括一些常见的图片格式如 JPG、PNG、GIF 等,也包括 XML 定义的各具特色的图形,例如随状态变化的图片、渐变图形、逐帧动画等,还包括自定义绘图相关

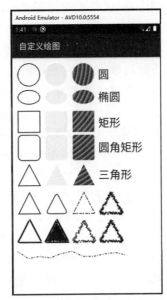

API，用户可根据自己的设计自由绘制。

用户界面是人机之间交互、传递数据的媒介，为了提供友好的用户界面，Android 系统提供了强大的图像支持功能，包括静态图片和图形动画等。静态图片即内容不发生变化的图片，通常用于显示、增添界面美观性，例如图标、背景等。这种类型的图片通常由一些图片控件进行处理，如 ImageView 等。动态图片即内容、大小、位置等会随着时间而变化的图片，一般采用不断重新绘制的方式来处理，每隔若干毫秒绘制一次，给人的感觉就是连续变化的。

Android 中提供了一个抽象类 Drawable 用于表示可绘制的东西，可简单理解为图形图像，通常作为一种资源类型使用。Drawable 类有很多子类，如 BitmapDrawable 类用于封装位图，ColorDrawable 类用于封装颜色，ShapeDrawable 类用于封装形状，AnimationDrawable 类用于封装逐帧动画等。

Android 中绘图相关 API 主要包括 Canvas 和 Path，其中 Canvas 可以绘制一些常见的规则图形，如直线、圆、矩形等，而 Path 则用于绘制一些不规则、自定义的图形。

学完本章内容后，读者应该能熟练掌握 Android 的图形、图像处理，为以后在 Android 平台中开发出一些小游戏如俄罗斯方块、五子棋等奠定基础。

9.1 Android 图片资源概述

在 Android 中图片（包括图形和图像）主要用于界面的美化，一般作为控件的背景显示，或者借助于一些图片控件的相关属性方能使用，常见的图片控件有 ImageView、ImageButton、ImageSwitcher 等，具体用法参照第 10 章的介绍。

Android 中图形图像通常作为一种资源文件，需要开发人员事先准备好相应文件，当需要使用时将其添加到 res\drawable 文件夹下，然后系统会自动在 R.java 文件中生成资源 ID。生成规则为：res 文件夹对应了 R.java 类，res 文件夹下的 drawable 子文件夹对应了 R.java 类中的 drawable 静态内部类，drawable 文件夹下的一个资源文件，对应了 R.drawable 内部类中的一个静态成员变量。成员变量的名称和资源文件的名称一致，由于成员变量的名称不能以数字开头，所以图片资源命名时不能以数字开头。此外，Android 中还对资源文件名进行进一步约束，不能出现大写字母，只能为小写字母、小数点、下画线、数字的组合。

注意：Android 对资源文件忽略后缀名，因此，后缀名中可以包含大写字母。当两个图片资源文件名相同，后缀名不同时，Android 会将其看成是一张图片，只会生成一个资源 ID。

当将图片资源添加到应用中后，例如在 Android 应用中的 drawable 文件夹下已添加了图片资源 logo.png，应用程序又是如何访问它呢？Android 中对图片资源的引用主要有两种方式：一种是在 Java 代码中，通过 R.drawable.资源名即可找到对应的图片资源，在此为 R.drawable.logo；一种是在 XML 文件中，需通过@drawable/资源名进行访问，在此为@drawable/logo。需要注意的是，R.drawable.logo 本身只是一个 int 类型的常量，代表该图片资源的引用 ID，是一个唯一值。如果在 Java 程序中需要获得实际的图片对象，则需要调用 Activity 类的 getResources( )方法获取应用的所有资源，返回值类型为 Resources，然后再调用该类的 getDrawable(int id)方法把相应的资源 ID 传递进去，即可得到图片对象，该方法的返回值为 Drawable，Drawable 类是 Android 中所有的图片资源的共同父类。

9.2　Drawable 对象

Drawable 类是 Android 中用于封装图形图像的基类，该类是一个抽象类，提供了图形图像所包含的一些共同的属性和方法，例如设置区域、透明度等。在 Android 中大部分涉及图片的方法都可以传递 Drawable 对象，例如 View 类中定义的用于设置背景的 setBackground（Drawable background）方法，ImageView 类中用于显示图片的 setImageDrawable(Drawable drawable)方法等。

Drawable 本身作为一个抽象类是无法实例化的，因此，调用相关方法时传递的实参为它的具体子类，Android 中为 Drawable 定义了很多子类，适用于不同的场景。例如 BitmapDrawable 用于封装位图，ShapeDrawable 用于封装自定义的一些形状，StateListDrawable 用于封装随状态变化的图片，AnimationDrawable 用于封装逐帧动画等，下面介绍几种常见 Drawable 子类的用法。

9.2.1　BitmapDrawable 位图

位图就是平常我们所看到的通过相机等设备拍摄出来的图片。计算机中的图片是通过像素点阵显示的，将位图不断放大，我们将看到类似于马赛克的像素点。位图的放大与缩小将会影响图片的清晰度。在 Android 中位图对应的封装类为 Bitmap，而 BitmapDrawable 则是对 Bitmap 的一种封装。二者之间可以非常方便地进行转换。

如果想将已有的 Bitmap 对象封装成 BitmapDrawable 对象，可以调用

BitmapDrawable 的构造方法 BitmapDrawable(Bitmap bitmap)。关键代码如下。

```
1   Bitmap bitmap=BitmapFactory.decodeResource(getResources(), R.drawable.
    logo);                                      →创建 Bitmap 对象
2   BitmapDrawable bd=new BitmapDrawable (bitmap);   →创建 BitmapDrawable 对象
```

如果需要获取 BitmapDrawable 中封装的 Bitmap 对象,只需调用 BitmapDrawable 的 getBitmap()方法即可。

Bitmap 作为位图的封装类,定义了一些简单的方法,例如获取图片的高度、宽度,创建一个新的位图等等,常见的方法及其说明如表 9-1 所示。

表 9-1　Bitmap 类常用方法

编号	方　　法	描　　述
1	createBitmap（Bitmap source，int x，int y，int width，int height）	从原位图 source 的指定坐标点(x,y)开始,截取宽为 width,长为 height 的部分,创建一个新的 Bitmap 对象
2	createBitmap（ int width， int height，Bitmap.Config config）	创建一个宽为 width,长为 height 的新位图
3	getHeight()	获取位图的高度
4	getWidth()	获取位图的宽度
5	isRecycle ()	返回该 Bitmap 对象是否已被回收
6	recycle ()	强制一个 Bitmap 对象立即回收自己

由于手机系统的内存较小,如果系统不停地解析创建 Bitmap 对象,可能会出现之前创建的 Bitmap 对象占用的内存尚未回收而导致程序运行时引发 OutofMemory 错误的情况,这时候就需要用到 recycle()方法来强制回收。

Android 中提供了一个工具类 BitmapFactory,从类名就可以看出是一个 Bitmap 工厂,用于生产 Bitmap,该类中定义了一系列的静态方法,这些方法从不同的数据源来解析、创建 Bitmap 对象,如资源 ID、路径、文件和数据流等方式。BitmapFactory 中一些常见的方法如表 9-2 所示。

表 9-2　BitmapFactory 类常用方法

编号	方　　法	描　　述
1	decodeByteArray（byte[] data，int offset，int length）	从指定的 data 字节数组的 offset 位置开始,将长度为 length 的字节数据解析成 Bitmap 对象
2	decodeFile (String pathName)	解析 pathName 路径指定的文件,创建一个 Bitmap 对象,该文件通常是一张图片。
3	decodeResource（Resources res，int ID）	从指定的资源 ID 中解析创建 Bitmap 对象,该资源是应用中的资源。
4	decodeStream (InputStream is)	用于从指定的输入流中解析,创建一个 Bitmap 对象,可以是本地的,也可以是网络的

通常将图片放在\res\drawable 目录下,系统会自动在 R.java 中生成该图片的资源

ID，然后使用 decodeResource（Resources res，int id）方法可获取该图片并创建对应的 Bitmap 对象。

9.2.2 ShapeDrawable 自定义形状

位图虽然使用非常方便，效果也很美观，但存在一定的缺陷。当图片比较清晰、比较大时，所占用的内存空间相应的也会比较大，而手机内存非常宝贵，将会直接影响到 App 的响应速度。此外，位图不能随着我们的需要自由变化而不影响显示效果。

Android 中提供了 XML 文件来定义一些常见的形状，如矩形、圆等，这里的形状可以理解为矢量图，可以随着控件的大小变化而变化，能够很好地满足常见的功能效果需求，例如为控件添加边框效果、渐变色效果等等。

ShapeDrawable 用于定义一个基本的几何图形（如矩形、圆形、线条等），定义 ShapeDrawable 的 XML 文件的根元素是＜shape.../＞标签，该标签下的主要属性及子标签的主要含义如下。

（1）android：shape 属性用于指定形状类型，例如 rectangle(矩形)、oval(椭圆)。

（2）＜corners.../＞标签设置矩形四个角的弧度，可实现圆角矩形效果。

- android：radius 属性设置四个角的弧度半径；
- android：bottomLeftRadius 属性设置左下角的弧度半径；
- android：bottomRightRadius 属性设置右下角弧度的半径；
- android：topLeftRadius 属性设置左上角弧度的半径；
- android：topRightRadius 属性设置右上角弧度的半径。

（3）＜gradient.../＞设置几何图形的渐变色。

- android：startColor 属性设置起始颜色；
- android：centerColor 属性设置中间颜色；
- android：endColor 属性设置最后颜色；
- android：angle 属性设置角度，从左到右，还是从上到下，默认为从左到右；
- android：type 属性设置渐变类型，线性渐变、横扫还是放射性渐变；
- android：gradientRadius 属性设置渐变半径，与放射性渐变类型结合使用。

（4）＜padding.../＞设置几何图形的内边距，包含上下左右四个方向单独设置。

（5）＜solid.../＞设置几何图形的填充色，里面包含一个 android：color 属性。

（6）＜stroke.../＞设置几何图形的边框效果。

- android：width 设置边框的粗细；
- android：dashWidth 设置边框虚线段的长度；
- android：dashGap 设置许虚线段之间的距离；
- android：color 设置边框的颜色。

注意：

- ＜solid.../＞标签和＜gradient.../＞标签都是对填充色进行设置，一个是设置为纯色，一个是设置为渐变色，所以两个效果不可能同时出现，那么究竟采用哪个呢？哪个写在后面，就用哪个，类似于后面的覆盖了前面的。

- <stroke.../>标签中的android：dashWidth和android：dashGap两个属性要结合使用才能实现虚线框的效果，单独使用则没有虚线效果。

9.2.3　StateListDrawable随状态变化的图片

随状态变化的图片是实际应用中常见的功能效果，例如用户单击按钮前后效果不同，切换页面时导航中选中项与未选中项效果不同等，可以让用户非常清楚地知道当前操作的状态。如果没有这种前后变化，用户可能会认为未操作成功，从而频繁操作，体验极差。

随状态变化的图片原理非常简单，就是为不同的状态设置不同的图片，当状态变化时图片随之发生变化。使用Java代码可以实现该功能，主要就是监听控件的状态变化，但当需要为多个控件添加该效果时，需要单独为每个控件添加事件处理，代码冗长。Android中提供了StateListDrawable类来封装随状态变化的图片，该类中提供了一个addState(int[] stateSet，Drawable drawable)方法，用该方法添加状态需传递两个参数：第一个参数为状态数组，第二个参数为相应的图片，表示当控件为这些状态时显示这张图片。可以多次调用addState()方法来指定各种状态下的图片。

与ShapeDrawable类似，Android中也为StateListDrawable提供了相应的XML标签，对应的根元素为<selector.../>，该标签下可以添加若干个<item.../>标签，每个<item.../>标签表示一种状态，<item.../>标签内包含以下两个属性。

（1）android：state_xxx：指定一个特定状态，例如按下、选中等。

（2）android：drawable：指定该状态对应的图片。

<item.../>标签中支持的状态主要有以下几种。

（1）android：state_active：表示是否处于激活状态。

（2）android：state_checkable：表示是否处于可勾选状态。

（3）android：state_checked：表示是否处于已勾选状态。

（4）android：state_enabled：表示是否处于可用状态。

（5）android：state_first：表示是否处于开始状态。

（6）android：state_focused：表示是否处于已得到焦点状态。

（7）android：state_last：表示是否处于结束状态。

（8）android：state_middle：表示是否处于中间状态。

（9）android：state_pressed：表示是否处于已被按下状态。

（10）android：state_selected：表示是否处于已被选中状态。

（11）android：state_window_focused：表示窗口是否已得到焦点状态。

9.2.4　AnimationDrawable逐帧动画

逐帧动画是一种常见的动画形式，其原理是利用人的视觉的滞后性，在时间轴的每帧上绘制不同的内容，然后在足够短的时间内播放，给人的感觉就如同连续的动画一般。逐帧动画的帧序列内容不一样，这不但给制作增加了负担，而且最终输出的文件量也很大，但它的优势也很明显——很适合于表演细腻的动画，例如人物走路、说话，动物的奔跑、跳跃以及精致的 3D 效果等。

Android 中通过 AnimationDrawable 类封装逐帧动画,该类中提供了一个关键方法 addFrame(Drawable frame,int duration)用于添加一个关键帧,该方法传递两个参数:第一个参数图片表示这一帧所显示的内容;第二个参数为这一帧所持续的时间,单位为毫秒。只需多次调用该方法即可在多张图片间切换,每张图片持续的时间足够短,即可达到动画效果。

类似地,Android 中也为 AnimationDrawable 定义了相关的 XML 标签,对应的根元素为<animation-list.../>,在根元素下可添加<item.../>标签,每个<item.../>标签表示一帧,在<item.../>标签内包含两个属性:一个是 android:drawable,用于指定需要显示的图片;另一个是 android:duration,用于指定该图片持续的时间,单位为毫秒。逐帧动画的 XML 文件主要框架如下。

```
1   <?xml version="1.0" encoding="utf-8"?>
2   <animation-list xmlns:android="http://schemas.android.com/apk/res/android"
3   android:oneshot=["true"|"false"]>
4   <item android:drawable="..." android:duration="..."/>
5   </animation-list>
```

其中 android:oneshot 属性用于定义动画是否循环播放,为 true 时,表示只播放一次,不循环播放;为 false 时,则循环播放。

下面以一个具体的示例讲解这几种常见 Drawable 的用法,程序运行效果如图 9-1 所示。

(a) 初始运行效果　　　　(b) 按下"开始"按钮效果　　　　(c) 马奔跑的某个瞬间

图 9-1　程序运行效果

界面中包含一个图片显示控件 ImageView 和两个图片按钮控件 ImageButton,整体采用垂直线性布局嵌套水平线性布局。图片显示控件 ImageView 添加了背景图片和逐帧动画,图片按钮控件添加了背景,背景是随状态变化的图片,每一种状态所对应的图片又是通过 XML 文件自定义的形状,有边框和渐变效果。具体开发步骤如下。

首先,将马奔跑过程中的一些关键瞬间图片添加到 res\mipmap 文件夹下,然后在 res\drawable 文件夹下新建一个 XML 文件,根元素为 animation-list,文件内容如下。

程序清单:codes\ch09\DrawableTest\app\src\main\res\drawable\horse.xml

```
1   <?xml version="1.0" encoding="utf-8"?>
2   <animation-list xmlns:android="http://schemas.android.com/apk/res/
    android" >                                                    →根元素开始
3       <item android:drawable="@mipmap/horse1" android:duration="60"></item
    >                                                             →第 1 帧
4       <item android:drawable="@mipmap/horse2" android:duration="60"></item
    >                                                             →第 2 帧
5       <item android:drawable="@mipmap/horse3" android:duration="60"></item
    >                                                             →第 3 帧
6       <item android:drawable="@mipmap/horse4" android:duration="60"></item
    >                                                             →第 4 帧
7       <item android:drawable="@mipmap/horse5" android:duration="60"></item
    >                                                             →第 5 帧
8       <item android:drawable="@mipmap/horse6" android:duration="60"></item
    >                                                             →第 6 帧
9       <item android:drawable="@mipmap/horse7" android:duration="60"></item
    >                                                             →第 7 帧
10      <item android:drawable="@mipmap/horse8" android:duration="60"></item
    >                                                             →第 8 帧
11  </animation-list>                                             →根元素结束
```

接着,在 drawable 文件夹下创建两个 XML 文件用于定义图片按钮按下时和没有按下时的背景,文件的根元素为 selector,设置渐变色和边框效果,关键代码如下。

程序清单:codes\ch09\DrawableTest\app\src\main\res\drawable\bg_press.xml

```
1   <shape xmlns:android="http://schemas.android.com/apk/res/android"
    android:shape="rectangle">                                    →根元素开始
2       <corners android:radius="5dp" />                          →圆角半径为 5dp
3       <gradient android:startColor="#ff00ff"                    →开始颜色
4           android:centerColor="#ffff00"                         →中间颜色
5           android:endColor="#00ffff"                            →最后颜色
6           android:angle="0"/>                                   →角度
7       <stroke                                                   →边框
8           android:width="5dp"                                   →粗细为 5dp
9           android:color="#ff0000"                               →颜色为红色
```

```
10        android:dashWidth="10dp"                    →虚线段长为 10dp
11        android:dashGap="5dp"/>                     →虚线间距离
12    </shape>                                        →根元素结束
```

程序清单：codes\ch09\DrawableTest\app\src\main\res\drawable\bg_unpress.xml

```
1    < shape xmlns: android =" http://schemas.android.com/apk/res/android"
         android:shape="rectangle">                   →根元素开始
2        <corners android:radius="5dp" />             →圆角半径为 5dp
3        <gradient android:startColor="#ffff00"       →开始颜色
4            android:centerColor="#00ffff"            →中间颜色
5            android:endColor="#ff00ff"               →最后颜色
6            android:angle="180"/>                    →角度
7        <stroke                                      →边框
8            android:width="5dp"                      →粗细为 5dp
9            android:color="#0000ff"                  →颜色为蓝色
10           android:dashWidth="5dp"                  →虚线段长为 5dp
11           android:dashGap="5dp"/>                  →虚线间距离
12   </shape>                                         →根元素结束
```

接着，定义一个随状态变化的图片，将刚才定义的两个形状关联起来，按下时和没有按下时自动显示相应的图片，在 drawable 文件夹下创建一个 XML 文件，根元素为 selector。关键代码如下。

程序清单：codes\ch09\DrawableTest\app\src\main\res\drawable\bg.xml

```
1    <selector xmlns:android="http://schemas.android.com/apk/res/android" >
                                                      →根元素开始
2        < item android: state_pressed="true" android: drawable="@drawable/bg_
         press"></item>                               →设置按下时的图片
3        < item android: state_pressed="false" android: drawable="@drawable/bg_
         unpress"></item>                             →设置未按下时的图片
4    </selector>                                      →根元素结束
```

做好准备工作后，接下来在界面布局文件中引用这些图片资源，布局文件代码如下。

程序清单：codes\ch09\DrawableTest\app\src\main\res\layout\activity_main.xml

```
1    <LinearLayout xmlns:android="http://schemas.android.com/apk/res/android"
                                                      →线性布局
2        xmlns:tools="http://schemas.android.com/tools"
3        android:layout_width="match_parent"
4        android:layout_height="match_parent"
5        android:orientation="vertical">              →方向垂直
6        <ImageView                                   →图片显示控件
```

```
7         android:layout_width="match_parent"
8         android:layout_height="200dp"                →高度为 200dp
9         android:src="@drawable/horse"                →图片为逐帧动画
10        android:background="@mipmap/grass"           →背景为草地
11        android:padding="50dp"                       →内边距为 50dp
12        android:id="@+id/mImageView"/>               →添加 ID 属性
13    <LinearLayout                                    →线性布局
14        android:layout_width="match_parent"
15        android:layout_height="wrap_content"
16        android:orientation="horizontal"             →方向水平
17        android:gravity="center_horizontal"          →内容水平居中
18        android:layout_marginTop="20dp">             →上边距为 20dp
19        <ImageButton                                 →图片按钮
20            android:layout_width="wrap_content"
21            android:layout_height="wrap_content"
22            android:onClick="start"                  →单击事件处理
23            android:padding="5dp"                    →内边距为 5dp
24            android:background="@drawable/bg"        →设置背景图
25            android:src="@mipmap/start"              →设置开始图片
26            android:layout_marginRight="20dp"/>      →右边距 20dp
27        <ImageButton
28            android:layout_width="wrap_content"
29            android:layout_height="wrap_content"
30            android:onClick="stop"                   →单击事件处理
31            android:background="@drawable/bg"        →设置背景图
32            android:src="@mipmap/pause"              →设置暂停图片
33            android:padding="5dp"/>                  →内边距为 5dp
34    </LinearLayout>                                  →线性布局结束
35 </LinearLayout>                                     →线性布局结束
```

最后,在 Java 代码中根据 ID 找到图片控件,获取图片控件上的逐帧动画,为按钮添加事件处理,控制逐帧动画的播放和暂停。关键代码如下。

程序清单:codes\ch09\DrawableTest\app\src\main\java\iet\jxufe\cn\drawabletest\MainActivity.java

```
1  public class MainActivity extends AppCompatActivity{
2      private ImageView mImageView;
3      private AnimationDrawable animationDrawable;
4      @Override
5      protected void onCreate(Bundle savedInstanceState) {
6          super.onCreate(savedInstanceState);
7          setContentView(R.layout.activity_main);
8          mImageView= (ImageView)findViewById(R.id.mImageView);
                                                    →根据 ID 找到控件
```

```
9        animationDrawable=(AnimationDrawable)mImageView.getDrawable();
                                                          →获取逐帧动画
10   }
11   public void start(View view){
12       animationDrawable.start();                       →启动动画
13   }
14   public void stop(View view){
15       animationDrawable.stop();                        →停止动画
16   }
17 }
```

9.3 自定义绘图

除了使用程序中的图片资源外，Android 应用还支持通过代码自行绘制图形，也可以在运行时动态生成图形图像，例如游戏中人物的移动，趋势图的绘制等。Android 中绘图涉及的关键类有：Canvas（画布）、Paint（画笔）、Shader（渲染效果）、Path（路径）以及 PathEffect（路径效果）等。

9.3.1 Canvas 和 Paint

在 Java 图形化界面编程中，绘图的一般思路是：自定义一个类，并让该类继承 JPanel，然后重写 JPanel 的 paint(Graphics g) 方法。Android 的绘图与此类似，也需要自定义一个类，并让该类继承 View，然后重写 View 的 onDraw(Canvas canvas) 方法。

在 Android 应用中，Canvas 和 Paint 是两个绘图的基本类，使用这两个类几乎可以完成所有的绘制工作。

（1）Canvas：画布，2D 图形系统最核心的一个类，作为参数传入 onDraw() 方法，完成绘制工作，该类提供了各种绘制方法用于绘制不同的图形，例如点、直线、矩形、圆等，也可以用于添加字符串。Canvas 类中常用方法如表 9-3 所示。

表 9-3 Canvas 类常用方法

编号	方　　法	描　　述
1	drawArc（RectF oval, float startAngle, float sweepAngle, boolean useCenter, Paint paint）	绘制弧形
2	drawARGB(int a, int r, int g, int b) drawRGB(int r, int g, int b) drawColor(int color)	为画布填充颜色
3	drawBitmap (Bitmap bitmap, float left, float top, Paint paint)	绘制位图
4	drawCircle (float cx, float cy, float radius, Paint paint)	绘制圆形
5	drawLine (float startX, float startY, floatstopX, float stopY, Paint paint)	绘制一条线

续表

编号	方法	描述
6	drawOval（RectF oval，Paint paint）	绘制椭圆
7	drawPaint(Paint paint)	使用指定 Paint 填充 Canvas
8	drawPath（Path path，Paint paint）	沿着指定路径进行绘制
9	drawPoint（float x，float y，Paint paint）	绘制一个点
10	drawRect（float left，float top，float right，float bottom，Paint paint）	绘制矩形
11	drawRoundRect（RectF rect，float rx，float ry，Paint paint）	绘制圆角矩形
12	drawText（String text，float x，float y，Paint paint）	绘制字符串

（2）Paint：画笔，用于设置绘制的样式、颜色等信息，常见方法如表 9-4 所示。

表 9-4　Paint 类常用方法

编号	方法	描述
1	setAlpha（int a）	设置画笔透明度
2	setARGB（int a，int r，int g，int b） setColor（int color）	设置画笔颜色
3	setShader（Shader shader）	设置渲染效果
4	setShadowLayer（float radius，float dx，float dy，int color）	设置阴影
5	setStrokeWidth（float width）	设置画笔粗细
6	setStyle（Paint.Style style）	设置画笔风格
7	setTextSize（float textSize）	设置绘制文本的文字大小

画笔样式(Style)有三种：STROKE、FILL 和 FILL_AND_STROKE，STROKE 为空心，FILL 为实心，默认情况下是空心的，只绘制边框。

9.3.2　Shader

Android 中提供了 Shader 类专门用来渲染图像以及一些几何图形，Shader 本身是一个抽象类，它包括以下几个常见子类：BitmapShader、ComposeShader、LinearGradient、RadialGradient 和 SweepGradient。BitmapShader 主要用来渲染图像，LinearGradient 用来进行线性渲染，RadialGradient 用来进行环形渲染，SweepGradient 用来进行梯度渲染，ComposeShader 则是一个混合渲染，可以和其他几个子类组合起来使用。

Shader 类的使用都需要先创建一个 Shader 对象（通过子类的构造方法），然后通过 Paint 的 setShader（Shader shader）方法设置渲染对象，然后在绘制时使用这个 Paint 对象即可。Shader 类的子类如表 9-5 所示。

表 9-5　Shader 类的子类

编号	子类	构 造 方 法	描　述
1	BitmapShader	BitmapShader(Bitmap bitmap, Shader.TileMode tileX, Shader.TileMode tileY)	使用位图平铺的渲染效果
2	LinearGradient	LinearGradient(float x0, float y0, float x1, float y1, int[] colors, float[] positions, Shader.TileMode tile) LinearGradient(float x0, float y0, float x1, float y1, int color0, int color1, Shader.TileMode tile)	使用线性渐变来渲染图形
3	RadialGradient	RadialGradient(float x, float y, float radius, int[] colors, float[] positions, Shader.TileMode tile) RadialGradient(float x, float y, float radius, int color0, int color1, Shader.TileMode tile)	使用圆形渐变来渲染图形
4	SweepGradient	SweepGradient(float cx, float cy, int[] colors, float[] positions) SweepGradient(float cx, float cy, int color0, int color1)	使用角度渐变来渲染图形
5	ComposeShader	ComposeShader(Shader shaderA, Shader shaderB, PorterDuff.Mode mode) ComposeShader(Shader shaderA, Shader shaderB, Xfermode mode)	使用组合效果来渲染图形

9.3.3　Path 和 PathEffect

Path 用于规划路径，主要用于绘制复杂的几何图形。对于 Android 游戏开发或 2D 绘图来讲，Path 路径可以用强大来形容。在 Photoshop 中也有路径，是使用钢笔工具来绘制的。Path 类的常用方法如图 9-6 所示。

表 9-6　Path 类常用方法

编号	方　　法	描　述
1	addCircle(float x, float y, float radius, Path.Direction dir)	为路径添加一个圆形轮廓
2	addRect(float left, float top, float right, float bottom, Path.Direction dir)	为路径添加一个矩形轮廓
3	close()	将目前的轮廓闭合，即连接起点和终点
4	lineTo(float x, float y)	从最后一个点到点(x,y)之间画一条线
5	moveTo(float x, float y)	设置下一个轮廓的起点

PathEffect 可用来为路径添加效果，可以应用到任何 Paint 中从而影响线条绘制的方式，也可以改变一个形状的边角的外观并且控制轮廓的外表。Android 包含了多种 PathEffect，常见的子类如表 9-7 所示。

表 9-7　PathEffect 类的子类

编号	子类	构造方法	描述
1	CornerPathEffect	CornerPathEffect(float radius)	圆角效果，使用圆角来代替尖角，从而对图形尖锐的边角进行平滑处理
2	DashPathEffect	DashPathEffect（float [ ] intervals, float phase）	虚线效果，第一个参数数组中下标为偶数的表示虚线的长度，下标为奇数的表示虚线间的距离
3	DiscretePathEffect	DiscretePathEffect（float segmentLength, float deviation）	与 DashPathEffect 相似，但是添加了随机性，需要指定每一段的长度和与原始路径的偏离度
4	PathDashPathEffect	PathDashPathEffect（Path shape, float advance, float phase, PathDashPathEffect.Style style）	定义一个新的路径，并将其用作原始路径的轮廓标记
5	SumPathEffect	SumPathEffect(PathEffect first, PathEffect second)	添加两种效果，将两种效果结合起来
6	ComposePathEffect	ComposePathEffect（PathEffect outerpe, PathEffect innerpe）	在路径上先使用第一种效果，再在此基础上应用第二种效果

注意：DashPathEffect 只对 Paint 的 Style 设为 STROKE 或 STROKE_AND_FILL 时有效。

下面以一个简单的示例讲解 Android 中自定义绘图的使用，程序运行效果如图 9-2 所示。主要功能效果如下。

（1）采用三种方式（空心画笔、实心画笔、设置了渲染效果的实心画笔）依次绘制圆、椭圆、矩形、圆角矩形和三角形。

（2）在三列图形右侧对应位置绘制相应字符串，添加文字说明。

（3）绘制添加不同路径效果的三角形。

（4）动态绘制路径。

具体功能效果分析如图 9-3 所示。

自定义绘图的关键是自定义一个类，该类需要从系统中的 View 类或者它的子类继承，然后重写 onDraw() 方法，在该方法中调用绘图 API 绘制各种图形图像。本例中，定义一个 MyView 类，该类从 View 继承，关键代码如下。

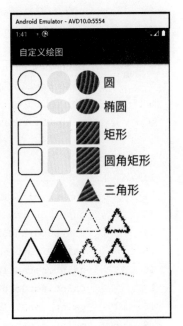

图 9-2　自定义绘图效果图

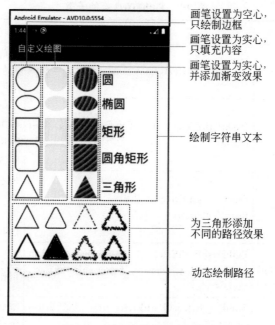

图 9-3　界面功能效果分析图

程序清单：codes\ch09\DrawTest\app\src\main\java\iet\jxufe\cn\drawtest\MyView.java

```
1   public class MyView extends View {                          →自定义类
2       private Path path;                                      →声明路径变量
3       private float phase2=0;                                 →声明变量
4       public MyView(Context context, AttributeSet attrs) {    →构造方法
5           super(context, attrs);                              →调用父类方法
6           path=new Path();                                    →创建路径
7           path.moveTo(0, 0);                                  →路径起点
8           for (int i =1; i <=10; i++){                        →循环生成点
9               path.lineTo(i * 80, (float) Math.random() * 50);
                                                                →连接点形成路径
10          }
11      }
12      protected void onDraw(Canvas canvas) {                  →绘图方法
13          super.onDraw(canvas);                               →调用父类方法
14          canvas.drawColor(Color.WHITE);                      →设置画布为白色
15          Paint paint=new Paint();                            →创建画笔
16          paint.setAntiAlias(true);                           →设置抗锯齿
17          paint.setColor(Color.BLUE);                         →画笔颜色为蓝色
18          paint.setStyle(Paint.Style.STROKE);                 →绘制边框
19          paint.setStrokeWidth(5f);                           →设置画笔粗细
20          canvas.drawCircle(90, 90, 80, paint);               →绘制圆形
```

21	`RectF r1=new RectF(10, 200,170, 300);`	→定义矩形
22	`canvas.drawOval(r1, paint);`	→绘图椭圆
23	`canvas.drawRect(10,350,170,500,paint);`	→绘制矩形
24	`RectF r2=new RectF(10, 520, 170, 700);`	→定义矩形
25	`canvas.drawRoundRect(r2, 30, 30, paint);`	→绘制圆角矩形
26	`Path path1=new Path();`	→创建路径
27	`path1.moveTo(10, 880);`	→路径起点
28	`path1.lineTo(170, 880);`	→连接线
29	`path1.lineTo(90, 730);`	→连接线
30	`path1.close();`	→关闭路径
31	`canvas.drawPath(path1, paint);`	→绘制路径
32	`paint.setColor(Color.YELLOW);`	→设置画笔颜色
33	`paint.setStyle(Paint.Style.FILL);`	→设置画笔样式
34	`canvas.drawCircle(290, 90, 80, paint);`	→绘制圆形
35	`RectF r3=new RectF(210, 200, 370, 300);`	→定义矩形
36	`canvas.drawOval(r3, paint);`	→绘图椭圆
37	`canvas.drawRect(210,350,370,500,paint);`	→绘制矩形
38	`RectF r4=new RectF(210, 520, 370, 700);`	→定义矩形
39	`canvas.drawRoundRect(r4, 30, 30, paint);`	→绘制圆角矩形
40	`Path path2=new Path();`	→创建路径
41	`path2.moveTo(210, 880);`	→路径起点
42	`path2.lineTo(370, 880);`	→连接线
43	`path2.lineTo(290, 730);`	→连接线
44	`path2.close();`	→关闭路径
45	`canvas.drawPath(path2, paint);`	→绘制路径
46	`Shader myShader= new RadialGradient(0, 0, 30, new int[]{Color.GREEN, Color.RED}, null, Shader.TileMode.REPEAT);`	→定义渐变色
47	`paint.setShader(myShader);`	→添加渐变效果
48	`canvas.drawCircle(490, 90, 80, paint);`	→绘制圆形
49	`RectF r5=new RectF(410, 200, 570, 300);`	→定义矩形
50	`canvas.drawOval(r5, paint);`	→绘图椭圆
51	`canvas.drawRect(410,350,570,500,paint);`	→绘制矩形
52	`RectF r6=new RectF(410, 520, 570, 700);`	→定义矩形
53	`canvas.drawRoundRect(r6, 15, 15, paint);`	→绘制圆角矩形
54	`Path path3=new Path();`	→创建路径
55	`path3.moveTo(410, 880);`	→路径起点
56	`path3.lineTo(570, 880);`	→连接线
57	`path3.lineTo(490, 730);`	→连接线
58	`path3.close();`	→关闭路径
59	`canvas.drawPath(path3, paint);`	→绘制路径
60	`paint.setShader(null);`	→取消渐变效果
61	`paint.setTextSize(80);`	→设置文字大小
62	`paint.setColor(Color.BLUE);`	→设置文本颜色

63	`canvas.drawText("圆", 600, 120, paint);`	→绘制字符串
64	`canvas.drawText("椭圆", 600, 280, paint);`	→绘制字符串
65	`canvas.drawText("矩形", 600, 465, paint);`	→绘制字符串
66	`canvas.drawText("圆角矩形", 600, 640, paint);`	→绘制字符串
67	`canvas.drawText("三角形", 600, 835, paint);`	→绘制字符串
68	`paint.setStyle(Paint.Style.STROKE);`	→设置画笔样式
69	`PathEffect[] pathEffects=new PathEffect[8];`	→定义路径效果
70	`pathEffects[0]=null;`	→没有任何效果
71	`pathEffects[1]=new CornerPathEffect(30);`	→圆角效果
72	`pathEffects[2]=new DashPathEffect(new float[]{20,5,10,10}, 0);`	
		→虚线效果
73	`pathEffects[3]=new DiscretePathEffect(2,10);`	→随机偏移效果
74	`Path path5=new Path();`	→创建路径
75	`path5.addRect(0, 0, 10, 10, Path.Direction.CCW);`	→路径为矩形
76	`pathEffects[4]=new PathDashPathEffect(path5, 2.0f, 0,`	
	`PathDashPathEffect.Style.ROTATE);`	→路径为矩形效果
77	`pathEffects[5]=new SumPathEffect(pathEffects[3], pathEffects[4]);`	
		→效果叠加
78	`pathEffects[6]=new ComposePathEffect(pathEffects[2], pathEffects[3]);`	
		→效果组合效果
79	`pathEffects[7]=new SumPathEffect(pathEffects[2], pathEffects[3]);`	
		→效果叠加效果
80	`canvas.translate(0, 200);`	→画布下移 200
81	`for (int i =0; i <=3; i++){`	→循环绘制三角形
82	`    paint.setPathEffect(pathEffects[i]);`	→设置路径效果
83	`    canvas.drawPath(path1, paint);`	→绘制三角形
84	`    canvas.translate(200, 0);`	→画布右移 200
85	`}`	
86	`canvas.translate(-800, 200);`	→换行
87	`for (int i =4; i <=7; i++){`	→循环绘制三角形
88	`    paint.setPathEffect(pathEffects[i]);`	→设置画笔效果
89	`    canvas.drawPath(path1, paint);`	→绘制三角形
90	`    canvas.translate(200, 0);`	→画布右移 200
91	`}`	
92	`canvas.translate(-800, 950);`	
93	`PathEffect pathEffect=new DashPathEffect(new float[]{15,10,5,10},`	
	`phase2);`	→虚线效果
94	`paint.setPathEffect(pathEffect);`	→设置画笔效果
95	`canvas.drawPath(path, paint);`	→绘制路径
96	`phase2+=1;`	→更新起始偏移量
97	`invalidate();`	→重新绘制
98	`    }`	
99	`}`	

上述代码中，除第 93 行 PathEffect pathEffect＝new DashPathEffect(new float[]
{15,10,5,10},phase2);以外，其余代码相对来说都比较简单,所以着重解释该行代
码。该代码用于创建虚线效果,第一个参数类型为 float 数组,用于指定虚线段的长度
以及虚线段之间的距离,一条虚线可以由多个不同的虚线段组成,所以 float 数组的长
度不确定,下标为偶数的表示虚线段的长度,下标为奇数表示虚线段之间的距离。因
此,93 行代码的含义为虚线由两种虚线段组成,第一个虚线段长度为 15,虚线间距为
10,第二个虚线段长度为 5,虚线间距为 10;第二个参数表示虚线水平偏移量,从哪里
开始。

自定义类定义完毕后,既可以直接在 Java 代码中调用构造方法创建该类对象,也可
以在 XML 文件中使用该类,在 XML 文件中使用时需用完整的包名＋类名才能正确引
用,否则系统找不到该类的定义,程序直接报错退出。本例采用 XML 文件引用该类,关
键代码如下。

```
1    < RelativeLayout  xmlns: android ="http://schemas.android.com/apk/res/
     android"                                            →相对布局
2        xmlns:tools="http://schemas.android.com/tools"
3        android:layout_width="match_parent"
4        android:layout_height="match_parent">
5        <iet.jxufe.cn.drawtest.MyView               →完整包名+类名
6            android:layout_width="match_parent"
7            android:layout_height="match_parent"
8            android:layout_margin="10dp"/>           →外边距为 10dp
9    </RelativeLayout>
```

9.4 本章小结

本章主要介绍了 Android 中图片资源的一些基础知识,包括图片资源的存放位置,命
名规则要求,引用方式等,重点讲解了 Android 中图片资源的封装类 Drawable 及其关键
子类：BitmapDrawable 用于封装位图,ShapeDrawable 用于封装形状,StateListDrawable
用于封装随状态变化的图片,AnimationDrawable 用于封装逐帧动画。此外,介绍了如何
通过 Java 代码在运行过程中动态绘制图形图像,主要涉及的 API 包括 Canvas(画布)、
Paint(画笔)、Shader(渲染效果)、Path(路径)以及 PathEffect(路径效果)等,并通过具体
的示例演示了这些类的用法。通过本章的学习,读者应对 Android 中的图形图像有一个
比较清晰的认识,能够熟练运用本章知识让自己的 App 更加美观、人性化。读者如果有
兴趣,可以继续掌握 Android 绘图的双缓冲机制,利用 Matrix 对图形进行几何变换,创建
补间动画等内容,这样可以更好地进行图形、图像处理。

课后练习

1. 以下文件放在 Drawable 文件夹下不会产生错误的是(　　)。

A. 9abc.jpg B. abc_9.jpg
C. Abc.9.jpg D. abcStart.jpg

2. Android 中,在 XML 文件中定义形状时对应的根元素标签是(　　)。
A. <shape> B. <clip>
C. <layer-list> D. <selector>

3. Android 中,在 XML 文件中定义逐帧动画时对应的根元素为(　　)。
A. <set> B. <animation-list>
C. <layer-list> D. <selector>

4. 下列(　　)类 Drawable 对象可以实现随状态变化的图片的效果。
A. StateListDrawable B. LayerDrawable
C. ShapeDrawable D. ClipDrawable

5. 使用 Android 中 Canvas 类的 drawRect(10,10,20,20,new Paint())绘制矩形,此矩形的面积是(　　)。
A. 100　　　　B. 200　　　　C. 300　　　　D. 400

6. 实现图 9-4 所示界面效果。界面中有一个 200×300 的文本显示框 TextView,背景为自定义的圆角矩形。圆角半径为 15dp,填充色为垂直的渐变色,从上到下依次为品红色(♯00ffff)→黄色(♯ffff00)→青色(♯ff00ff)。内边距为 15dp,边框为虚线,虚线的颜色为蓝色(♯0000ff),每段虚线的宽度为 5dp,每段虚线的长度为 10dp,虚线与虚线之间的距离为 15dp。

图 9-4　练习题 6 运行效果图

7. 使用绘图 API,绘制出一周天气的折线图效果,程序运行效果如图 9-5 所示。整个界面中只有一个自定义控件,所有内容都是通过绘图 API 绘制上去的,具体要求如下:

(1) 绘制横坐标和纵坐标,横坐标的长度为整个控件的宽度减 200(左右各留了 100dp 的空白),纵坐标的高度为整个控件的高度减 400(上下各留了 200dp 的空白),坐标轴的颜色为红色,粗细为 5dp。横坐标上的提示文字为"星期",纵坐标上的提示文字为"温度",文字大小为 40dp。(具体数值大小可根据运行结果调整)

(2) 将横坐标大致均分为 6 份,并在横坐标轴上绘制相关的坐标点,在点的下方显示相关的文字,表示周一、周二……周日。坐标点的半径为 5dp,颜色为蓝色。

(3) 绘制最高温度与最低温度折线图,采用相对坐标系,首先计算出最高温度和最低温度,然后计算出中间值,以及最高值与最低值的差值,中间值对应纵坐标的中线,比中间值大的在上方,比中间值小的在下方,和中线的具体距离需要进一步计算。用控件的高度除以最高值与最低值的差值,则可以计算出纵向每隔 1 个单位对应的距离,从而可以确定每一个值相对中线的位置。最低温度对应的折线颜色为灰色,最高温度对应的折线颜色为紫色。最高温度数据为:42,53,49,38,40,35,43;最低温度数据为:18,35,28,24,15,14,20。

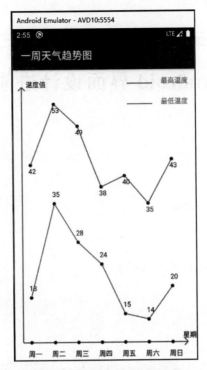

图 9-5 练习题 7 运行效果图

第10章 Android 界面设计进阶

本章要点

- ImageView 图片显示控件
- Spinner 下拉列表
- ListView 列表
- ExpandableListView 扩展下拉列表
- Dialog 对话框
- 菜单

本章知识结构图

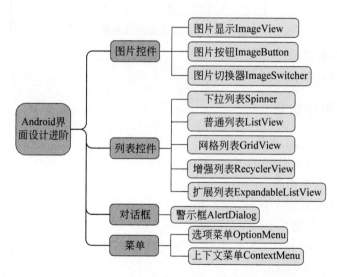

本章示例

前面学习了 Android 中一些简单的界面控件,以及如何使这些控件按我们的需求排列在界面上,以达到一些简单的界面效果。除此之外,通过继承 View 类,重写里面的方法,可以根据需求设计界面控件。然而要想设计出一些界面复杂、功能强大的控件,还是存在一些困难。Android 提供了一些常用的、功能强大的高级控件,如图片控件、列表控件、对话框控件以及菜单。本章将集中讲解这些控件。

在此基础上,读者如果想要了解更复杂的界面设计,可参考《Android 编程经典案例解析》(清华大学出版社,2015 年 1 月版,高成珍、钟元生主编)一书。

第 10 章　Android 界面设计进阶

10.1　图片控件

一些好的界面设计，少不了图片的运用，Android 提供了多种图片控件，最为常用的有 ImageView、ImageButton、ImageSwitcher 等。

10.1.1　图片显示控件 ImageView

ImageView（图片显示控件）的作用与 TextView 类似，TextView 用于显示文字，ImageView 则用于显示图片。既然是显示图片，那就要设置图片的来源，ImageView 中有一个 src 属性用于指定图片的来源。显示图片还存在另外一个问题——当图片比 ImageView 的区域大的时候如何显示。在 ImageView 中有一个常用并且重要的属性 scaleType，用于设置图片的缩放类型。该属性值主要包含以下几个。

（1）fitCenter：保持纵横比缩放图片，直到该图片能完全显示在 ImageView 中，缩放完成后将该图片放在 ImageView 的中央。

（2）fitXY：对图片横向、纵向独立缩放，使得该图片完全适应于该 ImageView，图片的纵横比可能会改变。

（3）centerCrop：保持纵横比缩放图片，以使得图片能完全覆盖 ImageView。

下面以一个简单的示例演示各种属性值对应的效果，现在假设有一个 ImageView 的宽和高分别是 200 和 300，而当前的图片的大小为 600×600。可计算宽度的缩放比为 600/200＝3，高度的缩放比为 600/300＝2。当采用 fitCenter 时，由于需要保持纵横比，且图片能够完整地在 ImageView 中显示，所以宽和高都缩放 3 倍，缩放后的图片大小为 200×200，显示效果如图 10-1 所示；当采用 centerCrop 时，要使得图片能够完全覆盖

ImageView，因此，宽和高都缩放 2 倍，缩放后的图片大小为 300×300，但是超过 ImageView 的部分将不会显示，效果如图 10-2 所示，宽度有部分未显示出来；当采用 fitXY 时，宽和高按各自的比例进行缩放，缩放后的图片大小为 200×300，此时图片已经发生了变形，如图 10-3 所示。

图 10-1　fitCenter 效果　　　　图 10-2　centerCrop 效果　　　　图 10-3　fitXY 效果

当图片的纵横比与 ImageView 的纵横比一致时，三种值对应的效果将会完全一样。默认情况下，ImageView 的 scaleType 属性值为 fitCenter。

10.1.2　图片按钮 ImageButton

ImageButton 的作用与 Button 的作用类似，主要用于添加单击事件处理。Button 类从 TextView 继承而来，相应的 ImageButton 从 ImageView 继承而来，主要区别是，Button 按钮上显示的是文字，而 ImageButton 上显示的是图片。需要注意的是，在 ImageView、ImageButton 上是无法显示文字的，即使在 XML 文件中为 ImageButton 添加 android：text 属性，虽然程序运行时不会报错，但运行结果仍无法显示文字。

如果想在按钮上既显示文字又显示图片，应该怎么办呢？一种方法是直接将图片和文字设计成一张图片，然后将其作为 ImageButton 的 src 属性的值，但这种方法不够灵活，当需要改变文字或图片时，需重新设计整张图片；另一种方式是直接将图片作为 Button 的背景，并为 Button 按钮添加 android：text 属性，这种情况下，图片和文字是分离的，可以单独进行设置，灵活性较好，但缺点就是图片作为背景时为适应 Button 的大小可能会变形。

在 ImageButton 中，既可以设置 background 属性也可以设置 src 属性，这两个属性的值都可以指向一张图片，**那么这两个属性有什么区别呢**？

src 属性表示的是前景，background 属性表示的是背景。通常来说，前景中的图片会等比例缩放显示在控件的正中央，有可能会存在部分空间未被覆盖；而背景图片则需要填充该控件的整个区域，当图片原始大小不足以填充时，将会自动拉伸，从而导致背景图片变形。当 ImageView 的 scaleType 属性值设置为 fitXY 时，前景中的图片也会拉伸占满整个屏幕，效果和背景图类似。

在 Android 中图片的格式除了常规的 JPG、PNG、GIF 格式外，还可以用 XML 文件进行定义，例如随状态变化的图片、自定义形状等。下面定义一个 XML 文件，该文件设定在不同的状态下引用不同的图片，程序运行效果如图 10-4～图 10-6 所示，在界面中包含一个 ImageView 和两个 ImageButton。其中，ImageView 和第一个 ImageButton 都引用了 bg.xml 文件作为图片源，该文件设置了在按下和未按下两种状态下显示的图片不同；第二个 ImageButton 则只是引用了 blue.png 作为图片，然后通过监听用户的按下事件和松开事件处理得到改变图片的效果。当按下 ImageView 时，图片并不会发生改变，这是因为 ImageView 不能处理事件，只用于显示图片；按下中间的 ImageButton 时，图片的颜色发生了变化；单击下面的 ImageButton 后，按钮图片发生变化。

图 10-4　初始效果

图 10-5　按下中间按钮的效果

图 10-6　单击下面按钮的效果

首先，切换到 project 视图，选中 res\drawable 文件夹，右键选择 New→Drawable resource file，指定文件名为 bg，根元素为 selector。然后单击"确定"按钮，会在 drawable 文件夹下生成一个 bg.xml 文件。在该文件中添加如下代码。

程序清单：codes\ch10\ImageButtonTest\app\src\main\res\drawable\bg.xml

```
1   <?xml version="1.0" encoding="utf-8"?>
2   <selector xmlns:android="http://schemas.android.com/apk/res/android">
3       <item android:state_pressed="true" android:drawable="@mipmap/green"/>
                                                              →按下时为绿色
4       <item android:state_pressed="false" android:drawable="@mipmap /blue"/>
                                                              →未按下时为蓝色
5   </selector>
```

@mipmap\blue 表示引用 mipmap 文件夹下的 blue.png 图片，@mipmap\green 表示引用 mipmap 文件夹下的 green.png 图片。因此需将 blue.png 和 green.png 两张图片复制到 mipmap 文件夹下。

接下来编写主界面布局代码。主界面整体采用垂直线性布局，设置对齐方式让里面的内容水平居中。关键代码如下。

程序清单：codes\ch10\ImageButtonTest\app\src\main\res\layout\activity_main.xml

```
1   <?xml version="1.0" encoding="utf-8"?>
2   <LinearLayout xmlns:android="http://schemas.android.com/apk/res/android"
                                                             →整体用线性布局
3       xmlns:tools="http://schemas.android.com/tools"
4       android:layout_width="match_parent"                  →宽度填充父容器
5       android:layout_height="match_parent"                 →高度填充父容器
6       android:orientation="vertical"                       →方向垂直
7       android:gravity="center_horizontal">                 →内容水平居中
8       <ImageView                                           →图片显示控件
9           android:layout_width="wrap_content"              →宽度内容包裹
10          android:layout_height="wrap_content"             →高度内容包裹
11          android:src="@drawable/bg"/>                     →图片为 bg.png
12      <ImageButton                                         →图片按钮控件
13          android:layout_width="wrap_content"              →宽度内容包裹
14          android:layout_height="wrap_content"             →高度内容包裹
15          android:src="@drawable/bg"/>                     →图片为 bg.xml
16      <ImageView                                           →图片显示控件
17          android:id="@+id/mImageView"                     →添加 ID 属性
18          android:layout_width="wrap_content"              →宽度内容包裹
19          android:layout_height="wrap_content"             →高度内容包裹
20          android:src="@mipmap/blue"/>                     →图片源为 blue.png
21  </LinearLayout>                                          →线性布局结束
```

接下来在 MainActivity 中，先根据 ID 找到 ImageView，然后为 ImageView 添加触摸事件处理，关键代码如下。

程序清单：codes\ch10\ImageButtonTest\app\src\main\java\iet\jxufe\cn\imagebuttontest\MainActivity.java

```
1   public class MainActivity extends AppCompatActivity {    →页面活动 Activity
2       private ImageView mImageView;                        →声明 Imageview
3       @Override
4       protected void onCreate(Bundle savedInstanceState) {
5           super.onCreate(savedInstanceState);              →调用父类方法
6           setContentView(R.layout.activity_main);          →设置界面布局文件
7           mImageView=(ImageView)findViewById(R.id.mImageView);
                                                             →根据 ID 找到控件
8           mImageView.setOnTouchListener(new View.OnTouchListener() {
                                                             →添加触摸事件监听
9               @Override
10              public boolean onTouch(View v, MotionEvent event) {
                                                             →触摸事件处理方法
```

```
11              switch (event.getAction()){           →获取触摸动作
12                  case MotionEvent.ACTION_DOWN:     →如果是按下操作
13                      mImageView.setImageResource(R.mipmap.green);
                                                      →设置为绿色图
14                      break;                        →结束跳出
15                  case MotionEvent.ACTION_UP:       →如果是松开操作
16                      mImageView.setImageResource(R.mipmap.blue);
                                                      →设置为蓝色图
17                      break;                        →结束跳出
18              }                                     →判断结束
19              return true;                          →返回事件处理结果
20          }                                         →事件处理方法结束
21      });                                           →事件监听器结束
22   }                                                →onCreate()方法结束
23 }                                                  →MainActivity类结束
```

其中findViewById()方法是在系统的Activity中定义的，目的是在Java代码中获取布局文件中的某一控件，该方法返回的是View类型。因为View类是所有界面控件类的超类，所以可以将所有的界面控件类型赋给View类型(Java中的多态，子类对象即是父类对象)。设计理念在于既然知道控件的ID，也就必然知道该控件的类型，进行相应的向下强制类型转化也就不会出现问题。如果返回类型不是View类，而是具体的某个控件类型，那么我们只能获取该控件类型，而不能获取其他控件的类型，这样的话，需要为每个控件都添加相应的获取方法，灵活性和扩展性不好。在这里为ImageView添加了触摸事件监听器，关于Android中事件处理机制请参考第3章。

观察运行结果可以发现，设置ImageView与ImageButton的src属性为同一张图片时，ImageView对应的图片只显示图片，而ImageButton对应的图片下面有系统默认的灰色的背景，那么如何去掉该背景呢？在这里，可以选择把ImageButton的背景设置为白色，看似解决了这个问题，但是当手机的背景不是白色的时候，显示出的白色背景也会相当突出，不符合要求，即在手机背景发生变化时，图片能正常显示，没有任何背景色。而ImageButton并没有设置背景透明度的属性，alpha属性是用于设置整个按钮的透明度的。一种解决方案就是设置背景为某一颜色值，在颜色值的表示方法中可以设置颜色的透明度，例如用8位十六进制表示时，前面的两位十六进制表示透明度，第三、四位表示红色值，第五、六位表示绿色值，最后两位表示蓝色值。所以只需将前面两位设置为00，后6位任意设置即可。

10.1.3 图片切换器 ImageSwitcher

ImageSwitcher的主要功能是实现图片的切换显示，既然是切换，那么肯定是在多个视图之间进行的，ImageSwitcher本质上是一种容器控件，它通过setFactory()方法来创建两个需要切换的视图。该方法需要传递一个ViewFactory类型的参数，而ViewFactory是ViewSwitcher类的一个内部接口，该接口内包含一个makeView()方法，用于创建一个控件。查看源代码可知，在setFactory()方法内部，实际上调用了两次

ViewFactory 接口的 makeView() 方法，从而创建了两个视图进行切换。因此在实现 ViewFactory 接口时，必须要实现 makeView() 方法，作为图片切换器，所创建的两个控件都是 ImageView。

注意：在使用 ImageSwitcher 控件时，**一定要调用 setFactory() 方法执行初始化**。

使用 ImageSwitcher 实现图片切换效果时，还可以添加切换动画，包括进入时动画和出来时动画。Android 系统提供了一些简单的动画效果，可以直接引用。通过查看 API 文档，可以查看系统提供了哪些动画效果，在 android.R.anim 类下包含了一些动画常量。也可以直接到 Android SDK 安装目录下的 platforms\android-29\data\res\anim 目录下，查看动画定义的源文件。另外，也可以自己制作动画效果。

为 ImageSwitcher 添加切换动画有两种方式：一种是在 Java 代码中，通过 setInAnimation() 设置进入时动画，通过 setOutAnimation() 设置出来时动画，这两个方法都需要传递一个 Animation 类型对象，可通过 AnimationUtils 工具类来加载具体的动画资源文件生成 Animation 对象；另一种是通过 XML 布局文件，为 ImageSwitcher 标签添加 android:inAnimation 属性设置进入时的动画，添加 android:outAnimation 属性设置出来时的动画。

在 Java 代码中添加切换动画的代码如下。

```
1  switcher.setInAnimation(AnimationUtils.loadAnimation(this, android.R.
   anim.fade_in));                                              →淡入效果
2  switcher.setOutAnimation(AnimationUtils.loadAnimation(this, android.R.
   anim.fade_out));                                             →淡出效果
```

在 XML 文件中中添加切换动画的代码如下。

```
1  android:inAnimation="@android:anim/fade_in"                  →淡入效果
2  android:outAnimation="@android:anim/fade_out "               →淡出效果
```

下面以一个具体示例讲解 ImageSwitcher 的用法，程序运行效果如图 10-7 所示。

图 10-7　图片浏览运行效果图

界面中包含两个 ImageButton 和一个 ImageSwitcher，ImageButton 上的图片分别为向左的箭头和向右的箭头，单击按钮时，按钮图片会随着状态发生变化。首先定义两个随状态而变化的图片,分别为 left.xml 和 right.xml,关键代码如下。

程序清单:codes\ch10\ImageSwitcherTest\app\src\main\res\drawable\left.xml

```
1  <?xml version="1.0" encoding="utf-8"?>                              →XML 声明语句
2  <selector xmlns:android="http://schemas.android.com/apk/res/android" >
                                                                        →根元素为 selector
3      <item android:state_pressed="false"
       android:drawable="@mipmap/left_upress"></item>                   →设置没有按下时的图片
4      <item android:state_pressed="true"
       android:drawable="@mipmap/left_press"></item>                    →设置按下时的图片
5  </selector>                                                          →根元素结束
```

程序清单:codes\ch10\ImageSwitcherTest\app\src\main\res\drawable\right.xml

```
1  <?xml version="1.0" encoding="utf-8"?>                              →XML 声明语句
2  <selector xmlns:android="http://schemas.android.com/apk/res/android" >
                                                                        →根元素为 selector
3      <item android:state_pressed="false"
       android:drawable="@mipmap/right_unpress"></item>                 →设置没有按下时的图片
4      <item android:state_pressed="true"
       android:drawable="@mipmap/right_press"></item>                   →设置按下时的图片
5  </selector>                                                          →根元素结束
```

界面整体采用水平线性布局,除了左右两个 ImageButton 之外,剩余空间全都给中间的 ImageSwitcher,可为 ImageSwitcher 添加 android:layout_weight 属性。同时图片切换时有切换动画,在此通过 ImageSwitcher 标签中的属性来设定。界面布局文件的关键代码如下。

程序清单:codes\ch10\ImageSwitcherTest\app\src\main\res\layout\activity_main.xml

```
1   <?xml version="1.0" encoding="utf-8"?>                              →XML 声明语句
2   <LinearLayout xmlns:android="http://schemas.android.com/apk/res/android"
                                                                        →线性布局
3       xmlns:tools="http://schemas.android.com/tools"
4       android:layout_width="match_parent"                             →宽度填充父容器
5       android:layout_height="wrap_content"                            →高度内容包裹
6       android:orientation="horizontal"                                →方向为水平
7       android:gravity="center_vertical">                              →对齐方式为垂直居中
8       <ImageButton                                                    →左边的图片按钮
9           android:layout_width="wrap_content"                         →宽度为内容包裹
10          android:layout_height="wrap_content"                        →高度内容包裹
11          android:background="#00000000"                              →去除默认的灰色背景
12          android:onClick="preview"                                   →单击事件处理方法
13          android:src="@drawable/left" />                             →图片按钮上的图片
```

```
14      <ImageSwitcher                                              →图片切换器
15          android:id="@+id/mSwitcher"                             →添加 ID 属性
16          android:layout_width="0dp"                              →宽度为 0
17          android:layout_height="wrap_content"                    →高度内容包裹
18          android:layout_weight="1"                               →添加权重,分配空间
19          android:inAnimation="@android:anim/slide_in_left"
                                                                    →进入动画:左边滑进
20          android:outAnimation="@android:anim/slide_out_right" />
                                                                    →出来动画:右边滑出
21      <ImageButton                                                →右边的图片按钮
22          android:layout_width="wrap_content"                     →宽度为内容包裹
23          android:layout_height="wrap_content"                    →高度内容包裹
24          android:background="#00000000"                          →去除默认的灰色背景
25          android:onClick="next"                                  →单击事件处理方法
26          android:src="@drawable/right" />                        →图片按钮上的图片
27  </LinearLayout>                                                 →线性布局结束
```

上述代码中的 onClick 属性用于指定单击事件的处理方法名,需要在 MainActivity 中添加相应的方法,这是 Android 中处理单击事件的一种方式,详情查看第 3 章中的直接绑定到标签的处理方式。在此两个方法名分别为 preview 和 next,方法名必须和 onClick 属性值相同,否则找不到对应的方法,将会强制退出。

MainActivity 的主要的业务逻辑为:首先根据 id 找到 ImageSwitcher 对象,然后调用它的 setFactory() 方法执行初始化操作,然后分别处理用户的单击"上一张""下一张"按钮的操作。详细代码如下。

> 程序清单:codes\ch10\ImageSwitcherTest\app\src\main\java\iet\
> jxufe\cn\imageswitchertest\MainActivity.java

```
1   public class MainActivity extends AppCompatActivity {
2       private ImageSwitcher mSwitcher;                            →声明变量
3       private int[] imgIds ={R.mipmap.pic0, R. mipmap.pic1, R.mipmap.pic2,
            R.mipmap.pic3, R.mipmap.pic4, R.mipmap.pic5,
4           R.mipmap.pic6, R.mipmap.pic7, R.mipmap.pic8}; →定义一组图片
5       private int currentIndex = 0;                               →记录当前图片的序号
6       @Override
7       protected void onCreate(Bundle savedInstanceState) {
8           super.onCreate(savedInstanceState);
9           setContentView(R.layout.activity_main);                 →加载布局文件
10          mSwitcher =(ImageSwitcher) findViewById(R.id.mSwitcher);
                                                                    →根据 ID 找到控件
11          mSwitcher.setFactory(new ViewSwitcher.ViewFactory() {
                                                                    →执行初始化操作
12              @Override
13              public View makeView() {                            →实现接口中的方法
```

```
14                ImageView mImageView = new ImageView(MainActivity.this);
                                                            →创建图片控件
15                return mImageView;                         →返回图片控件
16            }
17        });
18        mSwitcher.setImageResource(imgIds[currentIndex]);  →设置初始图片
19    }
20    public void preview(View view) {                       →"上一张"事件处理
21        currentIndex = (currentIndex - 1 + imgIds.length) % imgIds.length;
                                                            →获取"上一张"的序号
22        mSwitcher.setImageResource(imgIds[currentIndex]);
                                                            →更新图片显示
23    }
24    public void next(View view) {                          →"下一张"事件处理
25        currentIndex = (currentIndex + 1) % imgIds.length;
                                                            →获取"下一张"的序号
26        mSwitcher.setImageResource(imgIds[currentIndex]);
                                                            →更新图片显示
27    }
28 }
```

"上一张""下一张"按钮的事件处理主要是获取对应图片的序号,上一张图片的序号是当前序号减1,下一张图片的序号是当前序号加1。数组下标有可能会越界,在此采用对数组长度取余的方法来避免下标越界。

10.2 列表控件

列表控件是App中用的最为广泛的控件之一,主要用于显示多项数据,例如资讯类App中的资讯信息的显示、社交类App中的动态显示以及各种让用户选择的数据的显示等等。列表控件和数据二者之间是彼此独立的,同一组数据在不同列表控件上显示的效果不同,Android中主要是采用适配器(Adapter)模式帮助二者建立关联。构建Adapter对象时,需要传递数据源,通过Adapter可以指定具体的每一项数据在列表控件中如何显示。最后调用列表控件的setAdapter()把构建好的Adapter对象传递进去,即可将数据显示在列表中。列表控件、数据源、Adapter三者之间的关系如图10-8所示。

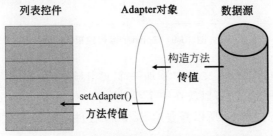

图10-8 列表控件、数据源、Adapter对象间的关系

根据三者关系可得出列表控件开发的关键步骤如下。

（1）在布局文件中添加列表控件，并为其添加 ID 属性，然后在 Java 代码中根据 ID 找到该控件。

（2）准备数据源，通常是一个数组或者集合。

（3）构建 Adapter 对象，指定列表中每一项数据的显示样式。

（4）调用列表控件的 setAdapter()方法，关联创建好的 Adapter 对象，从而让数据显示在具体的列表中。

常见的列表视图包括 Spinner（下拉列表）、ListView（普通列表）、GridView（网格列表）、RecyclerView（增强列表）、ExpandableListView（扩展二级列表）等，下面就详细讲解几个使用较为广泛的列表控件。

10.2.1　下拉列表 Spinner

下拉列表 Spinner 类似于下拉菜单，默认情况下只显示列表中的某一项，单击 Spinner 列表时，会弹出一个包含所有数据项的列表让用户从中选择。Spinner 比较节省空间，在很多 App 中都可见其身影，常用于类型选择或条件筛选功能，例如购物 App 中选择排序规则，可按销量、价格或者评价排序。Spinner 还常用于一些从比较固定的数据中选择的情况，可减少用户的输入，同时避免用户输入格式有误，例如选择"政治面貌"，对此不熟悉的用户只需从提供的固定值中选择即可。

下面就以一个简单的选择学校为例讲解下拉列表 Spinner 的具体用法。程序运行效果如图 10-9 所示，默认情况下显示第一个选项"江西财经大学"，单击 Spinner 控件时，将会弹出列表显示多个学校，让用户选择。具体开发步骤如下。

图 10-9　Spinner 运行效果图

（1）在 activity_main.xml 文件中添加一个文本显示框 TextView 和一个下拉列表 Spinner，两个控件水平摆放，可以放在一个线性布局中，由于 Spinner 控件上显示的内容是通过 Java 代码动态控制的，所以需要给 Spinner 控件添加 id 属性。布局文件的核心代码如下。

程序清单：codes\ch10\SpinnerTest\app\src\main\res\layout\activity_main.xml

```
1   <?xml version="1.0" encoding="utf-8"?>           →XML 声明语句
2   <LinearLayout xmlns:android="http://schemas.android.com/apk/res/android"
                                                     →线性布局
3       xmlns:tools="http://schemas.android.com/tools"
4       android:layout_width="match_parent"          →宽度填充父容器
5       android:layout_height="wrap_content"         →高度内容包裹
6       android:orientation="horizontal"             →方向为水平
7       android:gravity="center_vertical"            →对齐方式为垂直居中
8       android:padding="10dp">                      →内边距为 10dp
9       <TextView                                    →文本显示框
10          android:layout_width="wrap_content"      →宽度内容包裹
11          android:layout_height="wrap_content"     →高度内容包裹
12          android:text="请选择你所在的学校"         →设置文本显示内容
13          android:textSize="16sp"/>                →文本大小为 16sp
14      <Spinner                                     →下拉列表控件
15          android:id="@+id/schoolSpiner"           →添加 ID 属性
16          android:layout_width="wrap_content"      →宽度内容包裹
17          android:layout_height="wrap_content"></Spinner>    →高度内容包裹
18  </LinearLayout>                                  →线性布局结束
```

（2）在 MainActivity 中声明 Spinner 类型的变量，然后在 onCreate()方法中加载布局文件之后，根据 ID 找到该列表控件。关键代码如下。

```
private Spinner schoolSpinner;                                    →声明 Spinner 类型变量
schoolSpinner=(Spinner)findViewById(R.id.schoolSpiner);    →根据 ID 找到该控件
```

（3）准备一组数据储存学校信息，在此采用一个字符串数组保存学校名称，在 MainActivity.java 中添加如下代码。

```
private String[] schools={"江西财经大学","南昌大学","江西师范大学",
                "江西农业大学","江西科技师范大学","江西科技学院"};
```

（4）构建 Adapter 对象，指定每一项数据的显示样式。由于每一项只包含一个字符串，在此采用系统为我们提供的 ArrayAdapter，在 onCreate()方法中添加如下代码。

```
ArrayAdapter<String>adapter=new ArrayAdapter<String>(this,
                android.R.layout.simple_list_item_1,schools);
```

上述代码中一对尖括号在 Java 中表示泛型，限定每一个元素的类型。创建 ArrayAdapter 对象时，需要传递三个参数：第一个参数为 Context 类型，表示上下文参数，通常传递当前 Activity，在此传递 this，即当前类的对象；第二个参数用于指定每一项数据如何显示，android.R.layout.simple_list_item_1 表示引用系统中的布局资源，该资源文件中仅包含一个 TextView，设置了文本边距、最小高度等信息；第三个参数表示要显示的数据，可以是数组也可以是集合。

（5）调用 Spinner 控件的 setAdapter()方法，将 Adapter 与列表控件关联起来，从而使数据显示在 Spinner 上。在 onCreate()方法的最后添加如下代码。

```
schoolSpinner.setAdapter(adapter);
```

完整参考代码如下。

程序清单：codes\ch10\SpinnerTest\app\src\main\java\iet\jxufe\cn\spinnertest\MainActivity.java

```
1    public class MainActivity extends AppCompatActivity {
                                                              →MainActivity 类声明
2        private Spinner schoolSpinner;           →声明 Spinner 类型变量
3        private String[] schools={"江西财经大学","南昌大学","江西师范大学","江西
         农业大学","江西科技师范大学","江西科技学院"};    →声明保存学校名称的字符串数组
4        @Override
5        protected void onCreate(Bundle savedInstanceState) {  →重写 onCreate()方法
6            super.onCreate(savedInstanceState);   →调用父类的方法
7            setContentView(R.layout.activity_main);  →加载布局文件
8            schoolSpinner=(Spinner)findViewById(R.id.schoolSpiner);
                                                     →根据 ID 找到控件
9            ArrayAdapter<String>adapter=new ArrayAdapter<String>
                     (this,android.R.layout.simple_list_item_1,schools);
                                                     →构建 Adapter 对象
10           schoolSpinner.setAdapter(adapter);      →关联 Adapter
11       }                                           →方法结束
12   }                                               →类结束
```

注意：如果希望更改列表项的显示样式，例如文字大小、文字颜色等，只需要更改 ArrayAdapter 对象的第二个参数。具体做法是：在 res\layout 文件夹下新建一个 item.xml 文件，该文件中仅包含一个 TextView，设置 TextView 的大小、文本颜色，然后将其作为 ArrayAdapter 对象的第二个参数，即传入 R.layout.item 即可。

下拉列表 Spinner 关联数据有两种方式，一种是在 Java 代码中通过数组或集合进行定义，然后借助 Adapter 进行关联，这是所有的列表控件都通用的；另一种是在 XML 文件中通过 android：entries 属性进行关联，该属性值为字符串数组资源的引用，字符串数组资源可通过＜string-array＞进行定义，此时不需要编写任何 Java 代码就可以实现下拉列表效果。下面采用第二种方式实现与前面案例相同的效果。

首先在 res\values\strings.xml 文件中添加如下代码。

```
1    <string-array name="schools">              →数组名称
2        <item>江西财经大学</item>                →数据项
3        <item>南昌大学</item>                    →数据项
4        <item>江西师范大学</item>                →数据项
5        <item>江西农业大学</item>                →数据项
```

6	`    <item>江西科技师范大学</item>`	→数据项
7	`    <item>江西科技学院</item>`	→数据项
8	`</string-array>`	→字符数组结束

其中<string-array></string-array>标签表示字符串数组，里面的一对<item></item>表示数组中的一个数据项。

然后在布局文件中 Spinner 控件的属性设置如下。其中仅需设置 android：entries 属性。

```
1  <Spinner
2      android:layout_width="wrap_content"
3      android:layout_height="wrap_content"
4      android:entries="@array/schools"/>
```

10.2.2 普通列表 ListView

ListView 是使用非常广泛的一种列表控件，它以垂直列表的形式显示所有的列表项数据，例如新闻 App 中的新闻，社交 App 中的动态等。Android 中专门为 Activity 提供了一个特殊子类 ListActivity，使用 ListActivity 可以快速实现 ListView 列表效果。ListActivity 中直接包含了一个 ListView，使用 ListActivity 时不需要加载布局文件。以 ListActivity 来实现上面的学校列表效果，程序运行效果如图 10-10 所示。

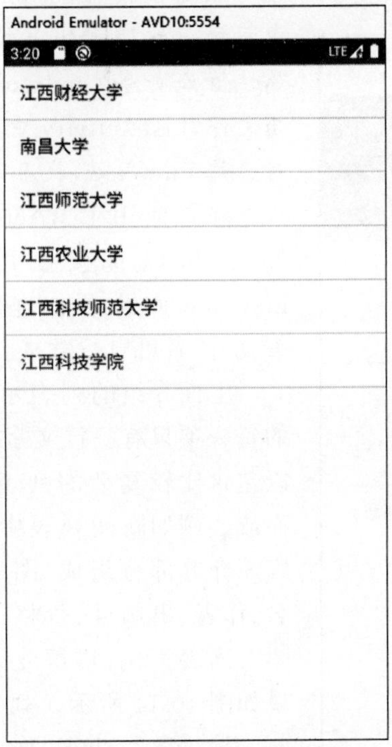

图 10-10 简单 ListView 效果图

首先根据向导创建一个 Android 项目，创建完成后，MainActivity 默认从 AppCompatActivity 继承而来，将其改为 ListActivity，然后删除 setContentView()方法，同时可删除 res\layout\activity_main.xml 文件。接着准备一个字符串数组用于保存学校名称，构建 ArrayAdapter 对象指定每一项数据的显示，最后调用 ListActivity 的 setListAdapter()方法关联 Adapter 即可。详细代码如下。

```
1    public class MainActivity extends ListActivity{    →MainActivity 的声明
2        private String[] schools={"江西财经大学","南昌大学","江西师范大学","江西
        农业大学","江西科技师范大学","江西科技学院"};    →准备需要显示的数据
3        @Override
4        protected void onCreate(Bundle savedInstanceState) {
                                                →重写父类 onCreate()方法
5            super.onCreate(savedInstanceState);    →调用父类方法
6            ArrayAdapter<String>adapter=new ArrayAdapter<String>
                (this,android.R.layout.simple_list_item_1,schools);
                                                →构建 Adapter 对象
7            setListAdapter(adapter);            →关联 Adapter
8        }                                        →onCreate()方法结束
9    }                                            →类结束
```

注意：在 onCreate()方法中不能添加 setContentView(R.layout.activity_main) 语句，否则会直接报错并强制退出。如果确实需要使用，则需要在 activity_main.xml 文件中添加一个 ListView 控件，并且它的 android：id 的属性值必须为@android：id/list。因为如果加载了布局文件，ListActivity 中会根据 android.R.id.list 去找对应的 ListView，找不到就抛出异常。

除了使用 ListActivity 实现 ListView 效果之外，也可以直接使用普通的 Activity 来实现 ListView 效果，操作过程与 Spinner 类似，在此不再重复，读者可自行尝试。

上面介绍的列表示例都相对比较简单，列表中的每一项只有一行文字，实际上，每种列表控件都可以包含比较复杂的列表项，即每项由多个控件组合而成。例如新闻列表中，每条新闻由图片、标题、内容简介等部分组成，图书列表中，每本书由图片、书名、作者、出版社、价格等组成。下面以一个简单的图书列表为例，讲解复杂列表的开发。程序运行效果如图 10-11 所示。列表中每一个图书项包含四部分：图书图片、书名、作者、出版社。图书项整体采用水平线性布局，里面包含一个 ImageView 和一个垂直线性布局，垂直线性布局中包含用于显示书名、作

图 10-11　复杂 ListView 的效果图

者、出版社信息的 TextView。要想达到这样的效果,使用前面的 ArrayAdapter 是无法实现的。在此先对 Adapter 进行进一步的介绍。查看 API 文档,可以得出常见 Adapter 的继承结构图如图 10-12 所示。

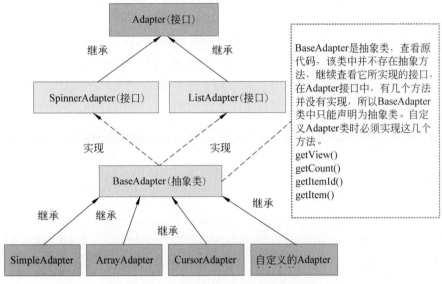

图 10-12　常见 Adapter 的继承结构图

由图 10-12 可知,实现 Adapter 相关接口的基类为 BaseAdapter,它实现了接口里的大部分方法,对于少数需要根据具体情景才能确定的方法则没有实现,因此它被声明为抽象类,不能实例化,也就不能通过 new 关键字来创建该类的对象。为此,针对一些常用情景,系统提供了三个子类:ArrayAdapter、SimpleAdapter、CursorAdapter。

（1）**ArrayAdapter**:默认情况下只能显示文本,如果想显示其他的 View 控件比如 ImageView,则需要重写 getView()方法。通常是将一个数组或者集合放在 ArrayAdapter 中。

（2）**SimpleAdapter**:可用于显示列表项相对复杂的列表,要求所有的列表项结构相同,显示样式相同。创建 SimpleAdapter 时,需要传递 5 个参数:第一个参数为上下文对象,通常为当前的 Activity;第二个参数为所有列表项数据的集合①;第三个参数为布局资源文件,在布局文件中指定每一项数据的整体显示结构;第四个参数为相关内容所对应的关键字组成的字符串数组;第五个参数为 int 类型数组,通过关键字获取数据后,需要将数据显示在相关的控件上,而控件是通过 ID 来唯一确定,所以这里的 int 数组就是相关控件 ID 组成的数组。注意所有控件都是第三个参数指定的布局文件中的控件。

（3）**CursorAdapter**:该 Adapter 用于将数据库查询结果的 Cursor 对象中的数据显示在 ListView 控件上。在 Cursor 对象中,必须包含一个列名为"_id"的列,否则这个类将

---

① 要求每一项数据放在一个 Map 对象中,Map 对象是用于保存键值对的集合,一个键值对表示列表项中的某一子部分,例如图书列表中,书名为一个键值对,作者为一个键值对,出版社为一个键值对,图片为一个键值对,这样,一个 Map 对象中有四个键值对,并且要求关键字都是字符串类型,而且关键字是唯一的,不能重复,因此第二个参数是 Map 对象的集合。

不起作用，实际开发中使用较少。

此外，我们也可以自定义一个 Adapter，只需要从 BaseAdapter 继承，然后重写里面的 getView()、getCount()、getItem()、getItemId()方法即可。自定义 Adapter 的好处是可以使数据按照用户想要的形式显示，非常灵活，缺点也很明显，就是代码相对较多，需要用户自己重写各个方法。

通过以上对 Adapter 的介绍可以发现，要想实现图 10-11 所示的效果可以采用两种方法，一是使用 SimpleAdapter，另一种是使用自定义的 Adapter。下面通过 SimpleAdapter 来实现上图效果。首先在布局文件中添加一个 ListView 控件，并为该控件添加 ID 属性。布局文件中的代码如下。

程序清单：codes\ch10\ComplexListViewTest\app\src\main\res\layout\activity_main.xml

```
1   <?xml version="1.0" encoding="utf-8"?>                          →XML 声明文件
2   <LinearLayout xmlns:android="http://schemas.android.com/apk/res/android"
                                                                    →线性布局开始
3       xmlns:tools="http://schemas.android.com/tools"
4       android:layout_width="match_parent"                         →宽度填充父容器
5       android:layout_height="match_parent"                        →高度填充父容器
6       android:orientation="vertical">                             →方向垂直
7       <TextView                                                   →标题文本显示框
8           android:layout_width="match_parent"                     →宽度填充父容器
9           android:layout_height="wrap_content"                    →高度内容包裹
10          android:text="图书列表"                                   →文本内容
11          android:gravity="center"                                →水平居中
12          android:padding="10dp"                                  →内边距为 10dp
13          android:textSize="24sp"                                 →大小为 24sp
14          android:textColor="#ffffff"                             →文本颜色为白色
15          android:background="#00aabb"/>                          →设置背景颜色
16      <ListView                                                   →列表控件
17          android:id="@+id/booksListView"                         →添加 ID 属性
18          android:layout_width="match_parent"                     →宽度填充父容器
19          android:layout_height="wrap_content"                    →高度内容包裹
20          android:dividerHeight="2dp"                             →设置分割线粗细
21          android:divider="#aaaaaa"/>                             →设置分割线颜色
22  </LinearLayout>                                                 →线性布局结束
```

注意：android:dividerHeight 和 android:divider 两个属性通常结合使用，分别设置相邻列表项之间的分割线的粗细和颜色。

然后切换到 MainActivity.java 文件，为每一项的各部分分别定义数据源，代码如下。

```
1   private String[] names = {"Android 应用程序开发", "Android 编程", "Android
    编程经典案例解析", "移动电子商务", "IOS 应用开发基础教程", "App 开发案例教程"};
                                                                    →书名数据
2   private String[] authors = {"钟元生 高成珍", "钟元生 高成珍", "高成珍 钟元
    生", "钟元生 曹权", "钟元生", "钟元生"};                            →作者数据
```

```
3       private String[] presses ={"江西高校出版社","清华大学出版社","清华大学出
        版社","电子工业出版社","复旦大学出版社","清华大学出版社"};          →出版社数据
4       private int[] bookIcons={R.mipmap.book01,R.mipmap.book02,
    R.mipmap.book03,R.mipmap.book04,R.mipmap.book05,R.mipmap.book06};
                                                                     →图片数据
```

有了这些基本数据后,还需要将这些数据关联起来,即将每本书的信息放在一起。这里采用 Map 对象保存每一项的数据,每个 Map 对象对应一本书的数据,Map 对象的集合就是所有项的数据。首先定义一个 Map 对象的集合存放所有的图书信息,然后依次循环将每一本书的信息添加进去。关键代码如下。

```
private List<Map<String, Object>>datas =new ArrayList<Map<String, Object>>();
```

由于 Map 对象中存放的数据既有 String 类型的,也有 int 类型的,因此将 Map 对象声明为:Map<String,Object>。

注:这里涉及 Java 中泛型的知识,读者可查阅 Java 相关资料。

在此定义一个方法,用于循环关联每一本书的数据,关键代码如下。

```
1   public void initData(){                              →初始化数据方法
2       for(int i=0;i<names.length;i++){                 →循环遍历每一项
3           Map<String,Object>item=new HashMap<String,Object>();
                                                         →创建 Map 对象
4           item.put("name","书名:"+names[i]);           →存放书名信息
5           item.put("author","作者:"+authors[i]);       →存放作者信息
6           item.put("press","出版社:"+presses[i]);      →存放出版社信息
7           item.put("icon",bookIcons[i]);               →存放图书图片
8           datas.add(item);                             →将 Map 对象添加到集合
9       }                                                →for 循环结束
10  }                                                    →方法结束
```

数据源定义完毕后,接下来就是将其与具体的布局文件关联起来,即每部分数据如何显示的问题,在 res\layout 文件夹下创建一个 list_item.xml 文件。关键代码如下。

```
1   <?xml version="1.0" encoding="utf-8"?>               →XML 文件声明
2   <LinearLayout xmlns:android="http://schemas.android.com/apk/res/android"
                                                         →线性布局开始
3       android:orientation="horizontal"                 →方向为水平
4       android:layout_width="match_parent"              →宽度填充父容器
5       android:layout_height="wrap_content"             →高度内容包裹
6       android:gravity="center_vertical"                →垂直居中
7       android:layout_margin="5dp">                     →外边距为 5dp
8       <ImageView                                       →图片控件
9           android:layout_width="80dp"                  →宽度为 80dp
10          android:layout_height="100dp"                →高度为 100dp
11          android:id="@+id/bookIcon"                   →添加 ID 属性
12          android:layout_margin="5dp"/>                →外边距为 5dp
```

```
13      <LinearLayout                                      →线性布局开始
14          android:layout_width="match_parent"            →宽度填充父容器
15          android:layout_height="wrap_content"           →高度内容包裹
16          android:orientation="vertical">                →方向为垂直
17          <TextView                                      →文本显示框
18              android:layout_width="wrap_content"        →宽度内容包裹
19              android:layout_height="wrap_content"       →高度内容包裹
20              android:textColor="#0000ff"                →文本颜色为蓝色
21              android:id="@+id/nameView"                 →添加ID属性
22              android:textSize="16sp"/>                  →大小为16sp
23          <TextView                                      →文本显示框
24              android:layout_width="wrap_content"        →宽度内容包裹
25              android:layout_height="wrap_content"       →高度内容包裹
26              android:id="@+id/authorView"               →添加ID属性
27              android:textColor="#ff0000"                →文本颜色为红色
28              android:textSize="16sp"                    →大小为16sp
29              android:layout_marginTop="10dp"/>          →上边距为10dp
30          <TextView                                      →文本显示框
31              android:layout_width="wrap_content"        →宽度内容包裹
32              android:layout_height="wrap_content"       →高度内容包裹
33              android:id="@+id/pressView"                →添加ID属性
34              android:textSize="16sp"                    →大小为16sp
35              android:layout_marginTop="10dp"/>          →上边距为10dp
36      </LinearLayout>                                    →垂直线性布局结束
37  </LinearLayout>                                        →水平线性布局结束
```

最后创建 SimpleAdapter 对象,作为中介,关联数据源与数据显示控件关键代码如下。

```
1  protected void onCreate(Bundle savedInstanceState) {    →重写onCreate()方法
2      super.onCreate(savedInstanceState);                 →调用父类该方法
3      setContentView(R.layout.activity_main);             →加载布局文件
4      booksListView =(ListView) findViewById(R.id.booksListView);
                                                           →根据ID找到控件
5      initData();                                         →初始化数据
6      SimpleAdapter adapter=new SimpleAdapter(this,datas,
   R.layout.list_item,new String[]{"icon","name","author","press"},new
   int[]{R.id.bookIcon,R.id.nameView,R.id.authorView,R.id.pressView});
                               →构建SimpleAdapter对象,关联数据和数据显示
7      booksListView.setAdapter(adapter);                  →关联Adapter对象
8  }                                                       →方法结束
```

10.2.3　网格列表 GridView

前面介绍的 Spinner 和 ListView 显示列表数据时,都是以垂直方向显示,水平方向

上每一行只显示一个列表项，无法实现一行显示多个列表项效果。此时，可使用 GridView 实现该效果。GridView 尝试将界面划分为若干个网格，可以设置每一行所能显示的列表项的数量，然后根据总的列表项数来计算一共有多少行，例如总共有 15 个列表项，每一行存放 4 个列表项，则包含 4 行，如果每一行存放 3 个列表项，则包含 5 行。使用 GridView 时，关键属性如下。

（1）android：numColumns：用于指定每一行存放的列表项的数量，即将界面平分为几列。

（2）android：horizontalSpacing：用于设置两个列表项之间的水平间距。

（3）android：verticalSpacing：用于设置两个列表项之间的垂直间距。

下面以一个简单的示例讲解 GridView 的用法，示例运行效果如图 10-13 所示。该示例模拟功能清单页面效果，界面中包含 16 个功能项，每个功能项包含图标和文字两部分。

图 10-13　GridView 运行效果图

首先在布局文件中添加 GridView 控件，设置每行显示 4 个列表项，同时设置列表项与列表项之间的水平间距和垂直间距都为 2dp。关键代码如下。

```
1    <?xml version="1.0" encoding="utf-8"?>           →XML 文件声明
2    <GridView xmlns:android="http://schemas.android.com/apk/res/android"
                                                      →GridView 控件开始
3        xmlns:tools="http://schemas.android.com/tools"
4        android:id="@+id/gridView"                   →添加 ID 属性
5        android:layout_width="match_parent"          →宽度为填充父容器
6        android:layout_height="wrap_content"         →高度为内容包裹
7        android:horizontalSpacing="2dp"              →水平间距为 2dp
8        android:numColumns="4"                       →每行包含 4 列
9        android:verticalSpacing="2dp" />             →垂直间距为 2dp
```

然后切换到 MainActivity.java 中，根据 ID 找到该控件，准备相关数据，新建 XML 文件，指定每一项数据具体如何显示，接着构建 SimpleAdapter 对象，最终将数据显示在 GridView 控件上，开发步骤与前面所讲的复杂 ListView 构建完全一致，在此直接列出关键代码。

列表项显示所对应的布局文件 grid_item.xml 文件代码如下。

```
1    < LinearLayout xmlns: android =" http://schemas. android. com/apk/res/
     android"                                         →线性布局开始
2        xmlns:tools="http://schemas.android.com/tools"
```

3	`android:layout_width="match_parent"`	→宽度填充父容器
4	`android:layout_height="match_parent"`	→高度填充父容器
5	`android:orientation="vertical"`	→方向为垂直
6	`android:gravity="center_horizontal"`	→水平居中
7	`android:background="#eeeeee"`	→设置背景颜色
8	`android:padding="5dp">`	→内边距为5dp
9	`<ImageView`	→图片控件
10	`android:id="@+id/img"`	→添加ID属性
11	`android:layout_width="40dp"`	→宽度为40dp
12	`android:layout_height="40dp"`	→高度为40dp
13	`android:layout_marginBottom="10dp"/>`	→下边距为10dp
14	`<TextView`	→文本显示框
15	`android:id="@+id/name"`	→添加ID属性
16	`android:layout_width="wrap_content"`	→宽度内容包裹
17	`android:layout_height="wrap_content"`	→高度内容包裹
18	`android:textSize="12sp"`	→文本大小12sp
19	`android:layout_marginBottom="5dp"/>`	→下边距为5dp
20	`</LinearLayout>`	→线性布局结束

核心的业务逻辑控制类 MainActivity.java 的代码如下。

程序清单：codes\ch10\GridViewTest\app\src\main\java\iet\jxufe\cn\gridviewtest\MainActivity.java

1	`public class MainActivity extends AppCompatActivity {`	→MainActivity声明
2	`private GridView gridView;`	→GridView声明
3	`private String[] names =new String[] { "转账", "手机充值", "淘宝电影", "校园一卡通", "红包", "机票火车票", "记账本", "口碑外卖", "理财小工具", "快的打车", "收款", "我的快递", "天猫", "余额宝", "亲密付", "淘宝" };`	→功能名称字符串数组

4	`private int[] imgIds =new int[] { R.mipmap.p1, R.mipmap.p2,`
	`R.mipmap.p3, R.mipmap.p4, R.mipmap.p5, R.mipmap.p6,`
	`R.mipmap.p7, R.mipmap.p8, R.mipmap.p9,`
	`R.mipmap.p10, R.mipmap.p11, R.mipmap.p12,`
	`R.mipmap.p13, R.mipmap.p14,`
	`R.mipmap.p15, R.mipmap.p16 };`
		→功能图标数组

5	`private List<Map<String, Object>> datas = new ArrayList<Map<String, Object>>();`	→Map对象集合,存储所有功能信息
6	`@Override`	
7	`protected void onCreate(Bundle savedInstanceState) {`	→重写onCreate()方法
8	`super.onCreate(savedInstanceState);`	→调用父类方法
9	`setContentView(R.layout.activity_main);`	→加载布局文件
10	`gridView =(GridView) findViewById(R.id.gridView);`	→根据ID找到控件
11	`initData();`	→初始化数据

```
12              SimpleAdapter adapter = new SimpleAdapter(this, datas, R.layout.grid_
    item, new String[] { "name", "imgId" }, new int[] { R.id.name, R.id.img });
                                                    →构建 SimpleAdapter 对象
13              gridView.setAdapter(adapter);       →关联 Adapter
14          }                                       →onCreate()方法结束
15          private void initData() {               →方法声明
16              for (int i = 0; i < names.length; i++) {  →循环遍历功能信息
17                  Map<String, Object>item = new HashMap<String, Object>();
                                                    →创建 Map 对象,保存功能信息
18                  item.put("name", names[i]);     →保存功能名称
19                  item.put("imgId", imgIds[i]);   →保存功能图标
20                  datas.add(item);                →添加功能信息到集合
21              }                                   →for 循环结束
22          }                                       →初始化数据方法结束
23      }                                           →MainActivity 类结束
```

10.2.4　增强列表 RecyclerView

RecyclerView 是 Android 5.0 以后提供的更为强大的列表控件,不仅可以轻松实现 ListView、GridView 效果,还优化了之前列表控件存在的各种不足之处,是目前官方推荐使用的列表控件。

在使用 RecyclerView 控件显示数据时,最为关键的两个方法为 setLayoutManager()和 setAdapter()。通过 setLayoutManager()可以设置列表项的布局管理器,用于控制列表项的整体摆放,常见的布局管理器有:LinearLayoutManager(线性布局管理器,可以控制列表项水平从左到右摆放,或者垂直从上到下摆放)、GridLayoutManager(网格布局管理器,按照若干行或者若干列来摆放列表项)、StaggeredGridLayoutManager(交错网格布局管理器,可以实现瀑布流效果,网格不是整齐的,有所偏移)。通过 setAdapter()方法可以关联数据,并指定具体每一项数据如何显示,与前面讲的 Adapter 类似。

下面以网格列表中的示例数据讲解 RecyclerView 控件的使用,可以很方便地实现垂直列表、水平列表以及网格列表效果,如图 10-14～图 10-16 所示。

首先在布局文件中添加 RecyclerView 控件,由于该控件位于兼容包内,而不是系统自带控件,所以需要使用完整的包名加类名。关键代码如下。

图 10-14　垂直列表效果

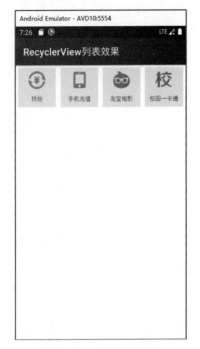

图 10-15　水平列表效果　　　图 10-16　网格列表效果

```
1    <?xml version="1.0" encoding="utf-8"?>              →XML 声明文件
2    < RelativeLayout xmlns: android =" http://schemas. android. com/apk/res/
     android"                                            →相对布局开始
3        xmlns:tools="http://schemas.android.com/tools"
4        android:layout_width="match_parent"             →宽度填充父容器
5        android:layout_height="match_parent">           →高度填充父容器
6        <androidx.recyclerview.widget.RecyclerView      →完整包名+类名
7            android:id="@+id/mRecyclerView"             →添加 ID 属性
8            android:layout_width="match_parent"         →宽度填充父容器
9            android:layout_height="wrap_content"/>      →高度内容包裹
10   </RelativeLayout>                                   →相对布局结束
```

接下来在 MainActivity.java 中根据 ID 找到该控件。先声明一个 RecyclerView 类型的成员变量，代码如下。

```
private RecyclerView mRecyclerView;
```

然后在 onCreate()方法中根据 ID 找到控件并赋值给这个变量，代码为：

```
mRecyclerView=(RecyclerView)findViewById(R.id.mRecyclerView);
```

接下来需要创建 Adapter 对象，与之前所学列表控件不同的是，RecyclerView 控件要求 Adapter 对象从 RecyclerView.Adapter 类继承而来，继承该类时，需要指定 ViewHolder 泛型参数，ViewHolder 用于引用列表项中每一个子控件。此外，

RecyclerView.Adapter 类是一个抽象类，还需要实现里面的三个抽象方法：onCreateViewHolder（创建 ViewHolder，指定列表项对应的界面显示控件）、onBindViewHolder（绑定 ViewHolder，将列表项数据显示在对应的控件上）以及 getItemCount（一共有多少个列表项）。在此定义一个内部类 MyAdapter，继承自 RecyclerView.Adapter，关键代码如下。

```
1    private class MyAdapter extends RecyclerView.Adapter<MyAdapter.MyViewHolder>{
                                     →自定义内部类继承自 RecyclerView.Adapter
2        @Override                   →注解表示重写
3        public MyAdapter.MyViewHolder onCreateViewHolder(ViewGroup parent,
    int viewType) {                   →重写父类方法,创建列表项对应的控件
4            View itemView=getLayoutInflater().inflate
    (R.layout.recycler_item,parent,false);
                                     →将 XML 文件转换成 View 类型对象
5            return new MyViewHolder(itemView);  →返回 ViewHolder 对象
6        }                           →方法结束
7        @Override                   →注解表示重写
8        public void onBindViewHolder(MyAdapter.MyViewHolder holder, int
    position) {                       →重写父类方法,绑定列表项数据
9            holder.imgView.setImageResource(imgIds[position]);
                                     →设置图片控件内容
10           holder.nameView.setText(names[position]);  →设置文本控件内容
11       }                           →方法结束
12       @Override                   →注解表示重写
13       public int getItemCount() { →重写父类方法
14           return names.length;    →返回列表项数
15       }                           →方法结束
16       class MyViewHolder extends RecyclerView.ViewHolder{
                                     →自定义内部类
17           ImageView imgView;      →ImageView 声明
18           TextView nameView;      →TextView 声明
19           public MyViewHolder(View itemView) {  →构造方法
20               super(itemView);    →调用父类方法
21               imgView=(ImageView)itemView.findViewById(R.id.img);
                                     →根据 ID 找到图片控件
22               nameView=(TextView)itemView.findViewById(R.id.name);
                                     →根据 ID 找到文本控件
23           }                       →构造方法结束
24       }                           →MyViewHolder 类结束
25   }                               →MyAdapter 类结束
```

注意：ViewHolder 类主要包含对列表项中控件的引用，在绑定 ViewHolder 对象时，会将列表项的布局文件转换成对应的 View 类型对象传给 ViewHolder，然后在 ViewHolder 对象的构造方法中，获取该 View 对象，并在 View 对象中根据 ID 找到对应

的控件。

在此列表项的布局文件为 recycler_item.xml，该文件的主要内容如下。

程序清单：codes\ch10\RecyclerViewTest\app\src\main\res\layout\recycler_item.xml

```
1   <LinearLayout xmlns:android="http://schemas.android.com/apk/res/
    android"                                            →线性布局开始
2       xmlns:tools="http://schemas.android.com/tools"
3       android:layout_width="80dp"                     →宽度为 80dp
4       android:layout_height="80dp"                    →高度为 80dp
5       android:orientation="vertical"                  →方向为垂直
6       android:gravity="center_horizontal"             →水平居中
7       android:background="#eeeeee"                    →设置背景颜色
8       android:padding="5dp"                           →内边距为 5dp
9       android:layout_margin="5dp">                    →外边距为 5dp
10      <ImageView                                      →图片控件
11          android:id="@+id/img"                       →添加 ID 属性
12          android:layout_width="40dp"                 →宽度为 40dp
13          android:layout_height="40dp"                →高度为 40dp
14          android:layout_marginBottom="10dp"/>        →下边距为 10dp
15      <TextView                                       →文本显示框
16          android:id="@+id/name"                      →添加 ID 属性
17          android:layout_width="wrap_content"         →宽度内容包裹
18          android:layout_height="wrap_content"        →高度内容包裹
19          android:textSize="12sp"                     →文本大小 12sp
20          android:layout_marginBottom="5dp"/>         →下边距为 5dp
21  </LinearLayout>                                     →线性布局结束
```

定义好 Adapter 类之后，即可创建该类对象，然后调用 setAdapter() 方法，代码如下。

```
mRecyclerView.setAdapter(new MyAdapter());
```

在运行之前一定要为 RecyclerView 指定列表项的布局管理器，否则系统不知道该如何显示，就会报错，强制退出。此处设置布局管理器为线性布局管理器，代码如下。

```
mRecyclerView.setLayoutManager(new LinearLayoutManager(this));
```

此时，运行效果如图 10-14 所示，线性布局管理器默认是垂直方向从上到下摆放列表项。如果需要实现水平的线性布局效果，如图 10-15 所示。代码如下。

```
mRecyclerView.setLayoutManager(new LinearLayoutManager(this,
    LinearLayoutManager.HORIZONTAL,false));
```

此时，创建线性布局管理器时传递了三个参数：第一个参数为上下文对象，通常为当前的 Activity；第二个参数用于指定方向，默认为垂直方向，在此指定为水平方向；第三个参数表示列表项的顺序是否反转，对于水平方向来说，列表项默认是从左到右摆放，如果需要从右到左摆放，则表示需要反转，传递"true"即可。

如果想实现网格列表效果，如图10-16所示，只需更改布局管理器，代码如下。

```
mRecyclerView.setLayoutManager(new GridLayoutManager(this,
    4,GridLayoutManager.HORIZONTAL,false));
```

创建网格布局管理器时需传递四个参数：第一个参数为上下文对象；第二个参数为一行或一列中列表项的数量；第三个参数表示网格的方向，是水平依次摆放还是垂直依次摆放；第四个参数表示列表项的顺序是否反转。读者如果理解较为困难，可自行尝试改变参数值，运行后观察结果，进行总结。

10.2.5　扩展下拉列表 ExpandableListView

上面所讲的列表相对比较简单，都只有一级，实际应用中，往往需要使用二级下拉列表，即需要对数据项进行分组，每组中包含数量不一的项，此时就需要使用到扩展下拉列表（ExpandableListView），例如每个省下面又包含很多市、县等。扩展下拉列表的开发步骤和普通列表几乎一致，只是所需要的数据和 Adapter 对象有所不同。扩展下拉列表所需要的 Adapter 必须从系统的 BaseExpandableListAdapter 继承而来，该类是一个抽象类，继承该类时需要实现里面的 10 个抽象方法，具体如下。

（1）public int getGroupCount()：获取一共有多少一级列表项。

（2）public int getChildrenCount(int groupPosition)：获取某个一级列表项下面有多少个子项，需要传递一级列表项的序号。

（3）public Object getGroup(int groupPosition)：获取某个一级列表项对象，需要传递一级列表项的序号。

（4）public Object getChild(int groupPosition, int childPosition)：获取某个一级列表项下的某个子项，需要传递一级列表项的序号以及子项的序号。

（5）public long getGroupId(int groupPosition)：获取某个一级列表项的 ID。

（6）public long getChildId(int groupPosition, int childPosition)：获取某个一级列表项下的某个子项的 ID。

（7）public boolean hasStableIds()：列表项是否有稳定的 ID。

（8）public View getGroupView(int groupPosition, boolean isExpanded, View convertView, ViewGroup parent)：获取每个一级列表项的界面显示视图。

（9）public View getChildView(int groupPosition, int childPosition, boolean isLastChild, View convertView, ViewGroup parent)：获取某一个一级列表项下的子项的界面显示视图。

（10）public boolean isChildSelectable(int groupPosition, int childPosition)：设置子项是否可选，如果需要给列表项添加事件处理，该方法必须返回 true，否则无法识别事件。

除了自定义 Adapter 外，系统也提供了一个简单的 BaseExpandableListAdapter 子类：SimpleExpandableListAdapter，只需要传递相关参数即可创建该 Adapter，但使用该 Adapter 时对数据类型有一些限制，同时限制在列表中只能显示文字，不能显示图片。而自定义 Adapter 则较为灵活，可随意设计一级列表项和二级列表项的内容显示方式。

下面以腾讯 QQ 好友分组功能为例，模拟其界面介绍 ExpandableListView 用法，程序运行效果如图 10-17 所示。

图 10-17　ExpandableListView 运行效果

首先在布局文件中添加一个 ExpandableListView，代码如下所示。

程序清单：codes\ch10\ExpandableTest\app\src\main\res\layout\activity_main.xml

1	`<RelativeLayout xmlns:android="http://schemas.android.com/apk/res/android"`	→相对布局开始
2	`    android:layout_width="match_parent"`	→宽度填充父容器
3	`    android:layout_height="match_parent">`	→高度填充父容器
4	`    <ExpandableListView`	→扩展列表控件
5	`        android:id="@+id/mExpandable"`	→添加 ID 属性
6	`        android:layout_width="wrap_content"`	→宽度内容包裹
7	`        android:layout_height="wrap_content" />`	→高度内容包裹
8	`</RelativeLayout>`	→线性布局结束

然后在 MainActivity 代码中，定义 ExpandableListView 所需要的资源。这里包括组的名称、组的图标、项的名称、项的图标四种资源，其中项的资源是通过二维数组来设定的，二维数组中的每一行代表一组的资源，每一列代表该组下的一项。代码如下。

```
1   private String[] groupNames =new String[]{"我的好友","大学同学","亲戚朋友"};
                                            →定义组显示的文字
2       private String[][] childNames =new String[][]{{"张三","张四","张五"},
    {"李四","李五"},{"王五","王六","王二","王三"}};    →定义每一项显示的文字,一
                                                          对大括号内表示同一组
3       private int[] groupIcons =new int[]{R.drawable.g1, R.drawable.g2, R.
    drawable.g3};                                    →组的图标
4       private int[][] childIcons =new int[][]{
            {R.drawable.a1, R.drawable.a2, R.drawable.a3},
            {R.drawable.a4, R.drawable.a5},
            {R.drawable.a7, R.drawable.a8, R.drawable.a9,
    R.drawable.a10}};                        →每一项的图标,一对大括号内表示属于同一组
```

再根据findViewById()方法获取该ExpandableListView,关键代码如下。

```
private ExpandableListView mExpandableView;
mExpandableView =(ExpandableListView) findViewById(R.id.mExpandable);
```

下面主要设置资源如何显示。由于需要显示图片,在此采用自定义Adapter来实现,首先定义一个内部类MyExpandableAdapter让其继承BaseExpandableListAdapter,重写里面的相应方法,来达到需要的显示效果,最为关键的就是getGroupView()、getChildView()、getGroupCount()和getChildCount()这四个方法。关键代码如下。

```
1    private class MyExpandableAdapter extends BaseExpandableListAdapter{
                                                  →自定义内部类
2        @Override                                →注解,重写方法
3        public int getGroupCount() {             →获取一级列表项数
4            return groupNames.length;
5        }
6        @Override
7        public int getChildrenCount(int groupPosition) {  →获取子项数方法
8            return childNames[groupPosition].length;
9        }
10       @Override
11       public Object getGroup(int groupPosition) {   →获取一级列表项
12           return groupNames[groupPosition];
13       }
14       @Override
15       public Object getChild(int groupPosition, int childPosition) {
                                                          →获取子项
16           return childNames[groupPosition][childPosition];
17       }
18       @Override
19       public long getGroupId(int groupPosition) {   →获取一级列表项ID
20           return groupPosition;
```

```
21          }
22          @Override
23          public long getChildId(int groupPosition, int childPosition) {
                                                                            →获取子项 ID
24              return childPosition;
25          }
26          @Override
27          public boolean hasStableIds() {              →是否有稳定的 ID
28              return false;
29          }
30          @Override
31           public View getGroupView(int groupPosition, boolean isExpanded,
    View convertView, ViewGroup parent) {          →获取一级列表项显示视图
32                  View view=getLayoutInflater().inflate(R.layout.group_item,
    null);                       →将 XML 文件转化为 View 类型对象
33              ImageView groupIconView=
    (ImageView)view.findViewById(R.id.groupIcon);        →找到图片控件
34              TextView groupNameView=
    (TextView)view.findViewById(R.id.groupName);         →找到文本控件
35              groupIconView.setImageResource(groupIcons[groupPosition]);
                                                           →设置图片控件内容
36              groupNameView.setText(groupNames[groupPosition]);
                                                           →设置文本控件内容
37              return view;                             →View 类型对象
38          }
39          @Override
40           public View getChildView(int groupPosition, int childPosition,
    boolean isLastChild, View convertView, ViewGroup parent) {
                                                           →获取子项显示视图
41              View view=getLayoutInflater().inflate(R.layout.child_item,null);
                                    →将 XML 文件转化为 View 类型对象
42              ImageView childIconView=
    (ImageView)view.findViewById(R.id.childIcon);        →找到图片控件
43              TextView childNameView=
    (TextView)view.findViewById(R.id.childName);         →找到文本控件
44          childIconView.setImageResource(childIcons[groupPosition][childPosition]);
                                                           →设置图片控件内容
45            childNameView.setText(childNames[groupPosition][childPosition]);
                                                           →设置文本控件内容
46              return view;                             →View 类型对象
47          }
48          @Override
49          public boolean isChildSelectable(int groupPosition, int childPosition) {
                                                           →子项是否可选
```

```
50            return true;
51        }
52    }
```

一级列表项的布局文件 group_item.xml 的关键代码如下。

```
1   <LinearLayout xmlns:android="http://schemas.android.com/apk/res/android"
                                                            →线性布局开始
2       android:layout_width="match_parent"                 →宽度填充父容器
3       android:layout_height="wrap_content"                →高度内容包裹
4       android:orientation="horizontal"                    →方向为水平
5       android:gravity="center_vertical"                   →对齐为垂直居中
6       android:padding="5dp"                               →内边距为 5dp
7       android:layout_margin="5dp">                        →外边距为 5dp
8       <ImageView                                          →图片控件
9           android:layout_width="wrap_content"
10          android:layout_height="wrap_content"
11          android:id="@+id/groupIcon"                     →添加 ID 属性
12          android:layout_marginRight="5dp"/>              →右边距为 5dp
13      <TextView                                           →文本控件
14          android:layout_width="wrap_content"
15          android:layout_height="wrap_content"
16          android:id="@+id/groupName"                     →添加 ID 属性
17          android:textColor="#ff0000"                     →文本颜色为红色
18          android:textSize="20sp"/>                       →文本大小为 20sp
19  </LinearLayout>                                         →线性布局结束
```

二级列表项的布局文件 child_item.xml 的关键代码如下。

```
1   <LinearLayout xmlns:android="http://schemas.android.com/apk/res/android"
                                                            →线性布局开始
2       android:layout_width="match_parent"                 →宽度填充父容器
3       android:layout_height="wrap_content"                →高度内容包裹
4       android:orientation="horizontal"                    →方向为水平
5       android:gravity="center_vertical"                   →对齐为垂直居中
6       android:padding="5dp">                              →内边距为 5dp
7       <ImageView                                          →图片控件
8           android:layout_width="wrap_content"
9           android:layout_height="wrap_content"
10          android:id="@+id/childIcon"                     →添加 ID 属性
11          android:layout_marginRight="5dp"
12          android:layout_marginLeft="30dp"/>              →左边距为 30dp
13      <TextView                                           →文本控件
14          android:layout_width="wrap_content"
15          android:layout_height="wrap_content"
16          android:id="@+id/childName"                     →添加 ID 属性
```

17	`        android:textColor="#0000ff"`	→文本颜色为蓝色
18	`        android:textSize="18sp"/>`	→文本大小为 18sp
19	`</LinearLayout>`	→线性布局结束

定义好 Adapter 对象后,即可创建该对象,最后将 ExpandableListView 与 Adapter 进行关联。

1	`MyExpandableAdapter adapter=new MyExpandableAdapter();`	→创建 Adapter 对象
2	`mExpandableView.setAdapter(adapter);`	→关联 Adapter 对象

10.3 对话框

10.3.1 对话框简介

对话框是一个漂浮在 Activity 之上的小窗口。打开对话框后,Activity 会失去焦点,对话框获取用户的所有交互。对话框通常用于通知,它会临时打断用户,执行一些与应用程序相关的小任务,如任务执行进度或登录提示等。Android 中提供了丰富的对话框支持,主要有如下四种。

(1)**AlertDialog**:警示框,功能最丰富、应用最广的对话框,该对话框可以包含 0~3 个按钮,或者包含复选框或单选按钮的列表,也可以自定对话框界面效果。

(2)**ProgressDialog**:进度对话框,主要用于显示进度信息,以进度环或进度条的形式显示任务执行进度,该类继承于 AlertDialog,也可添加按钮。

(3)**DatePickerDialog**:日期选择对话框,允许用户选择日期。

(4)**TimePickerDialog**:时间选择对话框,允许用户选择时间。

除此之外,Android 也支持用户创建自定义的对话框,只需要继承 Dialog 基类,或者是 Dialog 的子类,然后定义一个新的布局就可以了。下面重点讲解 AlertDialog 的使用。

10.3.2 警示框 AlertDialog

AlertDialog 是 Dialog 的子类,它能创建大部分用户交互的对话框,也是系统推荐的对话框类型。创建 AlertDialog 的方式有两种:一种是通过 AlertDialog 的内部类 Builder 对象创建;另一种是通过 Activity 的 onCreateDialog()方法进行创建,通过 showDialog() 进行显示,但该方法在 4.1 版本中已经被废弃了,不推荐使用。

使用 AlertDialog 创建对话框,大致步骤如下。

(1)创建 AlertDialog.Builder 对象,该对象是 AlertDialog 的创建器。

(2)调用 AlertDialog.Builder 的不同方法,为对话框设置图标、标题以及对话内容等。

(3)调用 AlertDialog.Builder 的 create()方法,创建 AlertDialog 对话框。

(4)调用 AlertDialog 的 show()方法,显示对话框。

在上述步骤中,主要是 AlertDialog 的内部类 Builder 在起作用,下面具体了解 Builder 类提供了哪些方法。Builder 内部类的主要方法如表 10-1 所示。

表 10-1　Builder 类中主要的方法及其作用

方 法 名	作　　用
public Builder setTitle()	设置对话框标题
public Builder setMessage()	设置对话框内容
public Builder setIcon()	设置对话框图标
public Builder setPositiveButton()	添加肯定按钮（Yes）
public Builder setNegativeButton()	添加否定按钮（No）
public Builder setNeutralButton()	添加普通按钮
public Builder setOnCancelListener()	添加取消监听器
public Builder setCancelable()	设置对话框是否可取消
public Builder setItems()	添加列表
public Builder setMultiChoiceItems()	添加多选列表
public Builder setSingleChoiceItems()	添加单选列表
public AlertDialog create()	创建对话框
public AlertDialog show()	显示对话框

注意：表中大部分方法的返回值类型都是 Builder 类型，也就是说调用 Builder 对象的这些方法后，返回的是该对象自身。可以把初始的 Builder 对象理解为一个空壳子，调用 Builder 对象的一个方法就是往这个壳子里面的指定位置添加一些东西，由于每一样东西的位置都是固定的，因此，如果多次调用同一个方法，则后面的值会覆盖前面的值。调用 Builder 对象方法的过程就是构造对话框的过程，一旦构建完成，即可创建并显示出来。

下面以一个简单的例子讲解各种 AlertDialog 效果的创建过程。界面中包含 4 个按钮，每个按钮单击后将对应弹出一种不同效果的对话框，具体效果如图 10-18～图 10-21 所示。

图 10-18　简单对话框的运行效果

图 10-19　单选列表对话框的运行效果

图 10-20　复选列表对话框的运行效果　　图 10-21　自定义登录对话框的运行效果

界面布局较为简单，在一个垂直的线性布局中，包含 4 个按钮，为每个按钮添加 android：onClick 属性，指定按钮的事件处理方法。界面布局代码如下。

程序清单：codes\ch10\DialogTest\app\src\main\res\layout\activity_main.xml

```
1   <LinearLayout xmlns:android="http://schemas.android.com/apk/res/android"
                                                            →线性布局开始
2       xmlns:tools="http://schemas.android.com/tools"
3       android:layout_width="match_parent"                 →宽度填充父容器
4       android:layout_height="match_parent"                →高度填充父容器
5       android:orientation="vertical">                     →方向为垂直
6       <Button
7           android:layout_width="wrap_content"             →宽度为内容包裹
8           android:layout_height="wrap_content"            →高度为内容包裹
9           android:text="退出对话框"
10          android:onClick="exit"/>                        →指定事件处理方法
11      <Button
12          android:layout_width="wrap_content"             →宽度为内容包裹
13          android:layout_height="wrap_content"            →高度为内容包裹
14          android:text="单选对话框"
15          android:onClick="singleChoice"/>                →指定事件处理方法
16      <Button
```

```
17          android:layout_width="wrap_content"              →宽度为内容包裹
18          android:layout_height="wrap_content"             →高度为内容包裹
19          android:text="多选对话框"
20          android:onClick="multiChoice"/>                  →指定事件处理方法
21      <Button
22          android:layout_width="wrap_content"              →宽度为内容包裹
23          android:layout_height="wrap_content"             →高度为内容包裹
24          android:text="登录对话框"
25          android:onClick="login"/>                        →指定事件处理方法
26  </LinearLayout>
```

在 MainActivity 中添加 exit()方法,用于处理退出对话框的单击事件处理。首先创建 Builder 对象,然后设置标题、内容,添加"确定"和"取消"按钮,最后创建并显示对话框。关键代码如下。

```
1   public void exit(View view){                             →方法声明
2       AlertDialog.Builder exitBuilder=new AlertDialog.Builder(this);
                                                             →创建 Builder 对象
3       exitBuilder.setTitle("退出提示");                     →设置对话框标题
4       exitBuilder.setMessage("你确定要退出当前页面吗?");
                                                             →设置对话框内容
5       exitBuilder.setPositiveButton("确定",null);           →添加"确定"按钮
6       exitBuilder.setNegativeButton("取消",null);           →添加"取消"按钮
7       exitBuilder.create().show();                         →创建并显示对话框
8   }                                                        →方法结束
```

创建 Builder 对象时需要传递上下文对象,通常传递当前的 Activity 对象即可。setPositiveButton()方法用于添加肯定按钮,需要传递两个参数:第一个参数为按钮上显示的内容,第二个参数为按钮的单击事件监听器,用于处理用户的单击事件。类似的还有 setNegativeButton()方法和 setNeutralButton()方法,分别用于添加否定和中性按钮。这些名字和实际功能并没有联系,只是帮助记忆每个按钮主要做什么事,完全可以在肯定的按钮里做否定的事情。需注意的是,这些按钮的位置是系统设计好的,肯定的按钮在右边,否定的按钮在左边,中性的按钮在中间,跟代码添加的先后无关。并且,每种按钮最多只有一个,当重复调用方法时,后面的将会覆盖前面的,因此,对话框中按钮的数量最多为三个:肯定、否定、中性。

修改上述代码,为"确定"按钮添加事件处理,单击按钮后结束当前页面,关键代码如下。

```
1   exitBuilder.setPositiveButton("确定", new DialogInterface.OnClickListener() {
                                                             →添加"确定"按钮
2       @Override                                            →注解声明
3       public void onClick(DialogInterface dialog, int which) {
                                                             →单击事件处理
4           MainActivity.this.finish();                      →结束当前页面
```

```
5        }                                          →事件方法结束
6    });                                            →方法结束
```

上述代码中创建了一个 DialogInterface.OnClickListener 匿名内部子类来处理单击事件。当用户单击按钮时将会调用 onClick() 方法，在该方法内部结束当前页面。MainActivity.this 表示外部类 MainActivity 对象，不能用 this，this 表示当前类对象，在这里表示匿名内部类对象。

本应用运行时，单击按钮出现对话框后存在一个问题，即单击 Back 键时可以直接退出对话框，这不太符合平常对话框的使用规律。通常必须进行选择才能退出对话框，要想得到这个效果，只需在构建时，调用 setCancelable(false) 即可。

弹出单选列表对话框主要是调用 setSingleChoiceItems() 方法，该方法需传递三个参数：第一个参数表示所有选项，是一个字符串数组；第二个参数表示默认选中选项的序号，是一个 int 类型的值；第三个参数是单击事件监听器，用于监听用户单击选项事件，做相关业务逻辑处理。在此只显示出单选列表对话框的效果，不做相关的事件处理，关键代码如下。

```
1    public void singleChoice(View view){                →方法声明
2        String[] items=new String[]{"在线","隐身","离开","忙碌","离线","其他"};
                                                         →定义一组状态
3        AlertDialog.Builder singleBuilder=new AlertDialog.Builder(this);
                                                         →创建 Builder 对象
4        singleBuilder.setIcon(R.mipmap.ic_launcher);    →设置对话框图标
5        singleBuilder.setTitle("请选择你的状态");         →设置对话框标题
6        singleBuilder.setSingleChoiceItems(items,1,null);→设置单选列表
7        singleBuilder.setPositiveButton("确定",null);    →添加"确定"按钮
8        singleBuilder.setNegativeButton("取消",null);    →添加"取消"按钮
9        singleBuilder.create().show();                  →创建并显示对话框
10   }                                                   →方法结束
```

弹出多选列表对话框主要是调用 setMultiChoiceItems() 方法，该方法同样要传递三个参数：第一个参数表示所有的选项，是一个字符串数组；第二个参数表示默认选中的选项，可以选中多项，用 true 表示选中，false 表示未选中，因此需要一个 boolean 类型的数组保存初始的状态；第三个参数是勾选事件监听器，监听用户的操作，然后做相关业务逻辑处理。多选列表对话框效果的关键代码如下。

```
1    public void multiChoice(View view){                 →方法声明
2        String[] hobbies=new String[]{"旅游","购物","文学","军事","运动",
     "游戏","其他"};                                       →定义一组爱好数据
3        boolean[] status={false,true,false,true,false,false,false};
                                                         →定义初始的状态
4        AlertDialog.Builder hobbyBuilder=new AlertDialog.Builder(this);
                                                         →创建 Builder 对象
5        hobbyBuilder.setTitle("请勾选你的业务爱好");      →设置对话框标题
```

6	`hobbyBuilder.setIcon(R.mipmap.ic_launcher);`	→设置对话框图标
7	`hobbyBuilder.setMultiChoiceItems(hobbies,status,null);`	
		→设置多选列表
8	`hobbyBuilder.setPositiveButton("确定",null);`	→添加"确定"按钮
9	`hobbyBuilder.setNegativeButton("取消",null);`	→添加"取消"按钮
10	`hobbyBuilder.create().show();`	→创建并显示对话框
11	`}`	→方法结束

弹出自定义界面对话框主要是调用 setView() 方法，传递 View 类型对象即可，View 类是所有界面控件的超类，既可以是非常简单的显示控件，也可以是非常复杂的容器。对于复杂的界面效果，可以通过 XML 布局文件来定义，然后借助 LayoutInflater 类的 inflate() 方法将 XML 文件转换成 View 类型对象即可。在今后的学习过程中，当需要传递 View 类型参数时，脑海里不要仅限于某个具体的控件，可以是非常复杂的容器，使用 XML 文件来定义。本例中，登录对话框界面总体采用表格布局，里面包含一些文本和文本编辑框。界面 XML 文件代码如下。

1	`<TableLayout xmlns:android="http://schemas.android.com/apk/res/android"`	
		→表格布局开始
2	`android:layout_width="match_parent"`	→宽度填充父容器
3	`android:layout_height="match_parent"`	→高度填充父容器
4	`android:padding="10dp"`	→内边距为 10dp
5	`android:stretchColumns="1">`	→第 2 列为扩展列
6	`<TextView`	
7	`android:gravity="center"`	→文本内容居中
8	`android:text="欢迎登录"`	→文本内容
9	`android:textSize="24sp" />`	→文本大小为 24sp
10	`<TableRow>`	→表格行开始
11	`<TextView`	→文本框开始
12	`android:text="账号："`	→文本内容
13	`android:textSize="18sp"/>`	→文本大小
14	`<EditText android:hint="账号/邮箱/手机号"/>`	→提示信息
15	`</TableRow>`	→表格行结束
16	`<TableRow>`	→表格行开始
17	`<TextView`	→文本框开始
18	`android:text="密码："`	→文本内容
19	`android:textSize="18sp"/>`	→文本大小
20	`<EditText android:hint="注意英文大小写"/>`	→提示信息
21	`</TableRow>`	→表格行结束
22	`</TableLayout>`	→表格布局结束

弹出自定义界面效果的对话框的业务逻辑代码如下。

1	`public void login(View view){`	→方法声明
2	`AlertDialog.Builder loginBuilder=new AlertDialog.Builder(this);`	
		→创建 builder 对象

```
3          View loginView=getLayoutInflater().inflate
    (R.layout.dialog_login,null);                    →将 XML 文件转换成 View 类型对象
4          loginBuilder.setView(loginView);           →设置界面显示
5          loginBuilder.setPositiveButton("登录",null); →添加"确定"按钮
6          loginBuilder.setNegativeButton("取消",null); →添加"取消"按钮
7          loginBuilder.create().show();              →创建并显示对话框
8      }                                              →方法结束
```

10.4 菜单

菜单是应用软件中较为通用的一种功能效果，通过菜单可以快速地在多个功能间进行切换。Android 对菜单有很好的支持，系统中有专门的菜单类 Menu，也有相关的方法创建菜单和处理菜单选中事件，开发人员只需要重写这些方法，在方法内部根据自己的需求做相关的业务逻辑处理即可。

几乎所有早期的 Android 设备屏幕上都有一个菜单键，由于移动设备空间有限，不可能将所有的功能都显示在界面上，通常是将一些不常用的功能隐藏起来，当用户想使用时，只需单击菜单键即可显示出来，这样不仅可以节省空间，同时界面更加简洁、清晰。Android 3.0 以后，系统对菜单做了进一步的优化，Android 设备不再要求提供专门的菜单按钮。随着这一变化，Android 应用不再依赖过去的包含 6 个菜单项的面板，取而代之的是通过操作栏（ActionBar）来显示一些通用的用户动作。

尽管一些菜单项的设计和用户体验已经发生了变化，但一系列动作和选项定义的语义仍没有变化。Android 中的菜单主要分为两类：选项菜单（Option Menu）和上下文菜单（Context Menu），选项菜单与当前所在页面有关，而上下文菜单只与具体控件有关。一个菜单（Menu）中可以包含多个子菜单（SubMenu），子菜单中可以包含多个菜单项（MenuItem），但子菜单中不能再包含子菜单，即子菜单不能嵌套。在 Android 中菜单的使用和普通控件类似，有两种方式来创建菜单：一种是通过 Java 代码来创建，调用 Menu、SubMenu 类的相关方法来指定菜单内容；一种是通过 XML 资源文件来创建，使用 <menu>、<item>、<group>等标签的相关属性来初始化菜单。通常建议使用 XML 资源文件来定义菜单。下面详细讲解 Android 选项菜单和上下文菜单的创建和使用。

10.4.1 选项菜单

选项菜单主要用于存放当前页面的菜单项，可以将一些全局动作放在这里，例如搜索、电子邮件、设置等。

选项菜单在屏幕中的位置取决于应用程序所使用的 Android 版本。对于 Android 2.3 或者更低的版本，设备上有菜单按钮，单击菜单按钮后，选项菜单将会出现在屏幕的底端，如图 10-22 所示。菜单面板最多包含 6 个菜单项。如果菜单中包含的菜单项多于 6 个时，第六项会自动显示为"更多"选项，如图 10-23 所示，单击"更多"按钮可以显示剩余的菜单项。

图 10-22　Android 2.3 桌面默认的选项菜单

图 10-23　菜单项超过六个时的效果图

如果开发版本是 Android 3.0 或更高，选项菜单的菜单项将会显示在操作栏上。默认情况下，系统会把所有菜单项都隐藏，只在操作栏上显示一个图标，如图 10-24 所示，用户可以单击该图标或者单击菜单按钮（前提是设备中有菜单按钮）来显示所有的菜单项，如图 10-25 所示，显示当前有两个菜单项。为了能快速地访问一些重要的菜单项，我们可以设置菜单项的 app：showAsAction 属性值为"always"，使其显示在操作栏上，如图 10-26 所示。

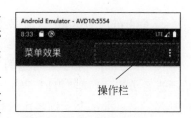

图 10-24　默认菜单不显示

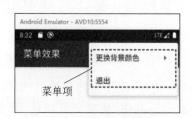

图 10-25　单击图标显示菜单

图 10-26　菜单项显示在操作栏上

注意：Android 3.0 之后的版本对菜单的个数没有限制，会以下拉列表的形式显示多余的菜单项，当菜单项过多时，列表会垂直滚动显示。

在 Android 中创建选项菜单，只需重写页面对应的 Activity 中的 onCreateOptionsMenu()方法，该方法包含一个 Menu 类型的参数，该参数即表示选项菜单，默认情况下 Menu 里什么都没有。可以通过 Menu 类的 add()方法添加菜单项，addSubMenu()方法添加子菜单，也可以通过 MenuInflater 类的 inflate()方法将一个菜单资源文件填充到 Menu 中去。为了让 Java 文件代码更为简单，功能更加明确，一般来说推荐使用菜单资源文件来定义菜单。

注意：使用 AndroidStudio 创建 Android 项目时，默认情况下在 res 文件夹下并没有 menu 文件夹，需要开发人员自己新建一个文件夹，名称必须为 menu，不能随意命名。

通过菜单资源文件定义菜单时，资源文件中主要包含以下几种标签。

（1）<menu>标签：定义一个菜单，它可以包含多个菜单项。菜单资源文件中必须以一个<menu>元素作为根节点，内部可以包含多个<item>、<group>标签。

（2）<item>标签：用于创建一个菜单项，表示菜单中的单一项，该标签内部还可以包含<menu>标签，用于创建子菜单。<item.../>元素的常用属性有如下几种。

① android：title：设置菜单项的标题；

② android：id：为菜单项添加一个唯一标识；

③ android：icon：设置菜单项的图标；

④ android：showAsAction：设定菜单项是否在操作栏上显示，高版本的系统中推荐使用 app：showAsAction 属性，其中 app 和 android 类似，都表示命名空间，声明为 xmlns:app="http://schemas.android.com/apk/res-auto"；

⑤ android：orderInCategory：设定菜单项在菜单中的顺序，若没有为菜单项设置该属性，其值默认为 0，当包含多个相同值时，会根据其在 XML 文件中声明的先后顺序进行显示；

⑥ android：visible：设置菜单项是否可见；

⑦ android：enable：设置菜单项是否可用。

（3）<group>标签：可选的，不可见的容器，可包含<item>标签，通过它可以对菜单项进行分组，从而使得同一组内的菜单共享一些属性，例如同时处于激活状态或同时不可见等。<group.../>标签中常用的属性主要有以下几个：

① android：id：为组添加唯一标识；

② android：checkableBehavior：设置该组菜单的选择行为，其值包括 none（不可选）、all（多选）、single（单选）三个值；

③ android：visile：设置该组菜单是否可见；

④ android：enable：设置该组菜单是否可用。

下面以一个具体的示例讲解资源文件定义菜单的使用，程序运行效果如图 10-27 所示。页面中包含两个菜单项："更换背景颜色"和"退出"，其中"更换背景颜色"菜单又包含三个子项："红色""绿色""黄色"。

首先选中项目 res 文件夹，右键选择 New→Directory 创建一个文件夹命名为 menu，然后右键单击 menu 文件夹选择 New→Menu resource file，将文件命名为 option_menu。然后在 option_menu.xml 文件中添加如下代码。

```
1    <menu xmlns:android="http://schemas.android.com/apk/res/android"
                                                              →根元素为 menu
2          xmlns:app="http://schemas.android.com/apk/res-auto">
                                                              →App 对应的命名空间
3        <item                                                →菜单项开始
```

4	`        android:title="更换背景颜色"`	→菜单项内容
5	`        app:showAsAction="always">`	→菜单项永远显示
6	`        <menu>`	→子菜单开始
7	`            <item`	→子菜单项
8	`                android:title="红色" />`	→子菜单项标题
9	`            <item`	→子菜单项
10	`                android:title="绿色" />`	→子菜单项标题
11	`            <item`	→子菜单项
12	`                android:title="黄色" />`	→子菜单项标题
13	`        </menu>`	→子菜单结束
14	`    </item>`	→菜单项结束
15	`    <item`	→菜单项开始
16	`        android:title="退出"`	→菜单项内容
17	`        app:showAsAction="always"/>`	→菜单项永远显示
18	`</menu>`	→菜单结束

菜单资源文件定义完毕之后,需将其填充到菜单 Menu 中去,在 MainActivity 中重写 onCreateOptionsMenu()方法,添加如下代码。该方法在页面创建后会自动调用,从而可以在界面上看到菜单效果,不需要额外执行任何操作。

1	`    @Override`	→注解表示重写方法
2	`    public boolean onCreateOptionsMenu(Menu menu) {`	→方法声明
3	`        getMenuInflater().inflate(R.menu.option_menu,menu);`	
		→将 XML 文件填充 Menu
4	`        return super.onCreateOptionsMenu(menu);`	→调用父类方法
5	`    }`	→方法结束

此时运行程序,可得到图 10-27 所示效果。但单击菜单项后,没有任何反应。

我们使用菜单是为了能够在多个功能间快速切换,也就是说用户选中了不同的菜单项能够做不同的业务逻辑处理,下面就来介绍在 Android 中如何实现该功能效果。

Activity 类提供了一个回调方法 onOptionsItemSelected (MenuItem item),当有菜单项被选中时,将会自动调用该方法,默认情况下什么都不做。如果希望能够按照要求对不同的菜单项执行不同的业务逻辑,只需要重写该方法即可。该方法中有一个 MenuItem 类型的参数,这个参数表示当前被选中的菜单项。为了能够唯一区分当前菜单项到底是哪一项,需要在菜单项<item.../>标签内添加 android:id 属性,然后通过 MenuItem 类的 getItemId()方法获取当前被单击的菜单项的 ID,再进行匹配就可以知道单击的是哪个菜单项,接着就可以做相关业务逻辑处理。

图 10-27　选项菜单初始效果

下面在上述例子基础上完成菜单项的选中事件处理。实现效果如图 10-28 所示，单击"更换背景颜色"菜单项时，选中某一个颜色，背景颜色将会随之变化；单击"退出"菜单项时，将会弹出一个对话框，询问是否确定要退出（见图 10-29），如果确定将会结束当前页面。

图 10-28　选中更改背景颜色菜单项效果　　图 10-29　选中退出菜单项效果

首先在 option_menu.xml 文件中为相关菜单项添加 ID 属性，然后修改 activity_main.xml 文件，使其仅包含一个根元素 RelativeLayout，为其添加 ID 属性，然后在 MainActivity.java 中根据 ID 找到这个根元素。代码较为简单，不再列出。

然后重写 onOptionsItemSelected() 方法，判断具体选中的是哪一个菜单项，随之做相关的业务逻辑处理，关键代码如下。

```
1    @Override                                              →注解表示重写方法
2    public boolean onOptionsItemSelected(MenuItem item) {  →方法声明
3        switch (item.getItemId()){                         →判断菜单选项 ID
4            case R.id.exit:                                →如果是退出
5                AlertDialog.Builder exitBuilder=new
    AlertDialog.Builder(this);                              →创建 Builder 对象
6                exitBuilder.setCancelable(false);          →设置不可随意取消
7                exitBuilder.setMessage("你确定要退出吗？"); →对话框内容
8                exitBuilder.setPositiveButton("确定", new
    DialogInterface.OnClickListener() {                     →肯定按钮，单击按钮的事件监听器
9                    @Override                              →重写方法
10                   public void onClick(DialogInterface dialog, int which) {
                                                            →单击事件
```

11	MainActivity.this.finish();	→结束当前页
12	}	→单击事件结束
13	});	→事件监听器结束
14	exitBuilder.setNegativeButton("取消",null);	→添加"取消"按钮
15	exitBuilder.create().show();	→创建并显示对话框
16	break;	→退出当前 case
17	case R.id.red:	→如果是红色
18	root.setBackgroundColor(Color.RED);	→改变界面背景颜色
19	break;	→退出当前 case
20	case R.id.yellow:	→如果是黄色
21	root.setBackgroundColor(Color.YELLOW);	→改变界面背景颜色
22	break;	→退出当前 case
23	case R.id.green:	→如果是绿色
24	root.setBackgroundColor(Color.GREEN);	→改变界面背景颜色
25	break;	→退出当前 case
26	default:	
27	break;	
28	}	→判断结束
29	return super.onOptionsItemSelected(item);	→调用父类相似方法
30	}	

通过上面的演示，可以总结出使用菜单资源文件定义菜单有如下优点。

（1）在 XML 文件中，很容易看出菜单的结构。

（2）菜单资源文件将菜单的内容和应用程序的代码分离开来。

（3）允许为不同平台、不同屏幕以及不同配置的手机创建相应的菜单配置文件，可扩展性好。

10.4.2 上下文菜单

上下文菜单与计算机上的右键快捷菜单非常相似，选中的文件类型不同，弹出的右键快捷菜单项也会不同；类似地，Android 中的上下文菜单与具体的控件相关，控件可以有上下文菜单也可以没有上下文菜单，默认是没有的。不同的控件所包含的上下文菜单也有所不同，在 Android 中通过长按控件可弹出上下文菜单。

当需要为控件添加上下文菜单时，可调用系统提供的 registerForContextMenu()方法，该方法需要传递一个 View 类型的参数，把相关控件传递进去即可。调用该方法后，系统会自动调用 onCreateContextMenu()方法，在该方法中可以根据控件不同添加不同的上下文菜单，与选项菜单类似，菜单内容的定义既可以通过 Java 代码来操作，也可以通过 XML 文件来定义。

下面以具体的示例讲解上下文菜单的用法。在选项菜单案例的基础上进行完善，在界面中添加两个按钮："按钮一"和"按钮二"，"按钮二"在"按钮一"下方，整体居中显示。长按"按钮一"时弹出上下文菜单，包含两个菜单项："更改文本颜色"和"重命名"，"更改文本颜色"菜单项又包含三个子项:"红色""绿色""蓝色";长按"按钮二"时弹出上下文菜单,包含两个菜单项:"更改文字大小"和"更改背景颜色","更改文字大小"菜单项又包含三个子项:"较小""适中""较大","更改背景颜色"菜单项也包含三个子项:"黄色""灰色""品红色"。具体效果如图 10-30~图 10-32 所示。

图 10-30　整体界面效果

图 10-31　按钮一的上下文菜单

图 10-32　按钮二的上下文菜单

首先在界面中添加两个按钮,设置按钮整体居中,然后为按钮添加 ID 属性,关键代码如下。

```
1   <RelativeLayout xmlns:android="http://schemas.android.com/apk/res/
    android"                                            →整体采用相对布局
2       xmlns:tools="http://schemas.android.com/tools"
3       android:id="@+id/root"                          →添加 ID 属性
4       android:layout_width="match_parent"             →宽度填充父容器
5       android:layout_height="match_parent"            →高度填充父容器
6       android:gravity="center">                       →子控件整体居中
7       <Button                                         →按钮控件
8           android:id="@+id/btn01"                     →添加 ID 属性
9           android:layout_width="wrap_content"         →宽度内容包裹
10          android:layout_height="wrap_content"        →高度内容包裹
11          android:text="按钮一"/>                      →按钮文本内容
12      <Button                                         →按钮控件
13          android:id="@+id/btn02"                     →添加 ID 属性
14          android:layout_width="wrap_content"         →宽度内容包裹
15          android:layout_height="wrap_content"        →高度内容包裹
16          android:layout_below="@id/btn01"            →位于"按钮一"的下面
17          android:text="按钮二"/>                      →按钮文本内容
18  </RelativeLayout>                                   →相对布局结束
```

接下来在 MainActivity.java 中根据 ID 找到这两个按钮控件,然后为其注册上下文菜单。第一步添加两个按钮变量的声明,如下所示。

```
1   private Button btn01, btn02;                        →声明按钮控件
```

第二步在 onCreate()方法中添加如下代码。

```
1   btn01=(Button)findViewById(R.id.btn01);             →根据 ID 找到"按钮一"
2   btn02=(Button)findViewById(R.id.btn02);             →根据 ID 找到"按钮二"
3   registerForContextMenu(btn01);                      →为"按钮一"注册上下文菜单
4   registerForContextMenu(btn02);                      →为"按钮二"注册上下文菜单
```

接着定义两个菜单文件,分别表示"按钮一"的上下文菜单和"按钮二"的上下文菜单。"按钮一"的上下文菜单内容如下。

程序清单:codes\ch10\MenuTest\app\src\main\res\menu\context_menu_btn01.xml

```
1   <menu xmlns:android="http://schemas.android.com/apk/res/android">
                                                        →菜单根元素标签
2       <item android:title="更改文本颜色">                →菜单项
3           <menu>                                      →子菜单
4               <item android:title="红色"               →子菜单项标题
5                   android:id="@+id/text_red"/>        →添加 ID 属性
6               <item android:title="绿色"               →子菜单项标题
```

7	`        android:id="@+id/text_green"/>`	→添加 ID 属性
8	`    <item android:title="蓝色"`	→子菜单项标题
9	`        android:id="@+id/text_blue"/>`	→添加 ID 属性
10	`    </menu>`	→子菜单结束
11	`</item>`	→菜单项结束
12	`<item android:title="重命名"`	→菜单项标题
13	`    android:id="@+id/rename"/>`	→添加 ID 属性
14	`</menu>`	→菜单结束

"按钮二"的上下文菜单内容如下。

程序清单: codes\ch10\MenuTest\app\src\main\res\menu\context_menu_btn02.xml

1	`<menu xmlns:android="http://schemas.android.com/apk/res/android">`	→菜单根元素标签
2	`<item android:title="更改文字大小">`	→菜单项
3	`    <menu>`	→子菜单
4	`    <item android:title="较小"`	→子菜单项标题
5	`        android:id="@+id/smaller"/>`	→添加 ID 属性
6	`    <item android:title="适中"`	→子菜单项标题
7	`        android:id="@+id/middle"/>`	→添加 ID 属性
8	`    <item android:title="较大"`	→子菜单项标题
9	`        android:id="@+id/larger"/>`	→添加 ID 属性
10	`    </menu>`	→子菜单结束
11	`</item>`	→菜单项结束
12	`<item android:title="更改背景颜色">`	→菜单项
13	`    <menu>`	→子菜单
14	`    <item android:title="黄色"`	→子菜单项标题
15	`        android:id="@+id/bg_yellow"/>`	→添加 ID 属性
16	`    <item android:title="灰色"`	→子菜单项标题
17	`        android:id="@+id/bg_gray"/>`	→添加 ID 属性
18	`    <item android:title="品红"`	→子菜单项标题
19	`        android:id="@+id/bg_magenta"/>`	→添加 ID 属性
20	`    </menu>`	→子菜单结束
21	`</item>`	→菜单项结束
22	`</menu>`	→菜单结束

此时,菜单资源文件与控件之间是彼此独立的,要想真正的为控件关联上下文菜单,还需要重写 Activity 类的 onCreateContextMenu(ContextMenu menu, View v, ContextMenu.ContextMenuInfo menuInfo)方法。该方法有三个参数:第一个参数表示上下文菜单,默认不包含任何内容;第二个参数为具体控件;第三个参数为上下文菜单信息。当调用系统的 registerForContextMenu()方法为控件注册上下文菜单后,将会自动调用该方法,并传递相关的控件。当有多个控件注册了上下文菜单时,需根据对控件进行判断,从而关联不同的上下文菜单。本例中,两个按钮关联的上下文菜单不同,需进行判

断,关键代码如下。

```
1       @Override                                            →注解:方法重写
2   public void onCreateContextMenu(ContextMenu menu, View v,
            ContextMenu.ContextMenuInfo menuInfo) {          →方法声明
3           switch (v.getId()){                              →根据 ID 进行判断
4               case R.id.btn01:                             →如果是按钮一
5                getMenuInflater().inflate(R.menu.context_menu_btn01,menu);
                                                             →填充上下文菜单
6                   break;                                   →退出
7               case R.id.btn02:                             →如果是按钮二
8                getMenuInflater().inflate(R.menu.context_menu_btn02,menu);
                                                             →填充上下文菜单
9                   break;                                   →退出
10              default:break;                               →默认什么都不做
11          }                                                →判断结束
12          super.onCreateContextMenu(menu, v, menuInfo);    →调用父类方法
13      }                                                    →方法结束
```

此时,长按按钮将会弹出对应的上下文菜单,但是选中菜单项并不会执行相应的业务逻辑。如果需要为上下文的菜单项添加业务逻辑处理,还需要重写 Activity 类的 onContextItemSelected(MenuItem item)方法,该方法包含一个 MenuItem 类型的参数,表示当前被选中的上下文菜单项。只需根据菜单项 ID 进行判断,即可针对不同的菜单项执行不同的业务逻辑处理。本例菜单项业务逻辑处理的关键代码如下。

```
1   public boolean onContextItemSelected(MenuItem item) {    →方法声明
2       switch (item.getItemId()){                           →根据 ID 进行判断
3           case R.id.text_red:                              →如果选中红色
4               btn01.setTextColor(Color.RED);               →设置文本为红色
5               break;                                       →退出
6           case R.id.text_green:                            →如果选中绿色
7               btn01.setTextColor(Color.GREEN);             →设置文本为绿色
8               break;                                       →退出
9           case R.id.text_blue:                             →如果选中蓝色
10              btn01.setTextColor(Color.BLUE);              →设置文本为蓝色
11              break;                                       →退出
12          case R.id.rename:                                →如果选中重命名
13              AlertDialog.Builder nameBuilder=new
                    AlertDialog.Builder(this);               →创建对话框 Builder 对象
14              nameBuilder.setTitle("请输入新的名称");        →设置对话框标题
15              final EditText nameText=new EditText(this);
                                                             →创建一个文本编辑框
16              nameBuilder.setView(nameText);               →添加文本编辑框
17              nameBuilder.setPositiveButton("确定", new
    DialogInterface.OnClickListener() {                      →添加肯定按钮,监听按钮单击事件
```

```
18                  @Override
19                  public void onClick(DialogInterface dialog, int which) {      →实现单击事件处理方法
20                      btn01.setText(nameText.getText());      →显示新的名称
21                  }                                           →方法结束
22              });                                             →匿名内部类结束
23              nameBuilder.setNegativeButton("取消",null);
                                                                →添加"取消"按钮
24              nameBuilder.create().show();                    →创建并显示对话框
25              break;                                          →退出
26          case R.id.bg_gray:                                  →如果选中灰色背景
27              btn02.setBackgroundColor(Color.GRAY);           →设置背景为灰色
28              break;                                          →退出
29          case R.id.bg_yellow:                                →如果选中黄色背景
30              btn02.setBackgroundColor(Color.YELLOW);         →设置背景为黄色
31              break;                                          →退出
32          case R.id.bg_magenta:                               →如果选中品红背景
33              btn02.setBackgroundColor(Color.MAGENTA);        →设置背景为品红
34              break;                                          →退出
35          case R.id.smaller:                                  →如果选中较小文本
36              btn02.setTextSize(10);                          →设置文本大小为10
37              break;                                          →退出
38          case R.id.middle:                                   →如果选中适中文本
39              btn02.setTextSize(20);                          →设置文本大小为20
40              break;                                          →退出
41          case R.id.larger:                                   →如果选中较大文本
42              btn02.setTextSize(30);                          →设置文本大小为30
43              break;                                          →退出
44      }                                                       →判断结束
45      return super.onContextItemSelected(item);               →调用父类方法
46  }                                                           →方法结束
```

注意：重命名时需要用户输入内容，这里采用弹出自定义对话框的方式来实现，对话框中仅包含一个EditText控件。当用户输入完毕，单击"确定"按钮时，将更换按钮的文本内容。因此，需要为"确定"按钮添加监听器，在这里采用匿名内部类来实现，在事件处理时，需要获取EditText中的内容，而此时EditText控件是一个局部变量，可能已被销毁，无法访问，因此需要延长其生存期，有两种解决方案：一种是将EditText声明为成员变量，另一种是将EditText声明为final修饰的局部变量，在此采用第二种方式。

10.5 本章小结

本章主要讲解了Android中提供的一些比较实用的、功能强大的高级界面控件，包括图片控件、列表控件、对话框、菜单等。

图片控件中,主要讲解了 ImageView 如何显示图片,图片比较大的时候如何进行缩放;ImageButton 图片按钮的背景与前景的区别,以及如何去除系统默认的背景;ImageSwitcher 是一个比较好用的图片切换器,可以添加一些切换动画。图片控件的学习可以使应用的界面更加丰富多彩。

Android 中提供了功能强大的列表控件,包括下拉列表、列表、网格列表、增强列表、扩展列表等,所有的这些列表都需要和一定的数据源进行关联,Android 中为我们提供了 Adapter 对象,该对象不仅可以关联数据源,还可以指定数据的显示样式,为数据源和列表之间架起了一座桥梁,方便程序的开发。

对话框为人机交互提供了比较好的用户体验,能够时刻提示用户进行操作,以避免不必要的失误。Android 中使用最为广泛的就是 AlertDialog,本章详细讲解了几种 AlertDialog 的创建与使用,以及如何创建自定义界面效果的 AlertDialog。

菜单则是几乎所有的应用软件都会提供的功能效果。在 Android 中,对菜单的创建提供了两种方式,一种是通过 XML 资源文件进行定义,另一种是通过代码进行创建。XML 文件能够使开发者快速创建菜单,使菜单的内容与程序的代码进行分离。通过本章的学习,读者应该对 Android 中的界面控件有比较深入的理解,并能开发出具有一定功能的应用程序。

更复杂的界面设计可参考《Android 编程经典案例解析》(清华大学出版社,2015 年 1 月版,高成珍、钟元生主编)一书。

课后练习

1. ImageView 的 android:scaleType 属性,设置所显示的图片如何缩放或移动以适应 ImageView 的大小,以下( )值能保持纵横比缩放图片,直到该图片能完全显示在 ImageView 中。

    A. fitXY   B. fitCenter   C. center   D. centerCrop

2. 假设某张图片的大小为 1200×1200,现需将其显示在一个 300×200 的 ImageView 上,如果设置该 ImageView 的 scaleType 属性的值为 fitCenter,则图片的缩放比例为( )。

    A. 等比例缩放,缩放比例为 4

    B. 横轴缩放比例为 4,纵轴缩放比例为 6

    C. 横轴缩放比例为 6,纵轴缩放比例为 4

    D. 等比例缩放,缩放比例为 6

3. 为下拉列表自定义 Adapter 写一个类继承自 BaseAdapter 时,必须重写父类中的一些方法,以下( )方法不是必需的。

    A. getCount()   B. getView()

    C. getItem()   D. getDropDownView()

4. Android 中包含了很多 Adapter 相关类,下列选项中,不是从 BaseAdapter 继承而来的是( )。

A. ArrayAdapter B. SimpleAdapter
C. CursorAdapter D. PagerAdapter

5. 以下关于 SimpleAdapter 构造方法中参数的描述不正确的是（　　）。

A. 第一个参数为 Context 上下文对象，通常只需要传入当前的 Activity 对象即可

B. 第二个参数为列表的数据来源，既可以是一个数组，也可以是一个集合

C. 第三个参数为列表中每一项的布局文件，该布局中可以包含多个控件

D. 第四个参数与第五个参数之间存在一一对应的关系，根据第四个参数获取的数据将会在第五个参数所指定的控件中显示，并且第五个参数中的元素必须在第三个参数指定的布局文件中

6. 构建 AlertDialog 时需要借助其内部类 Builder，Builder 类中包含了很多方法，下列方法中，方法的返回类型与其他项不同的是（　　）。

A. create() B. setMessage()
C. setView() D. setAdapter()

7. AlertDialog 对话框中按钮的个数最多可以有（　　）个。

A. 1 B. 2 C. 3 D. 无数

8. 自定义对话框时，将 View 对象添加到当前对话框中的方法是（　　）。

A. setDrawable() B. setContent()
C. setAdapter() D. setView()

9. 在菜单资源文件中，无法识别以下（　　）标签。

A. <menu> B. <item>
C. <submenu> D. <group>

10. 简单描述 ImageButton 的 src 属性与 background 属性的区别。

11. 如何将 ImageButton 默认的背景去除？

12. 请简述列表控件开发的一般步骤。

13. 常见的列表控件有哪些？它们各自有什么特点？

14. BaseAdapter 为什么定义为抽象类？要想实现自定义的 Adapter，必须实现哪些方法？

15. 简述 SimpleAdapter 对象创建时，各个参数的含义。

16. 在 10.2.2 节中的图书列表基础上，实现图 10-33 所示效果，两个相邻的列表项的背景颜色不同。（提示：使用自定义 Adapter 实现）

17. 在 QQ 好友分组示例的基础上，显示出每组好友的数量，文字颜色为蓝色，最终运行效果如图 10-34 所示。

18. 简述 AlertDialog 创建的一般步骤。

19. 简单描述上下文菜单的创建过程。

20. 简述使用资源文件定义菜单的优点。

第 10 章　Android 界面设计进阶

图 10-33　练习 16 运行效果图

图 10-34　练习 17 运行效果图

Android GPS 位置服务与地图编程

本章要点

- Android 中支持位置服务的核心 API
- 通过 LocationListener 监听位置信息
- 百度地图 API Key 申请
- 百度地图核心 API
- 在百度地图上标记位置

本章知识结构图

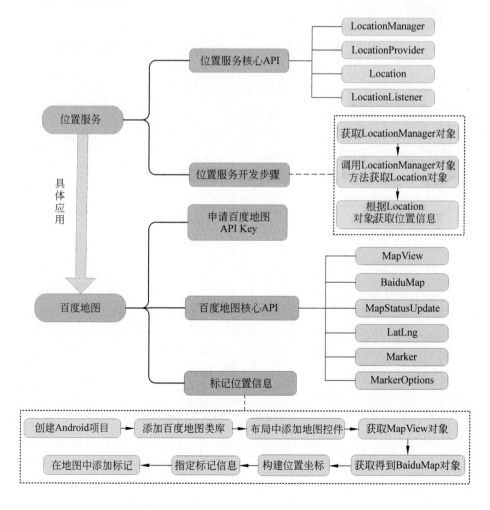

第 11 章 Android GPS 位置服务与地图编程

本章示例

手机相对于个人计算机而言，除了携带方便，最大的优势就是具有可移动性。如果我们能够时刻获取到手机的地理位置，进而开发出与位置相关的应用，这将给用户带来更好的体验，提供更贴心的服务。最典型的应用就是根据位置查找周边的建筑物以及交通情况。

Android 平台为我们提供了一套获取位置服务的 API，可以利用 GPS(Global Positioning System，全球定位系统)和 Network Location Provider(网络位置提供器)来获得用户的位置。GPS 相对来说更精确，但它只能在户外工作，很费电，并且不能像用户期望的那样立即就能返回位置信息；而网络位置提供器则是使用手机发射塔和 WiFi 信号来判断用户位置，在室内室外都能工作，响应速度快，并且更加省电。如果想在应用程序中获得用户的位置，可以同时使用 GPS 和网络位置提供器，或者其中一种。通过定位服务可以获取当前设备的地理位置，应用程序可以定时请求更新设备当前的地理定位信息，从而达到实时监测的功能。例如以经纬度和半径划定一个区域，一旦设备出入该区域，就会发出提醒信息。

本章将详细讲解与位置服务相关的 API，获取位置信息，然后结合百度地图显示对应的位置信息，进一步开发出比较实用的应用。

11.1 GPS 位置服务编程

位置服务(Location-Based Services，LBS)又称定位服务或基于位置的服务，融合了 GPS 定位、移动通信、导航等多种技术，提供了与空间位置相关的综合应用服务。

11.1.1 支持位置服务的核心 API

Android 为支持位置服务，提供了 android.location 包，该包中包含了与位置信息密切相关的类和接口,主要有 **LocationManager**、**LocationProvider**、**Location**、**LocationListener**。

(1) **LocationManager**(定位管理器)类是访问 Android 系统位置服务的入口,所有定位相关的服务、对象都将由该类的对象来产生。和其他系统服务相同,程序不能直接创建 LocationManager 对象,而是通过 Context 的 getSystemService()方法来获取,代码如下。

```
LocationManager locMg = (LocationManager) getSystemService(Context.LOCATION_SERVICE);
```

一旦得到了 LocationManager 对象,即可调用 LocationManager 类的方法获取定位相关的服务和对象,例如获取最佳定位方式、实现临近警报功能等,常用方法如下。

① public String getBestProvider (Criteria criteria, boolean enabledOnly):根据指定条件返回最优的 LocationProvider;criteria 表示过滤条件,enabledOnly 表示是否要求处于启用状态。

② public Location getLastKnownLocation (String provider):获取最近一次已知的 Location,provider 表示上次获取位置时 LocationProvider 的名称。

③ public LocationProvider getProvider (String name):根据名称返回 LocationProvider。

④ public List＜String＞ getProviders (boolean enabledOnly):获取所有可用的 LocationProvider 的名称。

⑤ public void addProximityAlert (double latitude, double longitude, float radius, long expiration, PendingIntent intent):添加一个临近警告,即不断监听手机的位置,当手机与固定点的距离小于指定范围时,系统将会触发相应事件,进行处理。latitude 指定中心点的经度;longitude 指定中心点的纬度;radius 指定半径长度;expiration 指定经过多少毫秒后该临近警告就会过期失效,-1 表示永不过期;intent 指定临近该固定点时触发的组件信息。

⑥ public void requestLocationUpdates (String provider, longminTime, float minDistance, PendingIntent intent):通过指定的 LocationProvider 周期性地获取定位信息,并通过 Intent 启动相应的组件,进行事件处理,provider 表示 LocationProvider 的名称;minTime 表示每次更新的时间间隔,单位为 ms;minDistance 表示更新的最小距离,单位为 m;intent 表示每次更新时启动的组件。

⑦ public void requestLocationUpdates (String provider, long minTime, float minDistance, LocationListener listener):通过指定的 LocationProvider 周期性地获取定位信息,并触发 Listener 所对应的触发器。

(2) **LocationProvider**(位置提供器)类是对定位方式的抽象表示,用来提供位置信息,能够周期性地报告设备的地理位置。Android 中支持多种 LocationProvider,它们以不同的技术提供设备的当前位置,区别在于定位的精度、速度和成本等方面。常用的 LocationProvider 主要有以下两种。

① **Network**:由 LocationManager.NETWORK_PROVIDER 常量表示,代表通过网络获取定位信息的 LocationProvider 对象。

② **GPS**：由 LocationManager.GPS_PROVIDER 常量表示，代表通过 GPS 获取定位信息的 LocationProvider 对象。

GPS 相对来说精度更高，但它只能在户外工作，很费电，并且不能像用户期望的那样立即返回位置信息，而 Network 位置提供器使用手机发射塔或 WiFi 信号来判断用户位置，在室内室外都能工作，响应速度快，并且更加省电。

LocationProvider 类的常用方法如下。

① int getAccuracy()：返回该 LocationProvider 的精度。
② String getName()：返回该 LocationProvider 的名称。
③ boolean hasMonetaryCost()：判断该 LocationProvider 是否收费。
④ boolean supportsAltitude()：判断该 LocationProvider 是否支持高度信息。
⑤ boolean supportsBearing()：判断该 LocationProvider 是否支持方向信息。
⑥ boolean supportsSpeed()：判断该 LocationProvider 是否支持速度信息。

（3）**Location** 类是代表位置信息的抽象类，通过 Location 可获取定位信息的精度、高度、方向、纬度、经度、速度以及该位置的 LocationProvider 等信息。

（4）**LocationListener** 接口是用于监听位置信息的监听器，必须在定位管理器中注册该对象，这样在位置发生变化的时候就会触发相应的方法进行事件处理，该监听器包含的方法如下。

① public abstract void onLocationChanged（Location location）：位置发生改变时回调该方法。
② public abstract void onProviderDisabled（String provider）：指定的 LocationProvider 禁用时回调该方法。
③ public abstract void onProviderEnabled（String provider）：指定的 LocationProvider 启用时回调该方法。
④ public abstract void onStatusChanged（String provider，int status，Bundle extras）：当指定的 LocationProvider 状态发生变化时回调该方法。

11.1.2 简单位置服务应用

前面介绍了 Android 位置服务的核心 API，那么它们之间是如何协作来实现获取位置服务的呢？获取位置信息开发的一般步骤如下。

（1）获取系统的 LocationManager 对象。
（2）调用 LocationManager 对象的方法，传递一个 LocationProvider 对象的名称，获取位置信息，位置信息由 Location 对象来表示。
（3）从 Location 对象中获取位置信息。

注意：获取用户的位置涉及用户的隐私，需要添加相关权限，并且需要用户授权方能访问。

下面以一个简单的例子来演示如何获取位置信息，程序运行后，首先弹出对话框询问用户是否授权，如图 11-1 所示，授权后即可获取当前的位置。如果是在模拟器运行，可以单击模拟器工具栏最下方的"…"，弹出如图 11-2 所示对话框，选中第一项 Location，在右边的面板中可以模拟位置的变化，这里位置信息通过 GPX 或 KML 文件存储，需要事先准备好,单击面板中的 IMPORT GPX/KML 按钮,选中准备好的位置信息文件,模拟器会自动解析位置信息,如果文件格式不正确,将会提示解析失败。解析后的位置信息将会显示在右边,然后单击下方的 SET LOCATION 按钮,即可模拟位置发送经纬度信息,当位置发生变化后,程序能够及时捕捉到该变化,并显示当前的位置信息,如图 11-3 所示。

图 11-1　提醒授权对话框

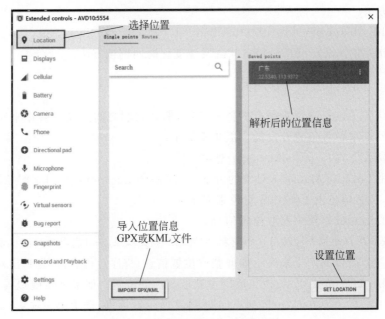

图 11-2　模拟位置变化,发送位置

第 11 章　Android GPS 位置服务与地图编程

图 11-3　获取当前位置信息

程序界面布局相对简单,只有两个文本显示框,用于显示经纬度信息,在此不再列出,获取位置信息的关键代码如下。

程序清单:codes\ch11\LocationTest\app\src\main\java\ iet\jxufe\cn\locationtest\MainActivity.java

```
1   public class MainActivity extends AppCompatActivity {
2       private LocationManager mManager;                    →位置管理器
3       private Location mLocation;                          →位置信息
4       private TextView locInfo;                            →显示文本
5       protected void onCreate(Bundle savedInstanceState) {
6           super.onCreate(savedInstanceState);
7           setContentView(R.layout.activity_main);          →加载布局文件
8           locInfo =(TextView) findViewById(R.id.locInfo);  →根据 ID 找控件
9           if (ContextCompat.checkSelfPermission(this,
                Manifest.permission.ACCESS_FINE_LOCATION) !=
                PackageManager.PERMISSION_GRANTED) {         →判断用户是否授权
10              ActivityCompat.requestPermissions(this, new String[]{
                Manifest.permission.ACCESS_FINE_LOCATION}, 1); →请求授权
11          } else {
12              init();                                      →执行初始化操作
13          }
14      }
15      public void init() {                                 →初始化
16          mManager = (LocationManager)
                getSystemService(Context.LOCATION_SERVICE);  →获取位置管理器
17          mLocation =mManager.getLastKnownLocation(
                LocationManager.GPS_PROVIDER);               →获取上一次位置
18          showInfo(mLocation);                             →显示位置信息
19          mManager.requestLocationUpdates(
                LocationManager.GPS_PROVIDER, 3000, 8, new LocationListener() {
                                                             →获取位置更新
20              public void onStatusChanged(String provider, int status,
                    Bundle extras) {    }                    →状态发生变化时调用
```

```
21              public void onProviderEnabled(String provider) { }
                                                                      →可用时调用
22              public void onProviderDisabled(String provider) { }
                                                                      →不可用时调用
23              public void onLocationChanged(Location location) {
                                                                      →位置变化时调用
24                  showInfo(location);             →显示位置信息
25              }
26          });
27      }
28  public void onRequestPermissionsResult(int requestCode,
        String[] permissions, int[] grantResults) {     →接收授权结果
29          if(requestCode==1){
30              if(grantResults.length>0 && grantResults[0] ==
                    PackageManager.PERMISSION_GRANTED){      →如果授权
31                  init();                                  →执行初始化操作
32              }else{
33                  Toast.makeText(this, "你拒绝了相关权限授权,无法获取位置!",
        Toast.LENGTH_SHORT).show();                    →弹出提示信息
34              }
35          }
36  }
```

LocationManager 提供的 requestLocationUpdates() 方法可便捷、高效地监视位置改变,它需要传一个位置监听器 LocationListener,它根据位置的距离变化和时间间隔设定产生位置改变事件的条件,这样可以避免因微小的距离变化而产生大量的位置改变事件。一旦位置发生变化,就调用 showInfo() 方法,该方法会将当前的位置信息显示在文本框中。代码如下。

```
1   public void showInfo(Location location) {          →显示位置信息
2       if (location != null) {                        →如果位置不为空
3           StringBuffer sBuffer = new StringBuffer();
4           sBuffer.append("经度:" + location.getLongitude() + "\n");
                                                        →获取经度信息
5           sBuffer.append("纬度:" + location.getLatitude() + "\n");
                                                        →获取纬度信息
6           locInfo.setText(sBuffer);
7       } else {
8           locInfo.setText("暂时无法获取位置信息...");
9       }
10  }
```

注意:该程序需要访问 GPS 信号的权限,因此需要在 AndroidManifest.xml 清单文件中增加如下授权获取定位信息的代码。

```
1  <uses-permission android:name="android.permission.ACCESS_FINE_LOCATION"\>
2   < uses - permission  android: name =" android. permission. ACCESS _ COARSE _
   LOCATION"/>
```

运行时模拟的位置信息存放在 GPX 文件中,具体代码如下,根元素为 gpx,里面包含了一些命名空间,都是固定的写法,wpt 元素用于表示位置坐标,lat 属性表示纬度信息,lon 属性表示经度信息,desc 标签用于保存位置的描述信息,关于 GPX 文件的更多信息请查看相关文档。导入 GPX 文件时,尽量不要包含中文,否则容易出错。

```
1  <?xml version="1.0" encoding="UTF-8" standalone="no"?>        →XML 文件声明
2  <gpx xmlns="http://www.topografix.com/GPX/1/1"                →gpx 标签
3      creator="MyGeoPosition.com" version="1.1">
4      xmlns:xsi="http://www.w3.org/2001/XMLSchema-instance"
5       xsi: schemaLocation =" http://www. topografix. com/GPX/1/1 http://www.
   topografix.com/GPX/1/1/gpx.xsd">
6      <wpt lat="22.5340030" lon="113.9371920">                  →坐标信息
7          <desc>guangdong</desc>                                →位置描述信息
8      </wpt>
9  </gpx>
```

11.2 百度地图编程

11.1 节介绍了如何使用 Android 提供的 API 获取设备的定位信息,但得到的只是一些难记的经纬度的数值,对用户来说没有多大用处,如果能将这些经纬度与我们的生活联系起来,以更形象直观的方式显示出来,将会吸引更多的用户。本节将简单介绍百度地图的主要功能以及开发步骤,并简单实现在地图上标记位置的功能,其他更复杂的功能应用参见 12.3.2 节。

百度地图 Android SDK 是一套基于 Android 2.1 及以上版本设备的应用程序接口。通过该套 SDK,可以开发适用于 Android 系统移动设备的地图应用,可以轻松访问百度地图服务和数据,构建功能丰富、交互性强的地图类应用程序。常见功能如下。

(1) 地图:提供地图展示和地图操作功能,其中地图展示包括普通地图(2D,3D)、卫星图和实时交通图;地图操作包括地图的单击、双击、长按、缩放、旋转、改变视角等操作。

(2) POI 检索:即信息点(Point of Information)检索,支持周边检索、区域检索和城市内检索。周边检索是指以某一点为中心,指定距离为半径,根据用户输入的关键词进行 POI 检索;区域检索是指在指定矩形区域内,根据关键词进行 POI 检索;城市内检索是指在某一城市内,根据用户输入的关键字进行 POI 检索。此外,还可以进一步查看 POI 检索结果的详情,百度地图提供了 POI 详情检索功能,可根据 POI 的 ID 信息,检索该兴趣点的详细内容。

(3) 地理编码:提供地理坐标和地址之间相互转换的能力。正向地理编码实现了将中文地址或地名描述转换为地球表面上相应位置的功能;反向地理编码则是将地球表面的地址坐标转换为标准地址的过程。

（4）线路规划：支持公交信息查询、公交换乘查询、驾车线路规划和步行路径检索。公交信息查询可对公交详细信息进行查询；公交换乘查询可根据起、终点，查询换乘策略，进行线路规划方案；驾车线路可以规划不同驾车路线（支持设置途经点）；步行路径检索支持步行路径的规划。

（5）地图覆盖物：百度地图 SDK 支持多种地图覆盖物，展示更丰富的地图。目前支持的地图覆盖物有定位图层、地图标注（Marker）、几何图形（点、折线、弧线、多边形等）、地形图图层、POI 检索结果覆盖物、线路规划结果覆盖物、热力图图层、瓦片图层等。

（6）定位：采用 GPS、WiFi、基站、IP 混合定位模式，可使用 Android 定位 SDK 获取定位信息，使用地图 SDK 定位图层进行位置展示。

除此之外，百度地图还提供了调用本地百度地图客户端、周边雷达、LBS 云等功能。

11.2.1 使用百度地图的准备工作

百度地图作为第三方应用，在 Android 中并不能直接使用，需要导入百度地图提供的 SDK，具体准备工作如下。

（1）申请百度地图 API Key。打开百度地图 API 官方网站：http://lbsyun.baidu.com，界面如图 11-4 所示。

图 11-4　百度地图开放平台首页

（2）将鼠标移动到"开发文档"导航菜单上，将显示下拉列表，界面如图 11-5 所示。选择其中的"Android 地图 SDK"或者"Android 定位 SDK"。进入相应的首页介绍，选择左边的"获取密钥"选项，如图 11-6 所示。

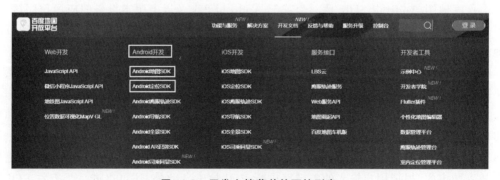

图 11-5　开发文档菜单的下拉列表

（3）获取密钥的前提是要开发者登录，如果没有登录账号，则会跳转到登录界面，如图 11-7 所示。输入用户名、密码直接登录，登录成功后进入图 11-8 所示页面。

（4）单击"创建应用"按钮后，进入应用基本信息填写页面，在此需要填写应用名称、

第 11 章　Android GPS 位置服务与地图编程

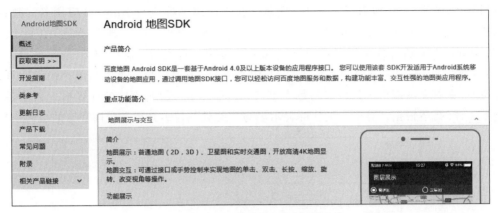

图 11-6　"获取密钥"选项位置

图 11-7　提醒登录界面

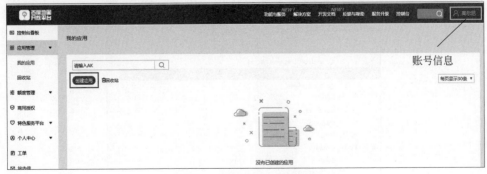

图 11-8　登录成功后的界面

应用类型、数字签名、包名,如图 11-9 所示。其中应用名称应与 Android 应用名一致;应用类型包括:服务端、微信小程序、Android SDK、IOS SDK、浏览器端,在此选择"Android SDK 端";数字签名可通过 Android Studio 右边的 Gradle 面板选中项目下的 Tasks→android→signingReport,如图 11-10 所示,双击后将会在下方生成相应的编译结果说明,查看文本即可看到对应的数字签名,如图 11-11 所示,不同的计算机上数字签名是不一样的,请根据计算机上的实际显示填写。此处的包名必须和应用程序的包名一致。

图 11-9 填写应用的基本信息

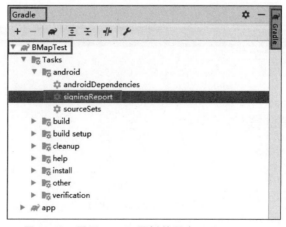

图 11-10 展开 Gradle 面板并双击 signingReport

第 11 章 Android GPS 位置服务与地图编程

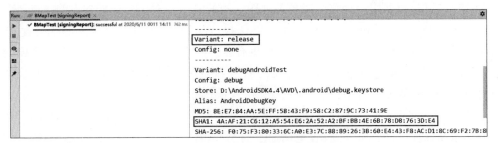

图 11-11　本机上的数字签名

（5）应用创建成功后，将会生成一个访问应用 AK，如图 11-12 所示。

图 11-12　应用创建成功后自动生成 AK

（6）下载百度地图 SDK，单击"产品下载"，可以下载开发包以及源码示例，如图 11-13 所示。

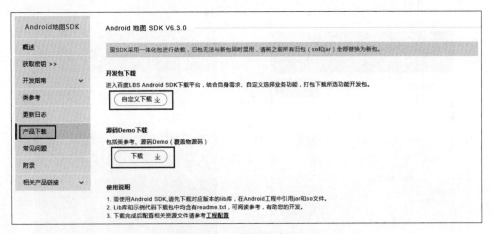

图 11-13　下载百度地图 SDK

11.2.2　根据位置信息在地图上显示标记

1. 百度地图核心 API 介绍

对百度地图进行调用、显示和操作时，会涉及一些常见的类及其方法，主要包含如下几个，更多的 API 可查看百度地图提供的帮助文档。

（1）MapView：显示地图的控件，主要负责获取地图数据并显示，能够捕捉屏幕触控、手势等操作,根据用户操作实时更新地图数据的显示。在使用该控件之前一定要确保已调用 SDKInitializer.initialize(Context)方法执行初始化操作,通过该控件可获取具体的地图对象。MapView 和 Activity 类似,也有自己的生命周期,可以控制 MapView 的显示、暂停和销毁。由于 MapView 需要实时获取和显示地图数据,比较消耗资源和流量,因此在 Activity 暂停或者销毁后,应该让 MapView 的状态也随之发生变化。

(2) BaiduMap:具体的百度地图对象,该类封装了地图对象的操作方法和接口,例如可为其添加各种事件监听器,设置地图显示的类型(普通图、卫星图),改变地图状态(如缩放级别),添加图层(如添加标记)等。

(3) MapStatusUpdate:描述地图状态将要发生的变化,例如缩放级别的变化等。

(4) LatLng:地图上位置信息的封装,包括经度、纬度信息。

(5) Marker:标记,用于突出地图上的某个位置或建筑物信息。

(6) MarkerOptions:用于设置标记的一些属性信息,例如标记的图标、位置坐标、标题、是否可拖动等。

2. 案例开发过程

下面以一个简单的程序来演示这些 API 是如何协同工作的,该程序实现简单的定位功能,输入一个经纬度即可在地图上标记该位置,并为地图提供两种显示模式:普通模式和卫星模式。程序运行界面如图 11-14 所示,输入任意经纬度后,单击"定位"按钮,即可在地图上标记该位置,并能缩放地图。选择"卫星模式"后,界面将会进行切换,效果如图 11-15 所示(提示:建议地图案例采用真机测试,部分模拟器可能与百度地图提供的 SDK 不兼容)。

图 11-14 显示具体的定位信息图

图 11-15 卫星模式定位图

下面详细讲解该程序的开发过程。

(1) 根据向导创建一个 Android 项目，导入百度地图 SDK。具体做法是切换到 Project 视图，将下载的 jar 包拷贝到项目的 libs 文件夹下，然后在 src\main 文件夹下创建一个 jniLibs 文件夹，将下载的 so 文件复制到 jniLibs 文件夹下，如图 11-16 所示。其中 arm64-v8a、armeabi、arm64-v7a、x86、x86_64 等文件夹用于适配不同模拟器的 CPU/ABI，可根据实际情况选择其中一个，建议全部导入。选中 libs 文件夹下的全部 jar 文件（此处只有一个 BaiduLBS_Android.jar），右击选择 Add as Library。

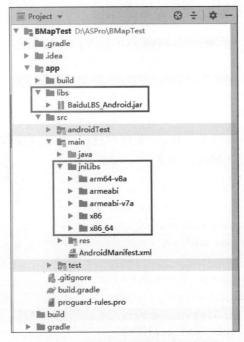

图 11-16　百度地图相关文件存放路径

(2) 在 AndroidManifest.xml 文件中添加开发密钥、所需权限等信息。

在＜application＞标签下添加开发密钥，开发密钥对于每个应用是不同的，需根据具体情况进行修改，参考代码如下。

```
1   <application>
2       <meta-data
3           android:name="com.baidu.lbsapi.API_KEY"
4           android:value="5qNV1Y5pz5sB52pQXW4ueD7BjV2YQfXY" />
5   </application>
```

添加相关许可权限的代码如下。如果不清楚需要添加哪些权限，可参考帮助文档或者官网提供的案例。

```
1   <uses-permission android:name="android.permission.ACCESS_FINE_LOCATION" />
2   <uses-permission android:name="android.permission.ACCESS_NETWORK_STATE" />
3   <uses-permission android:name="android.permission.INTERNET" />
```

```
4   <uses-permission android:name="com.android.launcher.permission.READ_
    SETTINGS" />
5   <uses-permission android:name="android.permission.WAKE_LOCK" />
6   <uses-permission android:name="android.permission.CHANGE_WIFI_STATE" />
7   <uses-permission android:name="android.permission.ACCESS_WIFI_STATE" />
8   <uses-permission android:name="android.permission.WRITE_EXTERNAL_
    STORAGE" />
```

（3）在布局 XML 文件中添加地图控件，此处界面布局比较简单，不详细列出，只将 MapView 控件的相关属性列出，代码如下。

```
1   <com.baidu.mapapi.map.MapView                          →地图控件
2       android:id="@+id/bmapView"                          →为控件添加 ID
3       android:layout_width="match_parent"                 →宽度填充父容器
4       android:layout_height="match_parent"                →高度填充父容器
5       android:clickable="true" />                         →设置可以单击
```

（4）由于应用需要获取位置信息，需要用户授权，如果授权则执行初始化操作，否则直接提示用户无法定位。关键代码如下。

```
1   public class MainActivity extends AppCompatActivity {
2       private LocationManager mManager;                   →位置管理器
3       private Location mLocation;                         →位置信息
4       private MapView mapView;                            →地图控件
5       private BaiduMap bMap;
6       private RadioButton normalButton;                   →单选按钮
7       private BitmapDescriptor locationBitmap;
8       private Marker locationMarker;
9       private EditText latitudeText;
10      private EditText longitudeText;
11      protected void onCreate(Bundle savedInstanceState) {
12          super.onCreate(savedInstanceState);
13          if (ContextCompat.checkSelfPermission(this,
                Manifest.permission.ACCESS_FINE_LOCATION) !=
                PackageManager.PERMISSION_GRANTED) {        →判断是否授权
14              ActivityCompat.requestPermissions(this, new String[]{
                Manifest.permission.ACCESS_FINE_LOCATION}, 1);  →请求授权
15          } else {
16              init();                                     →执行初始化操作
17          }
18      }
19      public void init() {                                →初始化
20          SDKInitializer.initialize(getApplicationContext());  →初始化 SDK
21          setContentView(R.layout.activity_main);         →加载布局文件
22          mapView = (MapView) findViewById(R.id.bmapView); →根据 ID 找控件
23          normalButton = (RadioButton) findViewById(R.id.normal);
```

```
24        latitudeText = (EditText) findViewById(R.id.latitudeText);
25        longitudeText = (EditText) findViewById(R.id.longitudeText);
26        bMap = mapView.getMap();                    →获取百度地图
27        MapStatusUpdate msu = MapStatusUpdateFactory.zoomTo(14.0f);
                                                       →设置地图状态
28        bMap.setMapStatus(msu);                      →更新地图状态
29        bMap.setOnMarkerClickListener(new BaiduMap.OnMarkerClickListener() {
                                                       →添加标记单击事件
30            @Override
31            public boolean onMarkerClick(Marker marker) {
32                if (marker == locationMarker) {     →判断标记
33                    Toast.makeText(MainActivity.this,
                          marker.getTitle(), Toast.LENGTH_LONG).show();
                                                       →弹出标记信息
34                }
35                return false;                        →返回执行结果
36            }
37        });
38        locationBitmap = BitmapDescriptorFactory.fromResource(
              R.mipmap.location);                      →得到图片
39        mManager = (LocationManager) getSystemService(
              Context.LOCATION_SERVICE);               →获取位置管理器
40        mLocation = mManager.getLastKnownLocation(
              LocationManager.GPS_PROVIDER);           →获取上一次的位置
41        if (mLocation != null) {                     →如果位置不为空
42            showLocation(new LatLng(mLocation.getLatitude(), mLocation.
   getLongitude()));                                   →在地图上标记位置
43        }
44        mManager.requestLocationUpdates(
              LocationManager.GPS_PROVIDER, 3000, 8,   →监听位置更新
45            new LocationListener() {
46                public void onStatusChanged(String provider, int
                      status, Bundle extras) { }       →状态变化时调用
47                public void onProviderEnabled(String provider) { }
                                                       →启动时调用
48                public void onProviderDisabled(String provider) { }
                                                       →禁止时调用
49                public void onLocationChanged(Location location) {
                                                       →位置变化时调用
50                    LatLng latLng = new LatLng(
   location.getLatitude(), location.getLongitude());  →根据经纬度构建位置对象
51                    showLocation(latLng);            →显示位置
52        });
53    }
```

```
54  public void onRequestPermissionsResult(int requestCode,
        String[] permissions, int[] grantResults) {           →接收授权结果
55      if(requestCode==1){
56          if(grantResults.length>0 && grantResults[0] ==
    PackageManager.PERMISSION_GRANTED){                       →如果授权
57              init();                                       →执行初始化操作
58          }else{
59              Toast.makeText(this, "你拒绝了相关权限授权,无法获取位置!",
    Toast.LENGTH_SHORT).show();                               →弹出提示信息
60          }
61      }
62  }
```

注意：百度地图 SDK 的初始化一定要放在加载布局之前。

（5）管理 MapView 的生命周期，让其随着 Activity 的变化而变化。调用 MapView()的生命周期方法之前，要先根据 ID 找到这个控件。关键代码如下：

```
1   protected void onResume() {                               →恢复运行时调用
2       super.onResume();                                     →调用父类方法
3       mapView.onResume();                                   →地图恢复
4   }
5   protected void onPause() {                                →暂停时调用
6       super.onPause();
7       mapView.onPause();                                    →地图暂停
8   }
9   protected void onDestroy() {                              →销毁时调用
10      super.onDestroy();
11      mapView.onDestroy();                                  →地图销毁
12  }
```

完成以上步骤后，运行程序，即可在界面中显示百度地图。

（6）为单选按钮添加切换模式事件处理，判断选中的是哪个模式，然后设置显示模式，由于只有两种模式，非此即彼，所以在此只需判断"普通模式"是否被选中即可，选中时显示普通视图，否则显示卫星视图。关键代码如下。

```
1   normalButton.setOnCheckedChangeListener(new OnCheckedChangeListener() {
2       public void onCheckedChanged(CompoundButton buttonView,    boolean
    isChecked) {
3           if (isChecked) {
4               bMap.setMapType(BaiduMap.MAP_TYPE_NORMAL);    →普通视图
5           } else {
6               bMap.setMapType(BaiduMap.MAP_TYPE_SATELLITE); →卫星视图
7           }
8       }
9   });                                                       →单选按钮状态变化事件监听器
```

(7) 为定位按钮添加事件处理，首先获取用户输入的经纬度值，然后将其封装成 LatLng 对象，再根据坐标信息在地图上添加一个标记即可。关键代码如下。

```
1   public void getLocation(View view) {                    →定位按钮的事件处理
2       String latitude = latitudeText.getText().toString().trim();
3       String longitude = longitudeText.getText().toString().trim();
4       if ("".equals(latitude) || "".equals(longitude)) {
5           Toast.makeText(this, "请输入经度和纬度信息!", Toast.LENGTH_LONG).show();
6       } else {
7           LatLng latLng = new LatLng(Double.parseDouble(latitude),
8                   Double.parseDouble(longitude));       →经纬度信息
9           showLocation(latLng);
10      }
11  }
```

显示标记的思路是首先清空图层，然后指定标记的图标、标题、位置等信息，然后设置动画类型，将标记图层添加到地图中即可，最后让地图以标记为中心更新。关键代码如下。

```
1   public void showLocation(LatLng latLng) {    →根据经纬度在地图上标记位置
2       bMap.clear();                            →清除图层
3       MarkerOptions markerOption = new MarkerOptions().position(latLng)
                .icon(locationBitmap).title("我的位置").draggable(true);
                                                 →标记选项信息
4       markerOption.animateType(MarkerAnimateType.grow);   →标记动画
5       locationMarker = (Marker) (bMap.addOverlay(markerOption));  →添加标记
6       bMap.setMapStatus(MapStatusUpdateFactory.newLatLng(latLng));
                                                 →以标记为中心
7   }
```

(8) 为地图添加标记单击事件处理，单击标记后显示提示信息，关键代码如下。

```
1   bMap.setOnMarkerClickListener(new OnMarkerClickListener() {
2       public boolean onMarkerClick(Marker marker) {
3           if(marker==locationMarker){
4               Toast.makeText(MainActivity.this, marker.getTitle(), Toast.LENGTH_LONG).show();
5           }
6           return false;
7       }
8   });
```

上述例子中，坐标信息是我们自己手动设置的，主要用于查询某一坐标的位置，而不能时刻提供周边的建筑物信息。根据 11.1 节的知识，可以利用 GPS 定位动态获取当前位置信息，从而获取附近的建筑物信息。因此在上述程序中，添加自动监听位置信息，结合定位与地图开发出类似导航的应用程序,请读者自主实现。

11.3 本章小结

　　本章主要介绍了 Android 提供的位置服务,以及百度的地图应用。目前绝大部分 Android 手机都提供了 GPS 硬件支持,都可以进行定位,开发者要做的就是从 Android 系统中获取定位信息。对于位置服务,应重点掌握核心 API 的功能和用法,例如 LocationManager、LocationProvider、Location、LocationListener 等,并通过它们来监听、获取 GPS 定位信息。

　　位置服务提供的都是一些经纬度的数值,对于大部分用户来说都是没什么意义的,需要与具体的地图相结合,才能给人更形象、直观的体验,本章详细介绍了 Android 中调用百度地图的方法,包括百度地图 API Key 的申请,百度地图 SDK 下载,环境配置等。除此之外,还介绍了如何根据 GPS 信息在地图上定位、标记。

课后练习

　　1. 简要描述 GPS 和 Network 提供的定位服务的区别。
　　2. 简要描述位置服务开发的一般步骤。
　　3. 申请自己的百度地图 API Key。
　　4. 开发实现一个手机定位的 App,使得用户带着手机移动时,能够显示其当前所在位置。

Android 编程综合案例

本章要点

- 综合案例——"校园通"需求概述
- 综合案例程序结构
- 综合案例功能模块分析
- 界面设计
- 关键代码解释
- 注意事项

本章知识结构图

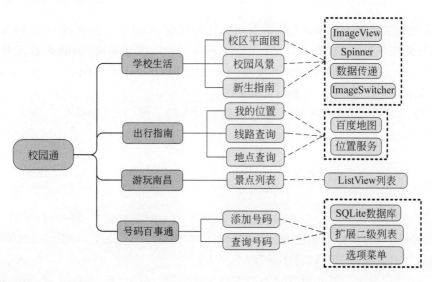

本章示例

通过前面章节的学习,读者应已掌握了 Android 开发的基础知识,本章将通过一个综合案例将前面所学的知识串联起来,共同开发一个实用的应用程序。本章带着读者从零开始开发一个"校园通"应用程序(因以江西财经大学为例,此处将 App 命名为"财大通"),该应用主要为在校学生服务,方便学生迅速查找信息,包括"学校生活""出行指南""游玩南昌""号码百事通"四个模块。读者可以根据自己所在的学校或社区,模仿本例开发自己的"校园通"或者"社区通"。

本案例所涉及的知识包括：基本界面控件的使用，如 TextView、Button、ImageView 等；高级界面控件的使用，如 Spinner、ImageSwitcher、ListView、ExpandableListView、菜单等；Activity 之间的跳转与数据的传递；事件处理，如单击事件、触摸事件、选择事件等；SQLite 数据库的使用；位置服务与百度地图。

通过本章的学习，读者将对这些知识有更深入的了解，并且能够自主开发一些小的应用。

12.1 "校园通"概述

"校园通"应用软件主要是为学校的学生、老师以及对学校感兴趣的人服务的，提供一个信息服务平台，方便他们迅速查找相应信息。本例中的"财大通"主要包括"学校生活""出行信息""游玩南昌""号码百事通"四个模块。

"学校生活"模块主要介绍学校的基本情况，包括校区平面图、校园风景、新生指南等，对于即将入学的新生以及校外人士了解财大情况非常有帮助；

"出行信息"模块包括我的位置、公交线路查询、位置查询等；

"游玩南昌"模块包括南昌主要景点介绍；

"号码百事通"模块包括号码的查询和添加。

"财大通"应用程序的功能模块图如图 12-1 所示。

第 12 章　Android 编程综合案例

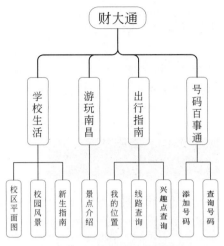

图 12-1　"财大通"功能结构图

12.2　"校园通"应用程序结构

"校园通"应用程序涉及的功能和界面较多，为了方便代码管理，为每个功能模块单独建立一个包，将功能相关的 Activity 放在同一包下。以"财大通"为例，该应用程序的程序结构如图 12-2 所示。

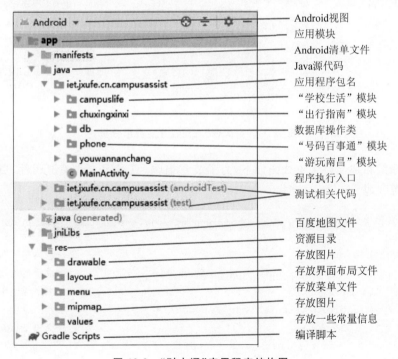

图 12-2　"财大通"应用程序结构图

12.3 "财大通"应用程序功能模块

"财大通"应用程序主要包含四个模块,程序运行的主界面及界面分析如图 12-3 所示。单击"学校生活""出行指南""游玩南昌""号码百事通"等按钮后,能够跳转到相应的功能模块。

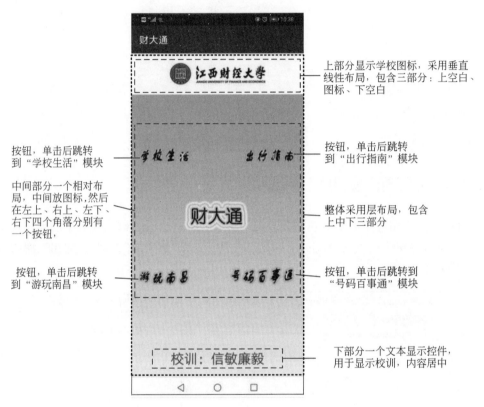

图 12-3 "财大通"应用程序主界面分析

主界面的布局文件关键代码如下,为了节省篇幅,只显示一些关键属性,更详细的属性请参考源代码。

程序清单:codes\ch12\CampusAssist\app\src\main\res\layout\activity_main.xml

```
1   <FrameLayout                                    →总体是层布局
2       android:background="@drawable/bg">          →设置背景图片
3       <LinearLayout                               →水平线性布局
4           android:orientation="vertical">
5           <ImageView                              →空白 ImageView
6               android:background="#ffffff" />
7           <ImageView
8               android:src="@drawable/logo" />     →学校图标
```

```
9         <ImageView                                    →空白 ImageView
10            android:background="#ffffff" />
11     </LinearLayout>
12     <RelativeLayout                                  →相对布局,中间部分
13         android:layout_gravity="center">
14         <ImageButton                                 →"学校生活"按钮
15             android:src="@drawable/xuexiaoshenghuo"
16             android:onClick="goto_campus_life"/>     →单击事件处理方法
17         <ImageButton                                 →"出行指南"按钮
18             android:layout_alignParentRight="true"
19             android:src="@drawable/chuxingzhinan"
20             android:onClick="goto_traffic_assist"/>  →单击事件处理方法
21         <ImageView                                   →显示中间的"财大通"文字
22             android:layout_centerInParent="true"
23             android:src="@drawable/title"/>
24         <ImageButton                                 →"游玩南昌"按钮
25             android:layout_alignParentLeft="true"
26             android:layout_alignParentBottom="true"
27             android:src="@drawable/youwannanchang"
28             android:onClick="goto_scenery"/>         →单击事件处理方法
29         <ImageButton                                 →"号码百事通"按钮
30             android:layout_alignParentRight="true"
31             android:layout_alignParentBottom="true"
32             android:src="@drawable/haomabaishitong"
33             android:onClick="goto_phone_list"/>      →单击事件处理方法
34     </RelativeLayout>
35     <TextView                                        →显示校训文字
36         android:gravity="center"
37         android:text="@string/xiaoxun"
38         android:layout_gravity="bottom|center_horizontal"/>
39 </FrameLayout>
```

单击各个按钮后能够跳转到相应的功能模块,事件处理的关键代码如下。

程序清单:codes\ch12\CampusAssist\app\src\main\java\iet\jxufe\cn\campusassist\MainActivity.java

```
1  public class MainActivity extends AppCompatActivity {
2      @Override
3      public void onCreate(Bundle savedInstanceState) {
4          super.onCreate(savedInstanceState);
5          setContentView(R.layout.activity_main);         →加载界面布局文件
6      }
7      public void goto_campus_life(View view) {           →跳转到"校园生活"
8          Intent intent =new Intent(MainActivity.this, CampusLifeActivity.class);
```

```
9            startActivity(intent);
10       }
11       public void goto_phone_list(View view) {          →跳转到"号码百事通"
12           Intent intent=new Intent(MainActivity.this, PhoneListActivity.class);
13           startActivity(intent);
14       }
15
16       public void goto_traffic_assist(View view) {      →跳转到"出行指南"
17           Intent intent=new Intent(MainActivity.this, ChuxingxinxiActivity.class);
18           startActivity(intent);
19       }
20
21       public void goto_scenery(View view) {             →跳转到"游玩南昌"
22           Intent intent=new Intent(MainActivity.this, SceneryActivity.class);
23           startActivity(intent);
24       }
25  }
```

注意：实现页面跳转的前提是已经设计好相应页面，并且在清单文件中进行注册。下面分别对各个模块的功能进行详细介绍和分析。

12.3.1 "学校生活"模块

"学校生活"模块主要介绍学校的基本情况，包括"校区平面图""校园风景"以及"新生指南"三部分。程序结构图以及各个 Activity 之间的跳转关系如图 12-4 所示。

图 12-4 "学校生活"模块程序结构及其各个 Activity 之间的跳转

"学校生活"模块运行主界面及分析如图 12-5 所示。

界面布局相对简单，总体使用垂直线性布局，设置背景图片，对齐方式为垂直居中并右对齐 android：gravity="center_vertical|right"，并设置右边距为 5dp，即 paddingRight = 5dp。按钮的事件处理与前面主界面上的按钮事件处理类似，在此不给出相应代码。可查看源代码 codes\ch12\CampusAssist\app\src\main\java\iet\jxufe\cn\campusassist \campuslife \CampusLifeActivity.java。

单击"校区平面图"按钮后，跳转到 CampusBuildActivity，界面运行效果如图 12-6、图 12-7 所示。该界面中包含一个 Spinner 下拉列表和一个 ImageView，选择 Spinner 中的某一项后能在 ImageView 中显示对应的图片，由于图片比较大，因此为图片添加了触摸事件，能够拖动以查看图片其他部分。

第 12 章　Android 编程综合案例

图 12-5　"学校生活"主界面分析

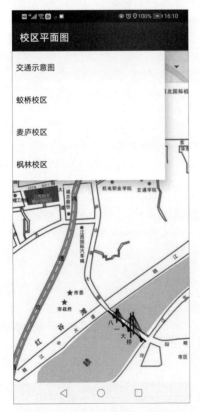

图 12-6　"校区平面图"运行界面

图 12-7　麦庐校区显示效果

界面整体采用垂直线性布局,相对比较简单,在此不列出代码,在此界面中,存在两种事件处理,一种是下拉列表的选择事件,一种是图片的触摸事件。下拉列表选择事件关键代码如下。

程序清单:codes\ch12\CampusAssist\app\src\main\java\iet\jxufe\cn\campusassist\campuslife\CampusBuildActivity.java

```
1    int [] imageIds=new int[]{R.drawable.jiaotong,R.drawable.jiaoqiaoxiaoqu,
2        R.drawable.mailuxiaoqu,R.drawable.fenglinxiaoqu};        →图片 ID 数组
3    String[] xiaoqu=new String[]{"交通示意图","蛟桥校区","麦庐校区",
        "枫林校区"};                                              →列表内容
4    protected void onCreate(Bundle savedInstanceState) {
5        super.onCreate(savedInstanceState);
6        setContentView(R.layout.campus_build);
7        mSpinner =(Spinner)findViewById(R.id.spinner);
                                                        →根据 ID 找到下拉列表
8        mImage=(ImageView)findViewById(R.id.myImage);
                                                        →根据 ID 找到 ImageView
9        ArrayAdapter<String>adapter=new ArrayAdapter<String>(this,
10           android.R.layout.simple_dropdown_item_1line,xiaoqu);
                                                        →设置样式和内容
11       mSpinner.setAdapter(adapter);                  →为 Spinner 设置 Adapter
12       mSpinner.setOnItemSelectedListener(new
    OnItemSelectedListener() {                         →列表项选中事件监听器
13           public void onItemSelected(AdapterView<?>arg0, View arg1, int
    position, long id) {
14               mImage.setImageResource(imageIds[position]);
                                                        →根据选择显示图片
15           }
16           public void onNothingSelected(AdapterView<?>arg0) {
17               mImage.setImageResource(imageIds[0]);  →默认显示第一张图片
18           }
19       });
```

图片的触摸事件处理代码如下。

```
1    mImage.setOnTouchListener(new OnTouchListener() {
                                                →匿名内部类实现触摸事件监听器
2        public boolean onTouch(View v, MotionEvent event) {
3            float curX, curY;                   →记录当前的坐标
4            switch (event.getAction()) {        →判断触摸事件类型
5                case MotionEvent.ACTION_DOWN:   →按下事件
6                    m_x =event.getX();          →获取 X 坐标
7                    m_y =event.getY();          →获取 Y 坐标
8                    break;
```

```
9                  case MotionEvent.ACTION_MOVE:        →拖动事件
10                      curX =event.getX();             →获取 X 坐标
11                      curY =event.getY();             →获取 Y 坐标
12                      mImage.scrollBy((int) (m_x -curX), (int) (m_y -curY));
13                      m_x =curX;
14                      m_y =curY;
15                      break;
16                  case MotionEvent.ACTION_UP:         →松开事件
17                      curX =event.getX();             →获取 X 坐标
18                      curY =event.getY();             →获取 Y 坐标
19                      mImage.scrollBy((int) (m_x -curX), (int) (m_y -curY));
20                      break;
21                  default:
22                      break;
23              }
24              return true;
25          }
26      });
```

触摸事件的原理是：记录按下时的坐标以及移动后的坐标，根据这两个坐标的距离来移动整张图片。在触摸事件中存在三种状态：按下、移动、松开，因此需对触摸事件的状态进行判断，然后再做具体的操作。

单击"校园风景"按钮后，跳转到 CampusSceneryActivity，界面运行效果如图 12-8 所

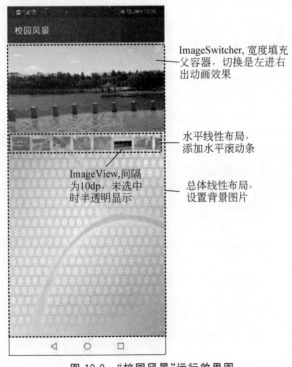

图 12-8 "校园风景"运行效果图

示。上方显示大图的效果,下方显示一系列的缩略图,单击某个缩略图时可以显示对应的大图,并且图片切换时有一定的动画效果。上方的大图主要是通过 ImageSwitcher 来实现的,可以简单通过属性添加动画效果。下方的缩略图整体放在一个水平的线性布局中,由于缩略图较多,一行显示不下,所以添加了水平滚动条 HorizontalScrollView,可以左右滑动查看图片。

单击下方缩略图时,ImageSwitcher 中的图片就会相应地随之变化。关键代码如下。

> 程序清单:codes\ch12\CampusAssist\app\src\main\
> java\iet\jxufe\cn\campusassist\campuslife\CampusSceneryActivity.java

```
1   public class CampusSceneryActivity extends AppCompatActivity {
2       private ImageSwitcher mSwitcher;                    →图片切换器
3       private LinearLayout mLinearLayout;                 →线性布局
4       private int lastClicked = 0;                        →记录上一次图片
5       private int[] imageIds=new int[]{
            R.drawable.baosige, R.drawable.beihu,
            R.drawable.chayuan, R.drawable.fengyuan,
            R.drawable.guiyuan, R.drawable.huzhongting,
            R.drawable.jiaogonglou, R.drawable.jiaohu,
            R.drawable.liyuan, R.drawable.lumiyuan,
            R.drawable.mailu, R.drawable.qifeiting,
            R.drawable.sanbulang, R.drawable.taoyuan,
            R.drawable.tiyuguan, R.drawable.waijiaoshenghuoqu,
            R.drawable.xiaomen, R.drawable.yinyuanguanchang,
            R.drawable.youyongchi, R.drawable.zonghedalou
6       };                                                  →定义图片资源数组
7       private ImageView[] imageViews ;
8       protected void onCreate(Bundle savedInstanceState) {
9           super.onCreate(savedInstanceState);
10          setContentView(R.layout.campus_scenery);
11          mSwitcher =(ImageSwitcher)findViewById(R.id.mSwitcher);
12          mSwitcher.setFactory(new ViewFactory(){          →ImageSwitcher 初始化
13              public View makeView(){
14                  ImageView imageView = new ImageView(CampusSceneryActivity.this);
15                  imageView.setScaleType(ImageView.ScaleType.FIT_XY);
                                                            →设置缩放类型
16                  imageView.setLayoutParams(new ImageSwitcher.LayoutParams(
                        LayoutParams.MATCH_PARENT,
                        LayoutParams.MATCH_PARENT));        →设置宽度和高度
17                  return imageView;
18              }
19          });
```

```
20            mSwitcher.setImageResource(imageIds[lastClicked]);   →设置初始图片
21            mLinearLayout = (LinearLayout)findViewById(R.id.mLinearLayout);
22            init_mLinearLayout();                                →初始化线性布局
23        }
24        public void init_mLinearLayout(){
25            imageViews = new ImageView[imageIds.length];         →创建图片控件数组
26            LinearLayout.LayoutParams mParams=new
                    LinearLayout.LayoutParams(120,90);             →设置大小参数
27            mParams.setMargins(0, 0, 20, 0);                     →设置边距参数
28            MyListener mListener = new MyListener();             →创建事件监听器
29            for(int i=0; i<imageIds.length; i++){                →循环创建图片控件
30                imageViews[i] = new ImageView(this);             →创建图片控件
31                imageViews[i].setId(i);                          →添加 ID
32                imageViews[i].setImageResource(imageIds[i]);     →设置图片资源
33                imageViews[i].setLayoutParams(mParams);          →设置布局参数
34                imageViews[i].setOnClickListener(mListener);
                                                                   →添加单击事件监听器
35                imageViews[i].setScaleType(ImageView.ScaleType.FIT_XY);
                                                                   →设置缩放类型
36                mLinearLayout.addView(imageViews[i]);            →将控件添加到布局
37                if(i ==0){
38                    imageViews[i].setImageAlpha(255);            →图片正常显示
39                }else{
40                    imageViews[i].setImageAlpha(100);            →图片半透明显示
41                }
42            }
43        }
44        private class MyListener implements View.OnClickListener{
45            public void onClick(View v) {
46                imageViews[lastClicked].setImageAlpha(100);
                                                                   →上一次图片半透明显示
47                lastClicked = v.getId();                          →记录当前图片 ID
48                imageViews[lastClicked].setImageAlpha(255);       →当前图片正常显示
49                mSwitcher.setImageResource(imageIds[lastClicked]);
                                                                   →改变图片切换器中显示的图片
50            }
51        }
52    }
```

单击"新生指南"按钮后,跳转到 FreshAssistActivity,界面运行效果如图 12-9 所示。该界面采用垂直线性布局,包含 8 个按钮,居中显示,单击某一按钮后跳转到 DetailInfoActivity,显示详细信息,如图 12-10 所示。

图 12-9 "新生指南"主界面

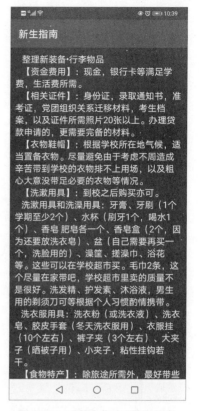

图 12-10 "新生指南"详细信息

新生指南主界面中的 8 个按钮都需要添加事件处理,一个个添加比较麻烦,此处采用数组存储每个按钮的 ID,然后循环遍历数组,取出 ID,并根据 ID 找到对应的按钮,并为其注册事件监听器。事件处理后显示的信息虽然不同,但是结构一致,因此,此处采取数组存储数据,将需要显示的内容存储到 Intent 中,从而达到动态改变的效果,而不用为每部分单独建立一个 Activity 显示内容,大大减少了 Activity 的数量。关键代码如下。

程序清单:codes\ch12\CampusAssist\app\src\main\
java\iet\jxufe\cn\campusassist\campuslife\FreshAssistActivity.java

```
1    protected void onCreate(Bundle savedInstanceState) {
2        super.onCreate(savedInstanceState);
3        setContentView(R.layout.fresh_assist);
4        int[] btnIds =new int[] { R.id.woshi, R.id.xuezhang, R.id.zhengli,R.id.dida,
5            R.id.jiejiao, R.id.qinlian, R.id.shenghuo,R.id.ruxiao };
                                                    →定义按钮对应的 ID 数组
6        Button[] btns =new Button[btnIds.length];  →创建对应长度的按钮数组
7        myOnClickListener myListener =new myOnClickListener();
                                                    →创建事件监听器对象
```

```
8           for (int i =0; i <btns.length; i++) {
9               btns[i] =(Button) findViewById(btnIds[i]);
```
→遍历数组根据ID得到按钮
```
10              btns[i].setOnClickListener(myListener);
```
→为每个按钮注册事件监听器
```
11          }
12      }
```

注意：上面代码中的 btnIds 定义必须放在"setContentView（R.layout.fresh_assist);"之后，因为只有加载了 fresh_assist.xml 文件之后，才会有对应的按钮 ID。

单击事件监听器的实现类关键代码如下。

```
1       private class myOnClickListener implements OnClickListener {
2           Intent intent =new Intent(FreshAssistActivity.this,DetailInfoActivity.class);
3           public void onClick(View v) {
4               switch (v.getId()) {
5               case R.id.zhengli:
6                   intent.putExtra("info", info[0]);
7                   break;
8               case R.id.dida:
9                   intent.putExtra("info", info[1]);
10                  break;
11              ...
```
→其他匹配项，在此不再列出
```
12              default:
13                  break;
14              }
15              startActivity(intent);
16          }
```

代码中，info 是一个字符串数组，用于存放需要传递的字符串信息。不同的按钮传递的数据不同，但接收数据的 Activity 是一致的，所以在 switch 语句外面创建 Intent 对象。

12.3.2 "出行指南"模块

"出行指南"模块主要包括获取当前的位置信息、查找公交路线信息，以及搜索一些关键地点的位置。程序结构图以及各个 Activity 之间的跳转关系如图 12-11 所示。

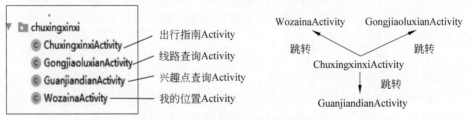

图 12-11 "出行指南"模块程序结构

"出行指南"模块运行主界面如图 12-12 所示。单击"线路查询"按钮后,跳转到 GongjiaoluxianActivity,调用百度地图 API,在界面中输入某一公交路线,会在地图上显示出该公交路线的站点信息,如图 12-13 所示,显示南昌的 220 路公交路线,单击"缩小"和"放大"可以缩放地图;单击"我的位置"按钮后,调用百度地图 API,并能够在地图上用一个图片标记当前位置,单击标记图片可以显示位置信息,如图 12-14 所示;单击"关键点查询"后,调用百度地图,并在地图上标记出与之相关的位置信息,如图 12-15 所示,图上标记的是南昌与 KFC 相关的位置信息。

图 12-12　"出行指南"模块程序运行主界面　　　　图 12-13　公交路线查询结果

以上功能模块主要涉及在百度地图上添加标记、用百度地图搜索公交路线以及在百度地图上搜索兴趣点信息等。关于百度地图的准备工作请参考第 11 章的相关内容,在此不再重复,只列出涉及的一些核心 API 类。

(1) MapView:显示地图的控件,能够根据用户的操作及时更新地图的显示。

(2) BaiduMap:百度地图的封装类,大部分对地图的操作都通过该类来完成,例如添加图层响应用户事件等。

(3) LatLng:地理位置的封装类,封装了经度、维度信息。

(4) Marker:地图上标记的封装类。

(5) MarkerOptions:标记选项,指定标记的标题、图标、位置等属性。

(6) GeoCoder:地理编码查询接口,可通过位置查找坐标,也可通过坐标找到对应的位置信息。

图 12-14 "我的位置"显示图

图 12-15 百度地图搜索 KFC 的结果

（7）PoiSearch：兴趣点查询接口，支持范围内搜索、城市内搜索、周边搜索等。
（8）PoiInfo：兴趣点详细信息，包括位置信息、坐标信息、名称、类型等。
（9）BusLineSearch：公交路线查询接口，查询整条公交路线信息。
（10）BusStation：公交站点信息封装类，包括名称、位置、ID 等。
在界面中显示百度地图的基本步骤如图 12-16 所示。

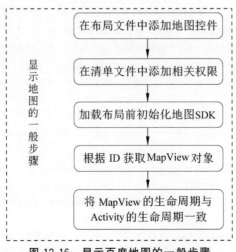

图 12-16 显示百度地图的一般步骤

"我的位置"功能流程如图 12-17 所示。

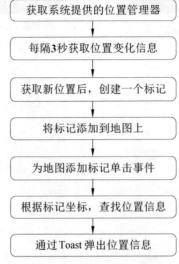

图 12-17 "我的位置"功能流程图

关键代码如下：

程序清单：codes\ch12\CampusAssist\app\src\main\
java\iet\jxufe\cn\campusassist\chuxingxinxi\WozainaActivity.java

```
1    public class WozainaActivity extends Activity {
2        private LocationManager mManager;              →位置管理器
3        private Location mLocation;                    →位置信息
4        private MapView mapView;                       →地图控件
5        private BaiduMap bMap;                         →百度地图
6        private BitmapDescriptor locationBitmap;       →图片
7        private Marker locationMarker;                 →位置标记
8        private GeoCoder mSearch;                      →地理位置编码
9        public void onCreate(Bundle savedInstanceState) {
10           super.onCreate(savedInstanceState);
11           SDKInitializer.initialize(getApplicationContext());→执行初始化
12           setContentView(R.layout.wozaina);
13           mapView = (MapView) findViewById(R.id.bmapView);
                                                        →根据 ID 获取到地图控件
14           bMap =mapView.getMap();
15           locationBitmap =BitmapDescriptorFactory.fromResource(R.drawable.my_
                    location);                          →获取图片描述符
16           mManager = (LocationManager) getSystemService(Context.LOCATION_
                    SERVICE);                           →获取位置管理器
17           mLocation =mManager.getLastKnownLocation(LocationManager.GPS_
                    PROVIDER);                          →获取上一次的位置信息
18           if (mLocation !=null) {                    →如果位置不为空,则在地图上标记位置
```

```
19              showLocation(new LatLng(mLocation.getLatitude(),mLocation.
   getLongitude()));
20         } else {
21              showLocation(new LatLng(115, 28));
22         }
23         mManager.requestLocationUpdates(LocationManager.GPS_PROVIDER,
   3000, 8, new LocationListener() {                    →位置变化监听器
24              public void onStatusChanged(String provider, int status,
                    Bundle extras) {          →状态发生变化时调用
25              }
26              public void onProviderEnabled(String provider) {
                                              →provider 启动时调用
27              }
28              public void onProviderDisabled(String provider) {
                                              →provider 禁止时调用
29              }
30              public void onLocationChanged(Location location) {
                                              →当位置信息发生变化时执行
31                  LatLng latLng =new LatLng(location.getLatitude(),
                        location.getLongitude());  →经纬度信息
32                  showLocation(latLng);
33              }
34         });                                →每隔 3 秒获取位置信息
35     mSearch =GeoCoder.newInstance();
36     mSearch.setOnGetGeoCodeResultListener(
           new OnGetGeoCoderResultListener() {
37         public void onGetReverseGeoCodeResult(ReverseGeoCodeResult result) {
                                              →将坐标转换为地址
38              if (result ==null|| result.error !=SearchResult.ERRORNO.NO_
   ERROR) {
39                  Toast.makeText(WozainaActivity.this, "未知地名!",
                        Toast.LENGTH_LONG).show();
40                  return;
41              }
42              Toast.makeText(WozainaActivity.this, result.getAddress(),
                    Toast.LENGTH_LONG).show();
43         }
44         public void onGetGeoCodeResult(GeoCodeResult result) {
                                              →将地址转换为坐标
45         }
46     });
47     bMap.setOnMarkerClickListener(new OnMarkerClickListener() {
48         public boolean onMarkerClick(Marker marker) {
49              if (marker ==locationMarker) {   →如果是位置标记
50                  mSearch.reverseGeoCode(new ReverseGeoCodeOption()
51                        .location(marker.getPosition()));→发送请求
```

```
52                  }
53                  return false;
54              }
55          });
56      }
57      public void showLocation(LatLng latLng) {        →根据经纬度在地图上标记位置
58          bMap.clear();                                →清除图层
59          MarkerOptions markerOption =new MarkerOptions().position(latLng)
                   .icon(locationBitmap).title("我的位置").draggable(true);
                                                        →标记选项信息
60          markerOption.animateType(MarkerAnimateType.grow);→标记动画
61          locationMarker =(Marker) (bMap.addOverlay(markerOption));
                                                        →添加标记
62          bMap.setMapStatus(MapStatusUpdateFactory.newLatLngZoom(latLng,11));
                                                        →变化地图,以标记为中心
63      }
64      protected void onResume() {                     →恢复运行
65          super.onResume();
66          mapView.onResume();
67      }
68      protected void onPause() {                      →暂停
69          super.onPause();
70          mapView.onPause();
71      }
72      protected void onDestroy() {                    →销毁
73          super.onDestroy();
74          mapView.onDestroy();                        →销毁地图控件
75      }
76  }
```

"关键点查询"功能流程如图 12-18 所示。

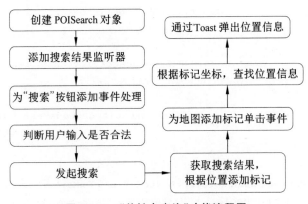

图 12-18 "关键点查询"功能流程图

地图显示代码与上面一致,在此不重复列出。关键代码如下。

程序清单：codes\ch12\CampusAssist\app\src\main\
java\iet\jxufe\cn\campusassist\chuxingxinxi\GuanjiandianActivity.java

```java
1   public class WozainaActivity extends Activity {
2       private MapView mapView;                                    →地图控件
3       private BaiduMap bMap;                                      →百度地图
4       private EditText keyPoint, city;
5       private PoiSearch poiSearch;                                →关键点查询
6       private int[] markerIds =new int[] { R.drawable.icon_marka,
             R.drawable.icon_markb, R.drawable.icon_markc,
             R.drawable.icon_markd, R.drawable.icon_marke,
             R.drawable.icon_markf, R.drawable.icon_markg,
             R.drawable.icon_markh, R.drawable.icon_marki, R.drawable.icon_
             markj };
7       public void onCreate(Bundle savedInstanceState) {
8           super.onCreate(savedInstanceState);
9           SDKInitializer.initialize(getApplicationContext()); →执行初始化
10          setContentView(R.layout.guanjiandian);
11          keyPoint =(EditText) findViewById(R.id.keypoint);
12          mapView =(MapView) findViewById(R.id.bmapView);
13          bMap =mapView.getMap();                                 →获取百度地图
14          city =(EditText) findViewById(R.id.city);
15          poiSearch =PoiSearch.newInstance();
16          poiSearch.setOnGetPoiSearchResultListener(
                new OnGetPoiSearchResultListener() {
17          public void onGetPoiResult(PoiResult result) {
18              if (result ==null|| result.error !=SearchResult.ERRORNO.NO_ERROR) {
19                  Toast.makeText(GuanjiandianActivity.this, "没有相关结果!",
                        Toast.LENGTH_LONG).show();
20                  return;
21              }
22              bMap.clear();                                       →清除图层
23              List<PoiInfo>pInfos =result.getAllPoi();
24              for (int i =0; i <pInfos.size(); i++) {
25                  PoiInfo pInfo =pInfos.get(i);
26                  MarkerOptions markerOption =new MarkerOptions()
                        .position(pInfo.location).icon(BitmapDescriptorFactory
                        .fromResource(markerIds[i])).title(pInfo.name);
27                  bMap.addOverlay(markerOption);
28              }
29              bMap.animateMapStatus(MapStatusUpdateFactory.newLatLngZoom
                (pInfos.get(0).location,11));
30          }
```

```
31            public void onGetPoiDetailResult(PoiDetailResult result) {
32            }
33        });
34        public void search(View view) {
35            String cityString =city.getText().toString().trim();
36            String keyPointString =keyPoint.getText().toString().trim();
37            if ("".equals(cityString) || "".equals(keyPointString)) {
38                Toast.makeText(this, "请输入城市和关键字", Toast.LENGTH_LONG).show();
39                return;
40            }
41            poiSearch.searchInCity(new PoiCitySearchOption().city(cityString)
42                    .keyword(keyPointString));
43        }
44    }
```

"线路查询"功能实现思路是先把线路作为兴趣点进行查询,然后根据查询结果依次判断结果类型是否为公交线路或地铁线路,如果是则记录兴趣点的 ID,查询完整的线路信息,然后将每个站点标记到百度地图上,关键流程如图 12-19 所示。

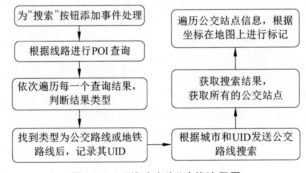

图 12-19 "线路查询"功能流程图

公交线路的前提是进行 POI 查询,判断结果类型是否为公交或地铁线路的关键代码如下。

```
1   public void onGetPoiResult(PoiResult result) {           →查询结果
2       if (result ==null || result.error !=SearchResult.ERRORNO.NO_ERROR) {
3           Toast.makeText(GongjiaoluxianActivity.this, "没有相关结果!",
                            Toast.LENGTH_LONG).show();
4           return;
5       }
6       bMap.clear();                                        →清空图层
7       for (PoiInfo pInfo : result.getAllPoi()) {
8           String tag =pInfo.getPoiDetailInfo().getTag();
9           if ("公交线路".equals(tag) || "地铁线路".equals(tag)) {
10              busLineSearch.searchBusLine(new BusLineSearchOption().city(
```

```
                        city.getText().toString()).uid(pInfo.uid));
11          break;
12      }
13  }
14 }
```

"线路查询"结果处理的关键代码如下。

```
1  public void onGetBusLineResult(BusLineResult result) {
2      if (result ==null || result.error !=SearchResult.ERRORNO.NO_ERROR) {
3          Toast.makeText(GongjiaoluxianActivity.this, "没有相关结果!",
                            Toast.LENGTH_LONG).show();
4          return;
5      }
6      List<LatLng>points =new ArrayList<LatLng>();
7      for (BusLineResult.BusStep step : result.getSteps()) {
8          if (step.getWayPoints() !=null) {
9              points.addAll(step.getWayPoints());
10         }
11     }
12     if (points.size() >0) {
13          bMap.addOverlay((new PolylineOptions().width(10) .color(Color.
    argb(178, 0, 78, 255)).zIndex(0) .points(points)));
14     }                                                    →根据所有的坐标点画线
15     List<BusStation>stations=result.getStations();       →获取所有的公交站
16     for(int i=0;i<stations.size();i++){
17         BusStation station=stations.get(i);              →依次获取每一个站
18         MarkerOptions markerOption =new MarkerOptions().position
                    (station.getLocation()).title(station.getTitle());
19         if(i==0){
20             markerOption.icon (BitmapDescriptorFactory. fromResource (R.
    drawable.icon_st));
21         }else if(i==stations.size()-1){
22             markerOption.icon(BitmapDescriptorFactory
                        .fromResource(R.drawable.icon_en));
23         }else{
24             markerOption.icon(BitmapDescriptorFactory
                        .fromResource(R.drawable.my_location));
25         }
26         bMap.addOverlay(markerOption);
27     }
28     bMap.animateMapStatus(MapStatusUpdateFactory
                    .newLatLngZoom(stations.get(0).getLocation(),11));
29 }
30 }
```

注意:引用百度地图时,一定要添加相关的权限。

12.3.3 "游玩南昌"模块

"游玩南昌"模块主要介绍南昌的一些旅游景点,程序运行界面如图 12-20 所示,以下拉列表的形式列出所有的景点及其简介,单击某一景点后会显示该景点的详细信息,如图 12-21 所示。

图 12-20 "游玩南昌"主界面

图 12-21 具体景点介绍

"游玩南昌"界面中只包含一个下拉列表,下拉列表中每一项由三部分组成:一个 ImageView 和两个 TextView,采用嵌套的线性布局。关键是如何将内容与布局一一对应起来,最后为下拉列表添加选择事件处理。关键代码如下所示。

```
1    myList = (ListView) findViewById(R.id.sceneryList);   →获取下拉列表
2    ArrayList<Map<String, String>> sceneryList = new ArrayList<Map<String,
     String>>();                                            →内容集合
3    for (int i = 0; i < names.length; i++) {
                                  →通过循环将每一项的内容放在同一 Map 中
4        Map<String, String> sceneryItem = new HashMap<String, String>();
5        sceneryItem.put("name", names[i]);                 →存放景点名称
6        sceneryItem.put("brief", briefs[i]);               →存放景点简介
7        sceneryItem.put("image", images[i] + "");          →存放景点图片 ID
```

```
8              sceneryList.add(sceneryItem);           →将每一项添加到列表中
9          }
10     SimpleAdapter adapter =new SimpleAdapter(this, sceneryList,
11             R.layout.scenery_item,    new String[] { "image", "name", "brief" },
               new int[] {R.id.image, R.id.name, R.id.brief });
12                                       →内容适配器,将内容与列表、布局关联起来
13     myList.setAdapter(adapter);
14     myList.setOnItemClickListener(new myOnItemClickListener());
```

创建 SimpleAdapter 对象时,需要传递 5 个参数:第一个是上下文对象,一般为当前 Activity;第二个是内容集合,包含每一项的内容;第三个是每一项显示的布局文件,即内容如何显示;第四个指每一项包含的内容;第五个指每项中的内容所对应的控件。第四个和第五个参数是一一对应的,即第四个参数中每个字符串键所对应的值会显示在第五个参数对应的控件上。

下拉列表的选择事件处理主要是保存选择项信息,以及需要传递的数据。代码如下。

```
1   private class myOnItemClickListener implements OnItemClickListener {
2           public void onItemClick (AdapterView<?> parent, View view, int
    position,long id) {
3               Intent intent =new Intent();
4               intent.setClass(SceneryActivity.this, SceneryShowActivity.class);
5               intent.putExtra("image", images[position]);
6               intent.putExtra("content", contents[position]);
7               startActivity(intent);
8           }
9   }
```

12.3.4 "号码百事通"模块

"号码百事通"模块主要用于存储各种号码信息,包括学校的一些重要部门的联系电话、老师的电话等,并提供搜索和添加号码功能。"号码百事通"模块的程序结构图如图 12-22 所示。

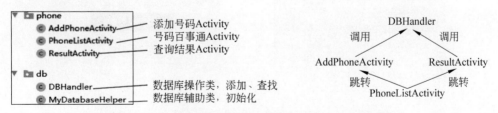

图 12-22 "号码百事通"程序结构分析及各页面间的跳转

"号码百事通"模块运行主界面如图 12-23 所示,以一个扩展下拉列表存储号码信息,选中某一项后,会展开该项,显示存在的号码信息,如图 12-24 所示。还可以在文本编辑框中输入关键字进行查询,支持模糊查询,可根据姓名或号码进行查询,查询结果如图 12-25 所示。单击"添加新号码"菜单项,跳转到"添加新号码"界面,如图 12-26 所示。

图 12-23 "号码百事通"模块运行主界面

图 12-24 展开列表的效果

图 12-25 查询结果显示效果

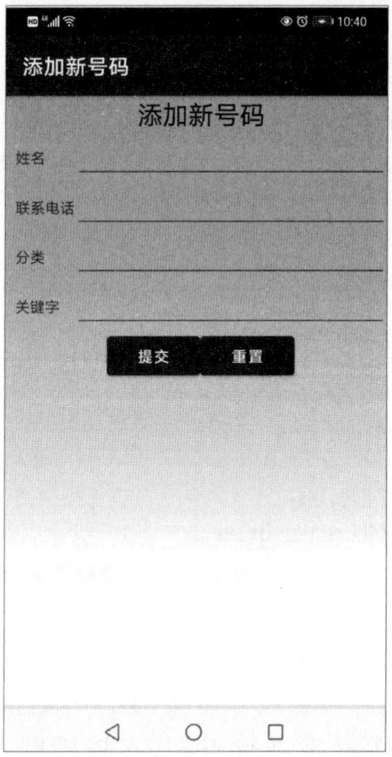

图 12-26 "添加新号码"界面

"号码百事通"模块中所有的数据都存放在本机的数据库中,数据库辅助类的代码如下。

```
1   public class MyDatabaseHelper extends SQLiteOpenHelper {
2       final String CREATE_TABLE_SQL="create table phone_tb(_id integer primary " +
3           "key autoincrement,name,phone,type,keyword)";     →建表语句
4       public MyDatabaseHelper(Context context, String name, CursorFactory factory, int version) {
5           super(context, name, factory, version);           →构造方法
6       }
7       public void onCreate(SQLiteDatabase db) {             →第一次创建时调用
8           db.execSQL(CREATE_TABLE_SQL);                     →执行建表语句
9           init(db);                                         →初始化数据库
10      }
11      public void onUpgrade(SQLiteDatabase db, int oldVersion, int newVersion) {    →版本更新时自动调用
12          System.out.println("---------"+oldVersion+"------>"+newVersion);
13      }
14      public void init(SQLiteDatabase db){
15          db.execSQL("insert into phone_tb values(null,'工商管理学院','83816813','学院号码','工商管理学院 83816813')");
16          
17          …                                                 →插入一些初始记录
18      }
```

号码存储时包括以下几个字段:_id(唯一标识)、name(姓名)、phone(联系号码)、type(号码类型)、keyword(关键词),其中关键词用于查询。

"号码百事通"主界面中主要是一个扩展下拉列表,列表中每一项都可以展开,在这里是根据号码类型来进行分组的。也就是说,需要查找数据库中包含哪些类型,从而确定扩展下拉列表的组数,然后根据类型来查找每个类型下包含的联系人,进而确定每组中所包含的项数。扩展下拉列表的数据设置关键代码如下。

```
1   myHelper=new MyDatabaseHelper(this, "phone.db", null, 1);
                                                              →创建数据库辅助类
2   db=myHelper.getReadableDatabase();                        →得到数据库
3   String sql="select distinct type from phone_tb";
                                                              →查询号码类型的 SQL 语句
4   ArrayList<String>type=dbHandler.getType(db, sql);
                                                              →调用数据库操作方法,得到类型集合
5   ArrayList<Map<String, String>> groups=new ArrayList<Map<String, String>>();    →创建组集合
6   ArrayList<List<Map<String, String>>>children=new ArrayList<List
```

```
         <Map<String, String>>>();
7        for (String str : type) {               →循环遍历类型集合
8            Map<String, String> item = new HashMap<String, String>();
                                                  →创建一个存放 Map 集合对象
9            item.put("group", str);             →向 Map 集合中添加键值对
10           groups.add(item);                   →向组集合中添加项
11           ArrayList<Map<String, String>> child = dbHandler.getData(db,
12               "select name,phone from phone_tb where
                     type=?", new String[]{str}); →获取每个类型下的所有号码集合
13           children.add(child);  →将统一类型的号码集合当成一项添加到另一个集合中
14       }
```

其中查找数据库中所包含的类型,以及每个类型所包含的号码项都放在专门的数据库操作类中进行,关键代码如下。

```
1    public ArrayList<String> getType(SQLiteDatabase db, String sql){
2        ArrayList<String> type = new ArrayList<String>();
3        Cursor cursor = db.rawQuery(sql,null);
                                              →查询数据库,得到查询结果 Cursor
4        while(cursor.moveToNext()){
5            type.add(cursor.getString(0));   →循环遍历结果,将结果放入集合
6        }
7        return type;                         →返回结果集合
8    }
9     public ArrayList<Map<String, String>> getData(SQLiteDatabase db,
     String sql, String[] str){
10
11        ArrayList<Map<String, String>> children = new ArrayList<Map<
     String,String>>();
12        Cursor cursor = db.rawQuery(sql,str);
                                              →查询数据库,得到查询结果 Cursor
13        while(cursor.moveToNext()){
14            Map<String,String> item = new HashMap<String, String>();
15            item.put("name",cursor.getString(0));  →将每列信息放入 Map 中
16            item.put("phone",cursor.getString(1)); →将每列信息放入 Map 中
17            children.add(item);              →将每项记录添加到集合中
18        }
19        return children;                     →返回结果集合
20    }
```

得到这些数据后,下面讲解如何将其与扩展下拉列表进行关联,这里使用了 SimpleExpandableListAdapter 类,创建该类时需要传递 9 个参数。

(1) 上下文对象 Context。

(2) 一级列表内容集合,即号码类型的集合。

(3) 一级列表内容显示对应的布局文件。

(4) fromto，一级列表内容对应的 Map 对象中的关键字，根据关键字可获取相应的值。

(5) 与参数 4 对应，指定显示值的控件的 ID。

(6) 二级列表项内容集合，即每个类型所包含的号码集合。

(7) 二级列表项内容显示对应的布局文件。

(8) fromto，二级列表项内容对应的 Map 对象中的关键字，根据关键字可获取相应的值。

(9) 与参数 8 对应，指定要显示值的控件的 ID。

```
1   SimpleExpandableListAdapter simpleExpandListAdapter =new
    SimpleExpandableListAdapter(
2                       this, groups, R.layout.group, new String[] { "group" },
3       new int[] { R.id.group }, children, R.layout.child,
4       new String[] { "name", "phone" }, new int[] { R.id.name,R.id.phone });
5   setListAdapter(simpleExpandListAdapter);
```

查找号码的关键代码如下。

```
1   keyword = (EditText) findViewById(R.id.keyword);      →获取查询的关键字
2       query = (Button) findViewById(R.id.query);        →获取查询按钮
3       query.setOnClickListener(new OnClickListener() {  →添加事件监听器
4           String sql ="select name,phone from phone_tb where keyword like ?";
                                                          →查询语句
5           public void onClick(View v) {
6               ArrayList<Map<String, String>>phoneList=dbHandler.getData
                (db, sql, new String[] { "%" + keyword.getText().toString()
                +"%"});
7
8               Intent intent=new Intent(PhoneListActivity.this,ResultActivity.
                class);
9               Bundle bundle=new Bundle();               →创建 Bundle 对象,存放数据
10              bundle.putSerializable("result", phoneList);
                                                          →向 Bundle 对象中添加数据
11              intent.putExtras(bundle);                 →将 Bundle 对象放入 Intent 中
12              startActivity(intent);                    →启动 Intent
13          }
14      });
```

添加菜单项和为菜单项添加事件处理的关键代码如下。

```
1   public boolean onCreateOptionsMenu(Menu menu) {
2       getMenuInflater().inflate(R.menu.phone_manager, menu);   →添加菜单
3           return true;
4       }
5       public boolean onOptionsItemSelected(MenuItem item) {
```

```
6            switch (item.getItemId()) {
7              case R.id.addphone:                    →选择添加号码菜单项
8                Intent intent = new Intent(PhoneListActivity.this,AddPhoneActivity.
                   class);
9                startActivity(intent);
           break;
10             case R.id.exit:                        →选择退出菜单项
11               this.finish();
           break;
12             default:break;      }
13             return super.onOptionsItemSelected(item);
14         }
```

添加号码功能主要是向数据库中添加一条记录,单击"提交"按钮后,向数据库中添加记录,重置时,使每个文本编辑框的内容为空。关键代码如下。

```
1     private class myOnclickListener implements OnClickListener {
2         public void onClick(View v) {
3             switch (v.getId()) {
4             case R.id.submit:
5                 DBHandler dbHandler =new DBHandler();    →创建数据库操作类
6       String sql ="insert into phone_tb values(null,?,?,?,?)"; →插入语句
7                 String keywordStr =keyword.getText().toString();
8             if (keywordStr ==null || "".equals(keywordStr)) { →默认为姓名号码
9                 keywordStr =name.getText().toString()+phone.getText().toString();
10              }
11              dbHandler.insert(db, sql, new String[] {name.getText().toString(),
12     phone.getText().toString(),type.getText().toString(), keywordStr });
13                  Toast.makeText(AddPhoneActivity.this, "号码添加成功!", 1000).
                      show();
14                  Intent intent=new Intent(AddPhoneActivity.this,
15                  PhoneListActivity.class);
16                  startActivity(intent);              →跳转到号码列表页面
17                  finish();                          →结束当前的 Activity
18                  break;
19              case R.id.reset:
20                  name.setText("");                  →姓名文本编辑框为空
21                  phone.setText("");                 →号码文本编辑框为空
22                  type.setText("");                  →类型文本编辑框为空
23                  keyword.setText("");               →关键字文本编辑框为空
24                  break;
25              default:
26                  break;
27              }
28          }
29      }
```

12.4 注意事项

(1) 所有的 Activity 都必须在 AndroidManifest.xml 文件中进行注册,注册时必须指定 android:name 属性的值,该值对应于具体的 Activity 类,和以往注册不同的是,此处必须用完整的包名+类名。因为本应用中 Activity 较多,此处将其按功能放在不同的包下,默认情况下是从 package="iet.jxufe.cn.campusassist"包中查找 Activity 类,对于不在该包下的 Activity,只能通过完整的包名+类名才能访问。具体代码如下。

```
1    <activity                                  →activity 标签,表示注册的组件是 Activity
2      android:name=" iet.jxufe.cn.campusassist.phone.PhoneListActivity"
                                                →指定 Activity 的类名
3      android:label="@string\numAssist" >      →指定标题
4    </activity>
```

(2) 系统中相关的资源 ID 都是自动生成在 R 文件中,而 R 文件是存放在默认包下的,因此在非默认包下的 Activity,若想引用资源,如图片、ID 等,必须导入 R 类,需注意的是 Android 系统中也有一个 R 类,导入时,需选择自动生成的 R 文件,而不是系统的 R 类。在本应用中导入的是 import iet.jxufe.cn.campusassist.R,而不是 import android.R。

(3) 在使用百度地图相关 API 时,需要在清单文件 AndroidManifest.xml 文件中添加申请的 API Key,并非需要和代码中的一致,此外需添加相应的使用权限,例如访问网络等。

(4) 在设计界面布局中,尽量通过代码来控制控件的大小和显示,而不要使用系统默认的设置,因为不同的版本,系统的默认设置有所不同,使用系统默认设置将会导致应用程序在不同的手机上显示会有所差别。

12.5 本章小结

本章以"财大通"为例,详细地讲解了"校园通"应用程序的开发过程,从总体的需求分析,到具体各个功能模块的设计和具体的实现。每部分都采用总体程序结构分析、界面设计分析以及关键代码的实现来阐述。

本章内容是前面章节知识的综合运用,包括基本界面控件的使用(如 TextView、Button、ImageView 等)、高级界面控件的使用(如 Spinner、ListView、ExpandableListView、菜单等)、Activity 之间的跳转与数据的传递、事件处理(如单击事件、触摸事件、选择事件等)、SQLite 数据库的使用、位置服务与百度地图等。

通过本章的学习,读者将越来越熟悉 Android 应用程序开发的一般步骤,掌握程序设计的原则,逐步达到灵活运用所学知识的要求。

课后练习

1. 尝试将"游玩南昌"的所有景点信息存放在 SQLite 数据库中,然后通过查询语句

动态生成景点列表,并提供添加景点功能。(提示:可参考"号码百事通"模块 SQLite 数据库的使用)

2. "新生指南"和"南昌主要景点介绍"页面都涉及大量的内容传递,本例中所有内容都是直接写在代码中,不是很合理,请思考并尝试将内容保存到文本文件中,通过传递文件名进行内容的读写和显示。

3. "校园风景"页面中所有的图片都是手动在页面中写好的,请思考能不能让程序自动读取符合要求的图片(图片命名符合一定规则),动态加载图片。(提示:采用 Java 反射机制)

4. 百度地图中还提供了很多便利功能,例如线路规划、导航等,尝试在案例中集成更多高效的地图功能,使自己设计的 App 功能更强大。

参 考 文 献

[1] 郭霖. 第一行代码 Android[M]. 3 版. 北京：人民邮电出版社，2020.
[2] 李刚. 疯狂 Android 讲义[M]. 4 版. 北京：电子工业出版社，2019.
[3] 吴亚峰，苏亚光. Android 应用案例开发大全[M]. 4 版. 北京：人民邮电出版社，2018.
[4] 任玉刚. Android 开发艺术探索[M]. 北京：电子工业出版社，2015.
[5] 明日学院. Android 开发从入门到精通（项目案例版）[M]. 北京：水利水电出版社. 2017.
[6] 王翠萍. Android Studio 应用开发实战详解[M]. 北京：人民邮电出版社，2017.
[7] 杨丰盛. Android 应用开发揭秘[M]. 北京：机械工业出版社，2010.
[8] 黑马程序员. Android 移动应用基础教程[M]. 2 版. 北京：中国铁道出版社，2019.
[9] 肖云鹏，刘红等. Android 程序设计教程[M]. 2 版. 北京：清华大学出版社，2019.
[10] 钟元生，高成珍. Android 应用开发教程（Android Studio 版）[M]. 南昌：江西高校出版社. 2018.

图书资源支持

感谢您一直以来对清华版图书的支持和爱护。为了配合本书的使用,本书提供配套的资源,有需求的读者请扫描下方的"书圈"微信公众号二维码,在图书专区下载,也可以拨打电话或发送电子邮件咨询。

如果您在使用本书的过程中遇到了什么问题,或者有相关图书出版计划,也请您发邮件告诉我们,以便我们更好地为您服务。

我们的联系方式:

地　　址:北京市海淀区双清路学研大厦 A 座 714

邮　　编:100084

电　　话:010-83470236　010-83470237

客服邮箱:2301891038@qq.com

QQ:2301891038(请写明您的单位和姓名)

资源下载: 关注公众号"书圈"下载配套资源。

资源下载、样书申请

书圈

获取最新书目

观看课程直播